国家自然科学基金项目(41565004)资助

云南短时强降水及其诱发山洪灾害预报预警技术研究

李华宏　闵　颖　许彦艳　朱　莉
许迎杰　杨竹云　连　钰　鲁亚斌　胡　娟　编著

内容简介

本书总结了云南省短时强降水天气及其诱发山洪灾害预报预警技术的研究成果，系统分析了云南省短时强降水事件的空间分布、日内变化特征及关键影响天气系统，研究了短时强降水过程的典型环流形势配置、物理量特征与短时强降水落区之间的关联性，研发了云南省短时强降水天气预报模型和山洪灾害气象预警业务系统。

本书可供希望了解和掌握云南省短时强降水及其诱发山洪灾害预报预警业务的管理人员、科技工作者阅读，也可为各省(自治区，直辖市)气象科技人员建设相关业务提供参考。

图书在版编目(CIP)数据

云南短时强降水及其诱发山洪灾害预报预警技术研究/李华宏等编著. --北京 ：气象出版社，2021.6

ISBN 978-7-5029-7442-8

Ⅰ. ①云… Ⅱ. ①李… Ⅲ. ①暴雨洪水-洪水预报系统-云南 Ⅳ. ①P426.616②P338

中国版本图书馆 CIP 数据核字(2021)第 088266 号

云南短时强降水及其诱发山洪灾害预报预警技术研究

YUNNAN DUANSHI QIANGJIANGSHUI JI QI YOUFA SHANHONG ZAIHAI YUBAO YUJING JISHU YANJIU

出版发行：气象出版社

地　　址：北京市海淀区中关村南大街 46 号　**邮政编码**：100081

电　　话：010-68407112(总编室)　010-68408042(发行部)

网　　址：http://www.qxcbs.com　**E-mail**：qxcbs@cma.gov.cn

责任编辑：王萃萃　**终　　审**：吴晓鹏

责任校对：张硕杰　**责任技编**：赵相宁

封面设计：博雅锦

印　　刷：北京建宏印刷有限公司

开　　本：787 mm×1092 mm　1/16　**印　　张**：9.5

字　　数：290 千字

版　　次：2021 年 6 月第 1 版　**印　　次**：2021 年 6 月第 1 次印刷

定　　价：90.00 元

前 言

短时强降水是指短时间内降水强度较大，其降水量达到或超过某一量值的天气现象，现行的气象业务标准为 1 小时降水量大于或等于 20 mm 的强降雨天气。短时强降水是强对流天气的主要类别之一，由于其历时短、强度大、局地性强、致灾严重，一直是天气预报的重点和难点。云南地处低纬高原，季风气候显著，雨季短时强降水天气频发。与我国中东部大多地区相比，云南暴雨的范围、日降雨量总体偏小，但短时强降水的特征却特别明显。一次暴雨过程降雨历时较短且常常伴随 1～2 h 的短时强降水天气。由于云南境内 94％的区域为山地，下垫面地形复杂、地质条件脆弱，短时强降水天气频繁引发严重的山洪、地质灾害，因此，围绕短时强降水及其次生灾害的精细化客观预报技术研究亟待开展。

过去，由于观测资料时空分辨率不足、揭示手段缺乏等原因，针对云南山地复杂背景下的短时强降水天气发生规律、致灾机理等研究几乎空白。随着近年区域自动站、雷达、卫星等高分辨率观测资料日渐丰富和本地化中尺度数值天气预报技术不断发展，针对云南短时强降水发生规律、维持机理和预报预警技术开展系统研究变得切实可行。因此，项目组依托国家自然科学基金项目(41565004)等资助，利用地面、探空、雷达、卫星等观测资料及 NCEP 再分析数据，系统分析云南短时强降水事件的空间分布、日内变化特征及关键影响天气系统；开展了短时强降水过程的环流形势配置、物理量特征与短时强降水落区之间的相关性研究，建立了短时强降水客观预报模型，研发了云南省山洪灾害气象预警业务系统，旨在为云南短时强降水及其诱发山洪灾害预报预警服务提供技术支撑。

本书共分 5 章，第 1 章由李华宏、胡娟、闵颖编撰，详细分析了云南省短时强降水时空分布特征及变化趋势；第 2 章由闵颖、李华宏、朱莉、连钰、许彦艳、鲁亚斌编撰，介绍了云南省短时强降水天气过程关键影响系统类别、典型天气过程及其维持物理机制；第 3 章由李华宏、朱莉、鲁亚斌、许迎杰编撰，着重分析了昆明市短时强降水天气特征、物理量预报指标及典型天气过程；第 4 章由朱莉、许迎杰、杨竹云、连钰编撰，介绍了短时强降水天气关键物理量预报指标挑选、阈值确定和云南省短时强降水天气预报模型研发过程；第 5 章由许彦艳、杨竹云、胡娟编撰，介绍了云南省山洪灾害气象预警产品研发情况，并结合重大灾害个例对预警产品进行检验。全书由李华宏统稿。

本书的编写，得到云南省气象局孙绩华、刘雪涛、陈小华、牛法宝、赵宁坤、刘博文、郭荣芬、王曼等同事的热忱帮助，在此表示衷心感谢。

本书是项目组近几年围绕云南短时强降水及其诱发山洪灾害预报预警业务需求开展研究所得的一部技术成果汇集，也是业务一线科技人员积极贯彻中国气象局研究型业务的一个有效尝试案例，期望能对关注山地短时强降水天气及其次生灾害的科技人员提供借鉴作用。由于编写人员水平有限，书中错漏之处在所难免，恳请读者批评指正。

作者

2021 年 4 月

目　录

第 1 章　云南省短时强降水时空分布特征

1.1　短时强降水研究现状及业务需求

1.1.1　短时强降水研究概述

短时强降水经常引发严重的山洪、泥石流、城市内涝等灾害，是强对流天气的主要类别之一。由于其具有突发性强、时空尺度小、致灾风险高、预报难度大等特点，短时强降水一直是困扰精细化预报及次生灾害风险预警的难题。近年来，随着观测资料的丰富、中尺度数值模式及气象风险预警技术的发展，许多学者针对短时强降水天气机理及预报技术开展了卓有成效的研究，具体成果主要集中在以下三个方面。

(1)进行时空分布规律研究，掌握区域性短时强降水的气候变化、季节特征、日内分布等规律，为该类灾害性天气的预报提供气候背景支撑。例如 Brooks 等(2000)、Chen 等(2007)、Yu 等(2007a,2007b)、符娇兰等(2008)、李建等(2008)、彭芳等(2012)分别对美国及中国的台湾、北京、贵州等地区的短时强降水特征进行了统计分析，得到了一些较为实用的演变规律；彭贵芬等(2009)、王夫常等(2011)、唐红玉等(2011)对云南雨日气候变化及西南地区的降水日变化特征进行了统计研究，但没有针对短时强降水进行专门研究。

(2)开展短时强降水天气学成因分析和发生机理研究，寻找短时强降水落区和发生时间预报着眼点。魏晓雯等(2016)对上海地区短时强降水的逐月分布及影响系统进行了统计分类，得到了不同影响系统下的环流特征。喻谦花等(2016)、王团团等(2016)、陈元昭等(2016)、陈小华等(2017)、许东蓓等(2018)分别对河南商丘、河南郑州、珠江三角洲、云南丽江、甘肃等地区短时强降水的环流背景进行了分析，并统计得到了基于对流云顶辐射亮温、低层平均湿度、K 指数、0℃层平均高度等要素的预报指标。

(3)基于时空分布规律和预报指标研究成果，建立短时强降水预报模型，发布业务产品并进行检验。田付友等(2015,2017)通过点对面检验分析了用于诊断和预报短时强降水的多个物理量的敏感性，指出短时强降水对大气水汽总量等水汽相关量最为敏感，且可能存在最佳阈值。曾明剑等(2015)基于中尺度数值预报产品解释应用，建立了南京短时强降水等强对流天气客观预报业务系统。沈澄等(2016)基于实况物理量统计和预报指标研究，建立了江苏省夏季短时强降水客观预报模型，检验结果表明预报效果良好。

1.1.2　云南省短时强降水研究需求

云南属于典型的季风气候，每年 5—10 月为雨季，也是短时强降水高发期，由于境内山高坡陡、地质条件脆弱、区域性短时强降水天气突出，频繁引发严重的山洪、城镇内涝及地质灾害(秦剑 等,2000;解明恩 等,2004;许美玲 等,2011;李华宏 等,2016)。例如:2010 年 6 月 25 日 20 时至 26 日 08 时云南省曲靖市马龙县主城区出现特大暴雨,12 h 累积降雨量达 208 mm,突破了马龙站有气象记录以来的历史纪录。从降雨过程的逐小时雨量分布看，强降水集中出现在6月25日22时至26日02时，其中1 h最大降雨量出现在25日22—23时为60.2 mm，短时强降水特征非常明显。此次暴雨过程造成5万多人受灾，1人死亡，县城水深达2 m，从高速公路出口至县城的低洼地区甚至连路牌都被淹没(图1.1a)。主城区的电力、交通、通信严重瘫痪，工农业生产及经济损失巨大(许美玲 等，2013)。2015年9月15日20时至16日08时云南省丽江市华坪县中心镇田坪出现特大暴雨，12 h累积降雨量达288 mm，引发严重山洪灾害(图1.1b)。从降雨过程的逐小时雨量分布看，强降水集中出现在9月15日21时至16日02时，其中1 h最大降雨量出现在16日01—02时为83.6 mm，强降水的时空不均匀性特征特别突出。

图1.1 云南省短时强降水天气引发次生灾害案例

(a)2010年6月26日马龙洪涝灾情；(b)2015年9月16日华坪山洪灾情

目前数值预报已经成为气象预报服务中不可替代的核心技术手段，其高空天气形势及物理量预报已经具备很好的性能。然而对于较为复杂的地面降水要素预报，业务上还缺乏可用性较好、客观定量的短时强降水预报产品。截至目前，预报业务人员最为依赖的欧洲中心中期天气预报模式在时间分辨率上只提供3 h累计降雨量且偏差较大，虽然国内各区域中心发展的中尺度数值预报模式可以提供逐时雨量预报，但可用性较差。因此，借助天气学、动力诊断、雷达气象等技术方法开展短时强降水的精细化客观预报技术研究有着极其重要的现实意义。

在近年的研究中，段旭等(2009，2014，2015)、许美玲等(2011，2014)、郭荣芬等(2010，2013)、梁红丽等(2012，2014，2017)聚焦云南区域从关键影响天气系统的角度对孟加拉湾风暴、切变线、西行台风低压、西南低涡导致云南强降雨的天气过程进行了成因分析和预报规律总结。张腾飞等(2006)、鲁亚斌等(2006，2018)、段鹤等(2011)、许美玲等(2013)、周泓等(2015)、朱莉等(2018)、郭荣芬等(2018)进一步分析了有利天气形势背景下，暴雨天气过程的物理量、中尺度特征及可能预报指标。虽然上述研究对云南区域强降水过程预报有较好的指导和积极的借鉴作用，但是相关的研究更多地针对大雨、暴雨天气过程开展(即偏向于24 h累计降雨量达25 mm、50 mm以上的天气过程)，目前针对云南区域短时强降水天气的机理研究、客观预报技术(即短时强降水天气事件具体发生区域和时段的客观预报)研发还相当缺乏，业务人员往往将暴雨研究的一些指标和预报方法照搬过来使用，实际上短时强降水与暴雨既有联系又有着诸多的差异(孙继松 等，2017；李华宏 等，2017，2019；朱莉 等，2019，2020)，必须要开展针对性的分析和研发才有望破解这类灾害性天气的精准预报难题。因此，本项目将重点围绕云南短时强降水天气时空分布特征、短时强降水天气过程的典型系统配置及可能机制、短时强降水客观预报方法研究、次生洪涝灾害预警业务系统开发及产品检验评估几个方面开展有针对性的研究，目的是为云南区域短时强降水天气精细化预报预警和次生灾害防御提供强有力的技术支撑。

1.2 云南省短时强降水时空分布特征

1.2.1 资料和方法

本章所使用的资料为1981年1月1日至2015年12月31日云南境内125个县级地面测站逐时降水自记观测、逐日累计降水量资料。短时强降水是指短时间内降水强度较大，其降水量达到或超过某一量值的天气现象，按照现行的气象业务标准取20 $mm \cdot h^{-1}$ 作为临界值进行短时强降水频次、空间分布等特征统计。日雨量是指前一日20时至当日20时累计雨量，某小时雨量为前一整点到该小时整点的累计雨量，所有资料观测时间均使用北京时间。从资料收集情况看，参与统计测站的逐时降水资料在冬半年有少部分缺测，主要分布在滇东北、滇中东部、滇西北边缘地区。由于云南每年的11月至次年4月为干季，降水量很少(仅占全年的5%～15%)，而且滇东北、滇中东部、滇西北边缘地区在冬半年的降水多以小雨或降雪天气出现，发生短时强降水天气的概率非常小，因此，逐时降水资料缺测对统计数据的影响较小，统计结果总体可靠。县级气象站观测资料具有较长的时间系列，但空间代表性毕竟有限，随着分析研究的深入，本章补充了2016年1月1日至2018年12月31日云南境内125个县级地面观测与经过质量控制后的2801个乡镇级自动站观测对比分析结果，目的是相对全面地反映云南短时强降水天气时空分布特征。

鉴于云南境内短时强降水频次空间分布极不均匀的现状，为了更为详细地揭示不同区域的短时强降水时间分布特征，综合考虑云南不同区域主要强降水影响系统差异及预报业务中传统的气候分区经验，将云南划分为滇东北、滇东南、滇中、滇西北、滇西南五个区域(图1.2)进行短时强降水逐月、逐时等分布特征对比分析。

1.2.2 频次空间分布特征

分析云南境内的短时强降水多年(多年即指1981—2015年，下同)平均频次空间分布(图1.3a)可以看出：短时强降水发生频率最高的区域位于云南南部，其次是东部边缘地区。其中位于南部边缘的江城是全省的最大值中心，年均发生短时强降水11.5次。另外，河口、金平站年均发生短时强降水分别为11.3次、11.1次。云南境内的年平均短时强降水事件自东南向西北呈迅速递减趋势，云南中部大多数站点为3次左右，滇西北区域则普遍低于1次。仅仅只有处于丽江东部的华坪出现了相对大值中心，达到5.6次。与多年平均年降水量空间分布(图1.3b)对比可以发现，云南年平均短时强降水频次空间分布与年降水量总体特征相似，即南部区域发生频率高，年降水量也很大，西北部的德钦很少出现短时强降水事件，年降水量也较小。但局部地区也存在明显差异：云南西北部边缘是年降水量的次大值中心，但却是全省

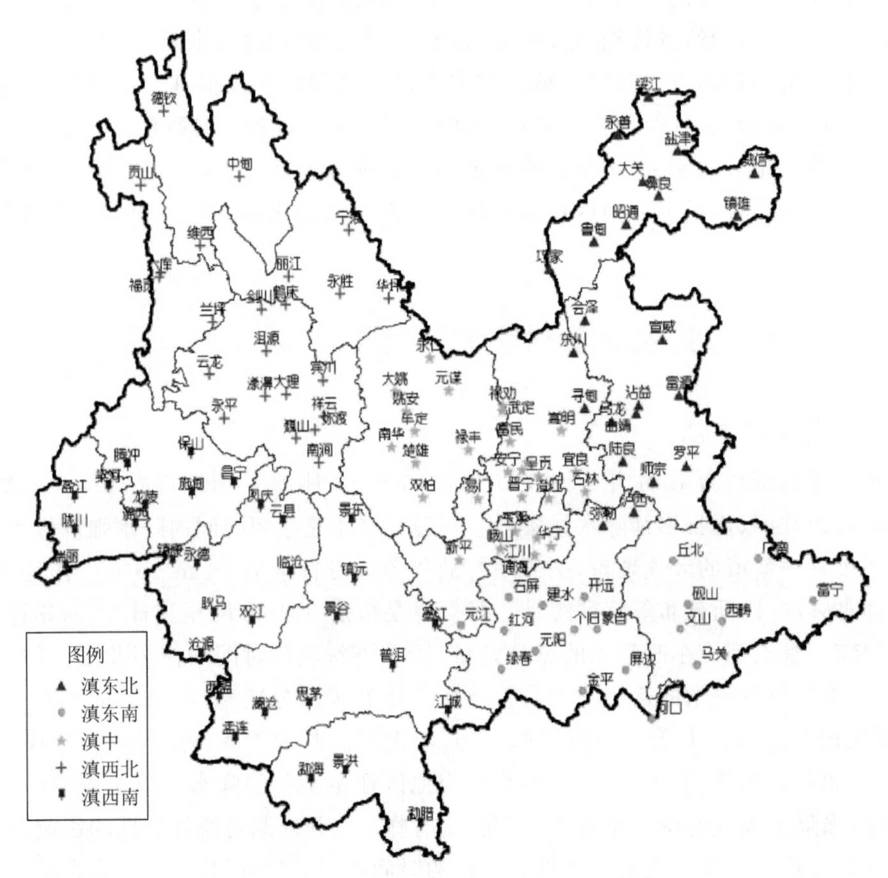

图 1.2 云南省分区统计站点分布图

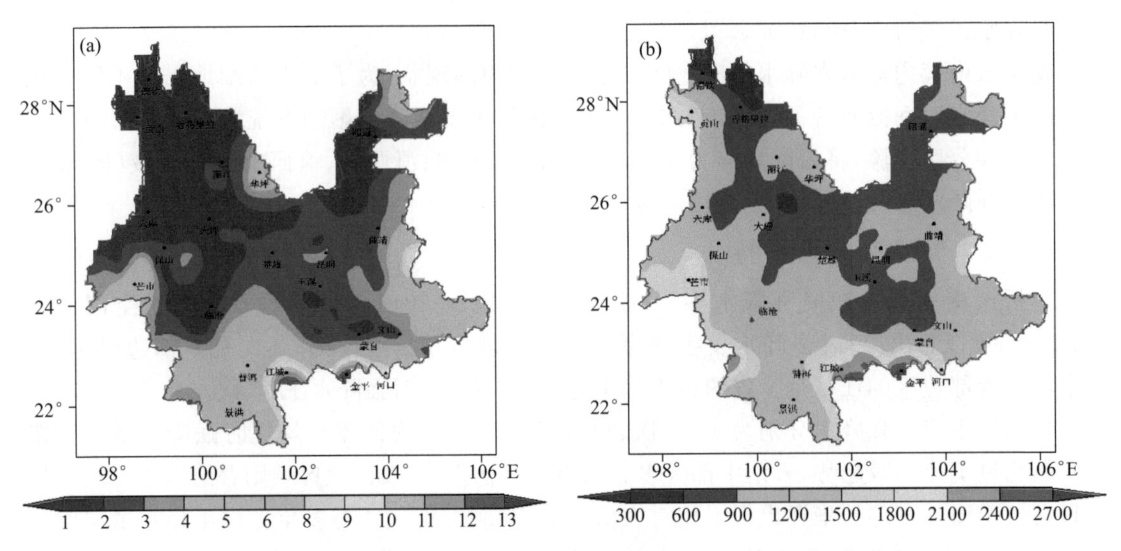

图 1.3 县级站短时强降水多年平均次数和多年平均降水量空间分布

(a)短时强降水年平均次数；(b)年平均降水量(单位：mm)

短时强降水的低值中心。如贡山站的年降水量近 1800 mm,但短时强降水发生的频次比中部年降水量不到 1000 mm 的楚雄还要少得多,每年平均不到 1 次。由此反映出云南西部特别是怒江流域的降水以持续性降水为主,短时强降水特征不明显。云南南部和东部边缘的短时强降水特征则较为突出。

图 1.4 给出了 2016—2018 年县级站和乡镇站的短时强降水年平均次数空间分布,对比分析可以发现 3 年县级站短时强降水年平均次数空间分布趋势(图 1.4a)与多年空间分布(图 1.3a)是一致的。滇南边缘为全省大值中心,最大值为红河哈尼族彝族自治州(简称“红河州”)河口 14.3 次,其次为红河州金平 10.7 次,滇西南和滇东边缘为较大值区,滇西北为全省短时强降水低值区域,普遍低于 2 次。同时段乡镇站短时强降水的年平均次数空间分布特征与县级站整体一致,但极大值要比县级站的大,空间分布不均匀性更为突出。2016—2018 年乡镇站最大值出现在红河州绿春县的骑马坝,平均每年达 19 次。其次在红河州河口瑶族自治县(简称“河口县”)的大南溪村委会、德宏傣族景颇族自治州(简称“德宏州”)盈江县的勐典河出现了 18.7 次的大值中心(图 1.4b)。

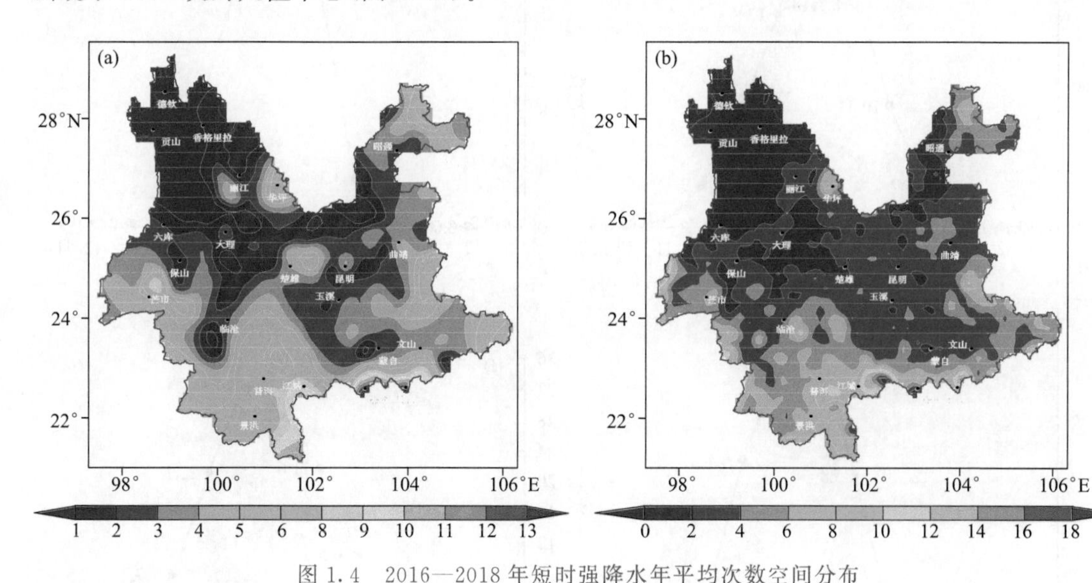

图 1.4　2016—2018 年短时强降水年平均次数空间分布

(a)县级站;(b)乡镇站

1.2.3　频次逐月分布特征

分析多年平均短时强降水频次逐月分布图可以看出:云南境内的短时强降水主要发生在 5—10 月,其次是 4 月和 11 月,其他月份发生的频次较少。这一特征与云南雨季的时间分布趋势一致。其中每年的 7—8 月为全省大部分地区高发峰值期,与云南主汛期时段同步(图 1.5a)。但不同区域短时强降水的具体发生时段还是有一定的差异:滇东北区域短时强降水频次逐月分布与全省趋势总体一致,只是短时强降水更加集中出现在 5—10 月,7 月达到峰值(图 1.5b)。滇东南区域短时强降水出现的月份较早,4 月就有一定数量的短时强降水发生,高峰期为 6—8 月,时间较长但峰值不突出(图 1.5c)。滇中区域与滇东南区域类似,只是短时强降水出现的时间较晚,5 月才有少量出现(图 1.5d)。滇西北区域短时强降水事件的频次最少且出现的月份较晚、结束较早,主要集中出现在 6—9 月。其他时段尽管降水量比较大,如 2—4 月的“桃花汛”,但主要以持续性降水为主,短时强降水特征不明显(图 1.5e)。滇西南区域短时强降水特征频次最高且出现的月份较早、结束较晚，5—10 月为高发期，在 8 月达到峰值，11 月至次年 4 月也会有少量的短时强降水出现(图 1.5f)。

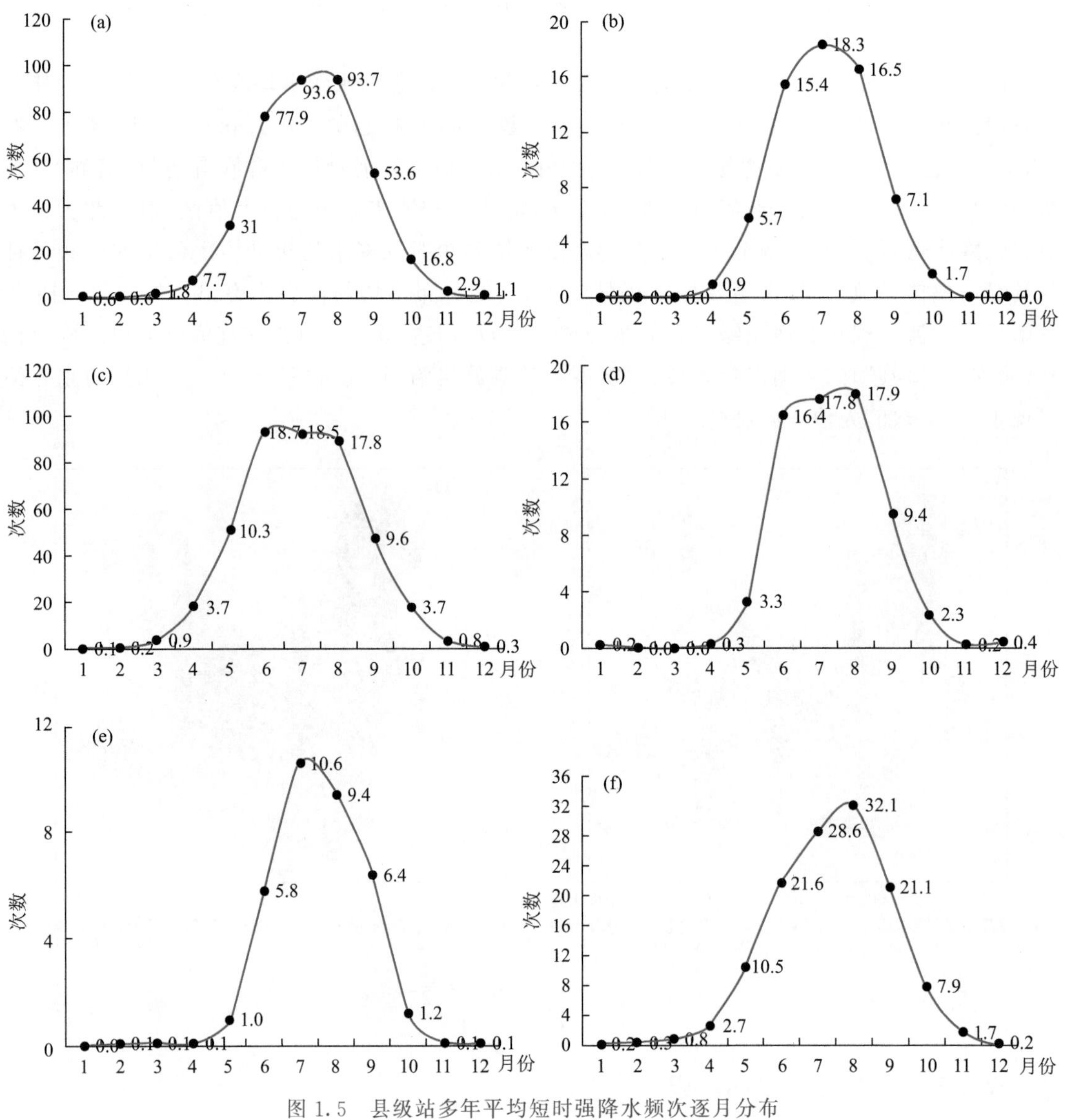

图 1.5 县级站多年平均短时强降水频次逐月分布

(a)全省；(b)滇东北；(c)滇东南；(d)滇中；(e)滇西北；(f)滇西南

分析 2016—2018 年的年平均短时强降水频次逐月分布图可以看出：全省短时强降水频次的逐月分布特征与多年平均非常相似，短时强降水主要发生在 5—10 月，其他月份发生的频次较少，很好地反映了云南雨季、干季特别分明的气候特点(图 1.6)。在 2016—2018 年期间，无论全省还是各个区域统计结果表明，每年的 8 月为短时强降水事件高发峰值月份。另外，由乡镇站统计得到的分布特征与县级站统计特征在峰值出现时间、开始结束期等方面都保持了较好的一致性，仅仅只是在滇西南地区存在一定差异，即该区域 5—6 月的短时强降水增长得很快，而到了 9—10 月衰减缓慢，其发生频次的数量较县级站多，在汛期的持续时间略长(图 1.6f)。

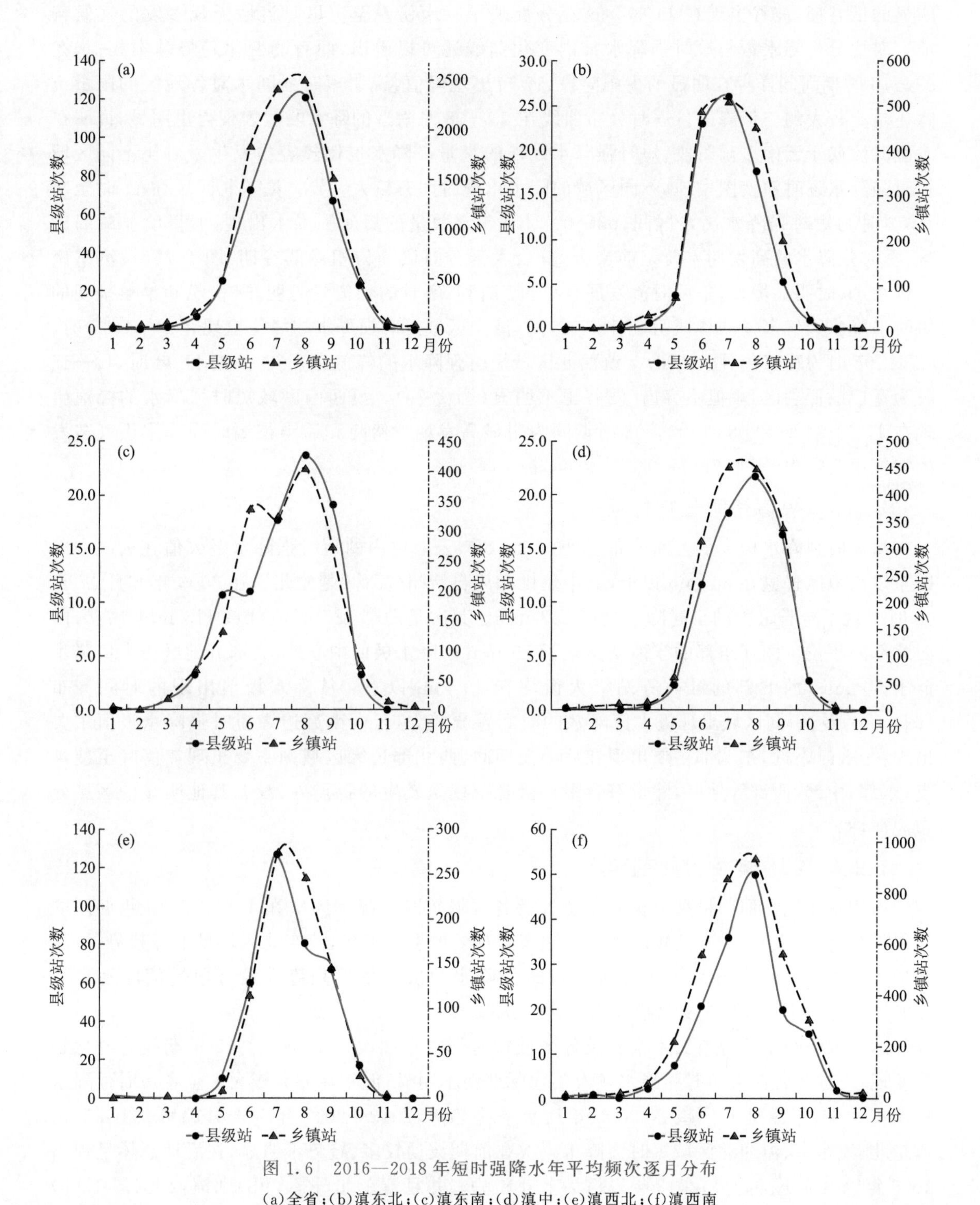

图 1.6　2016—2018 年短时强降水年平均频次逐月分布

(a)全省;(b)滇东北;(c)滇东南;(d)滇中;(e)滇西北;(f)滇西南

1.2.4　频次日内分布特征

从全省多年平均降水量和短时强降水频次的逐时分布(图 1.7a)可以看出:云南境内的短时强降水主要出现在 17 时至次日 08 时期间,波峰出现在 17 时、20 时和 08 时;09—16 时则为明显的低谷期,波谷出现在11时。这充分反映了云南傍晚至夜里对流性天气多发的气候特征。对比分析降水量与短时强降水日内变化曲线还可以看出,两者的变化趋势基本相似,在09—16时期间同样存在明显的少雨时段、17时出现峰值,说明短时强降水对各地区的雨量贡献还是比较大的。但降雨量逐时分布曲线在03—08时附近的降水峰值表现得更明显,说明在凌晨时段属于云南多雨时段,短时强降水以外的小量级降水也比较容易发生。对比不同区域短时强降水逐时演变图发现,不同区域的降水出现时间有较大差异。滇东北区域在17时至次日02时为短时强降水高发区间,03—09时有一定数量的短时强降水出现,但呈明显减弱趋势,短时强降水的高发期主要是前半夜,其余大部分时段均为相对低谷期(图1.7b)。滇东南区域在15时明显增多,午后对流发展较早,17时和08时的峰值更为明显,傍晚和早晨呈现的短时强降水天气多发的特征明显(图1.7c)。滇中区域短时强降水的峰值出现在20时,17时、02时、08时为次峰值(图1.7d)。滇西北区域短时强降水的峰值出现在19时和08时,10—15时为宽广的低谷区,峰值不突出、波谷也不明显(图1.7e)。滇西南区域短时强降水的峰值出现在17时、04时和08时,03—08时期间为明显高发期。傍晚和后半夜短时强降水天气多发的特征更为突出(图1.7f)。

1.2.5 极值空间分布特征

从短时强降水极大值空间分布图(图1.8a)看,云南境内的短时强降水极大值在云南中部以东以南地区普遍在60 mm以上,其中楚雄彝族自治州(简称"楚雄州")在2003年6月17日02时出现了全省最大的小时降水极值153 mm。其次是勐腊127 mm、江城113 mm。在云南西北部除了位于丽江东部的宁蒗站出现了79 mm的降水极值中心外,大部分地区极大值降水低于60 mm,西北部的维西等站极大值均在40 mm以下。从降水极值出现的时间分布(图1.8b)看,不同区域出现极大值降水的时间差异较大,云南南部边缘短时强降水极值主要出现在08时附近,东北部主要出现在后半夜期间,西北部边缘区域则主要出现在傍晚至前半夜;东部、中部、西部等地区,除了符合多在傍晚至夜里发生的特点外,没有其他明显的区域分布规律性。

1.2.6 频次年际变化趋势

运用一元线性回归模型分析云南全省及各区域短时强降水频次在1981—2015年期间的变化趋势,结果表明:全省的短时强降水频次呈现弱的上升趋势,滇东北区域呈下降趋势、滇西南呈上升趋势。但全省及各区域逐年短时强降水频次的线性趋势都没有通过信度水平为0.05的显著性检验,线性变化趋势不明显(图略)。

运用累积距平法分析云南全省及各区域短时强降水频次在1981—2015年期间的变化趋势发现:全省及各区域短时强降水频次年代际变化不明显,但年际差异较大。全省短时强降水频次在1997年后呈上升趋势,2006年后呈下降趋势,2013—2015年为上升趋势(图1.9a)。滇东北、滇东南、滇西北区域短时强降水频次在前期波动较多、趋势不明显,在后期总体呈现出2006年以后为下降趋势,2013年以后为上升趋势。并且滇东北(图1.9b)和滇西北(图1.9c)区域通过了信度水平为0.05的显著性检验。滇中区域短时强降水频次在1993—2004年都为上升趋势,2004年以后呈下降趋势,2013—2015年为上升趋势(图略)。滇西南区域在1985年以后呈波动下降趋势,1998年以后整体呈现上升趋势(图略)。

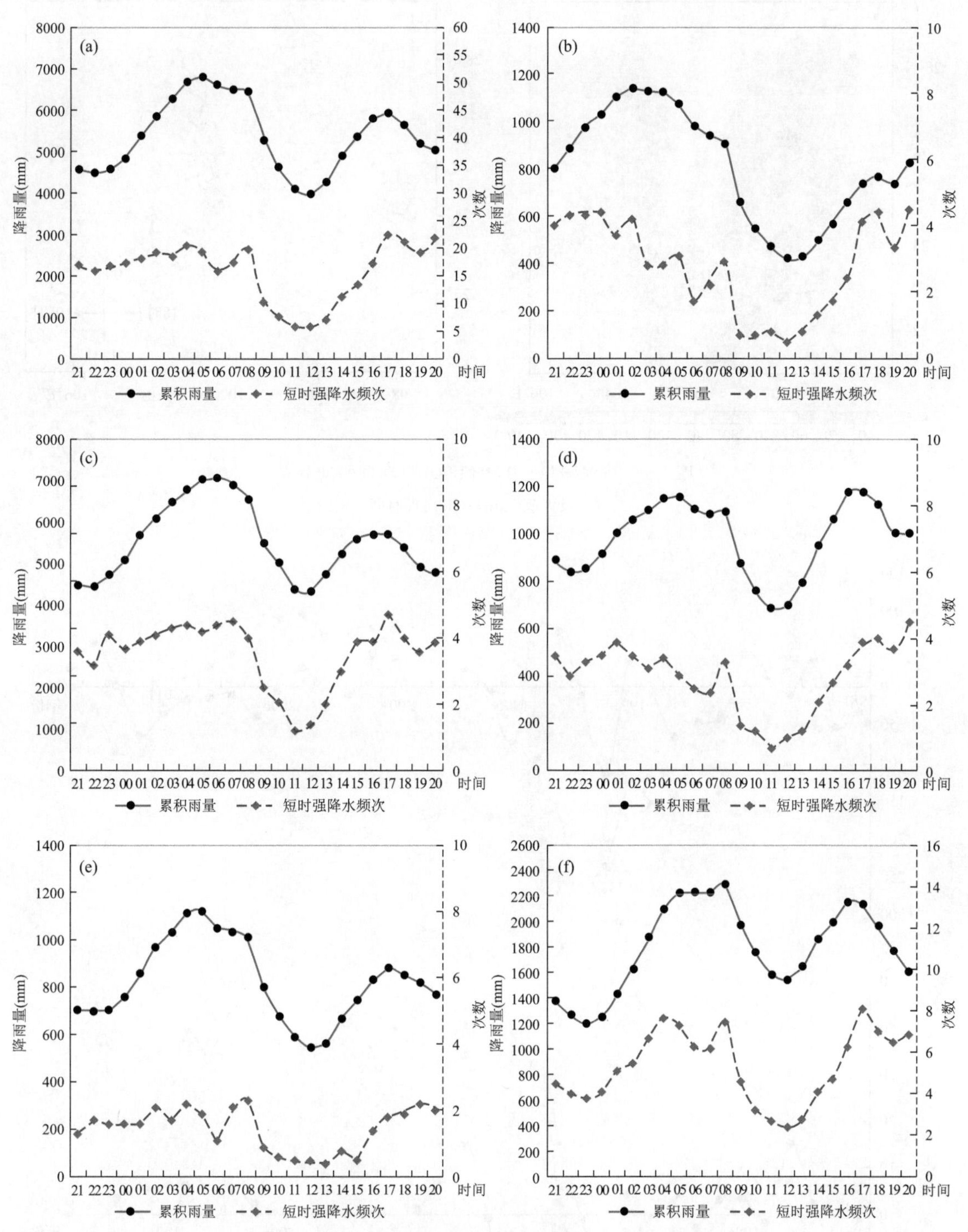

图 1.7　年平均降雨量和短时强降水频次日内变化

(a)全省;(b)滇东北;(c)滇东南;(d)滇中;(e)滇西北;(f)滇西南

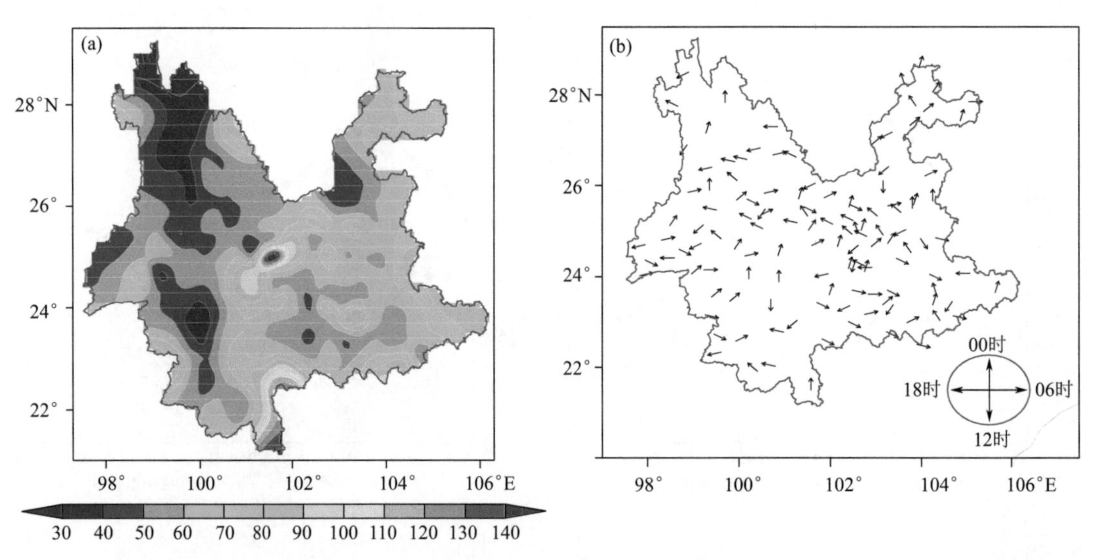

图 1.8 短时强降水极大值和出现时间空间分布

(a)极大值(mm);(b)出现时间

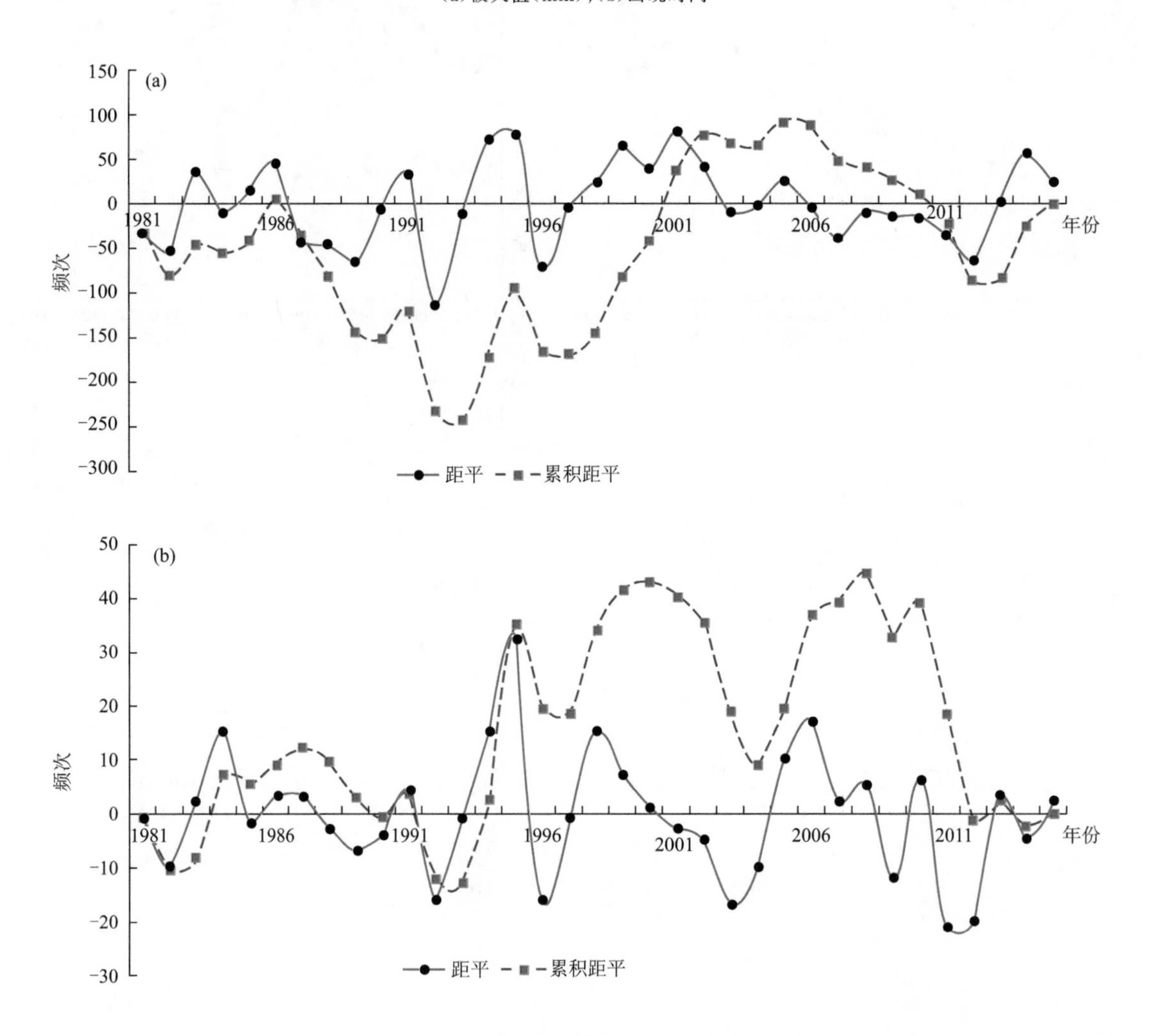

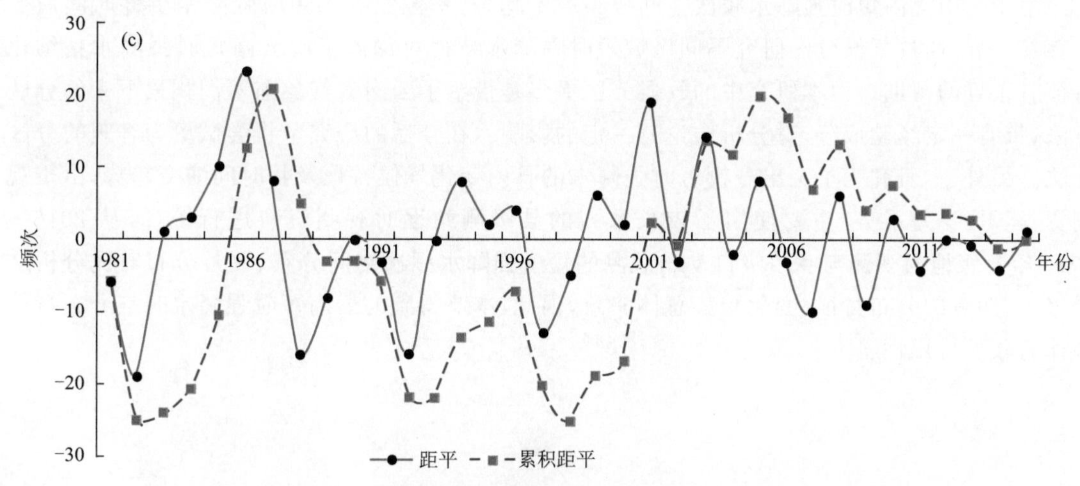

图1.9　短时强降水频次距平和累积距平逐年分布

(a)全省;(b)滇东北;(c)滇西北

1.3　时空分布特征总结

云南境内山高坡陡、地质条件脆弱、区域性短时强降水天气突出,频繁引发严重的山洪、城镇内涝及地质灾害。尽管数值天气预报已经成为气象服务中不可替代的核心技术手段,然而对于较为复杂的地面降水要素预报,业务上还缺乏可用性较好、客观定量的短时强降水预报产品,迫切需要针对致灾性较强的短时强降水天气进行深入、系统地研究。本节重点进行了云南境内短时强降水时空分布、日内变化规律、极值空间分布等特征的统计分析,得到以下结论。

(1)云南境内的短时强降水发生频率空间分布极不均匀,自东南向西北呈迅速递减趋势。短时强降水发生频率最高的区域位于云南南部,江城、河口是全省短时强降水的大值中心。云南西北部区域短时强降水发生频率最低,尽管怒江傈僳族自治州(简称"怒江州")北部为年降水量大值中心,但短时强降水特征并不明显。

(2)从逐月分布看,云南大部分地区的短时强降水主要发生在5—10月。但不同区域之间存在一定的差异:滇东南、滇西南区域短时强降水出现的时间比较早,3月就有一定数量的短时强降水出现,结束的时间偏晚,11月也有可能出现。滇东北、滇中、滇西北区域则出现的时段相对集中,11月至次年4月期间几乎不可能发生短时强降水。

(3)从日内分布看,云南境内的短时强降水具有在傍晚至夜里多发的特征,11时附近为明显低谷期。不同区域间短时强降水日内变化特征存在一定差异,滇东北区域短时强降水在前半夜高发、滇西南区域在后半夜高发的特征更为突出。

(4)短时强降水极大值中心主要分布在云南中部及以南地区,楚雄、勐腊、江城均出现了100 mm以上的极大值。极大值的出现时段符合在傍晚至夜里发生的特点,但具体发生时间局地性比较强,没有明显的区域分布规律。

(5)云南境内的短时强降水频次的线性变化、年代际变化趋势不明显,但年际差异较大。总体呈现出1997年后为上升趋势,2006年后转为下降趋势,2013—2015年为上升趋势的特点。

由于云南境内短时强降水频次空间分布极不均匀，不同站点的短时强降水事件时间演变也存在差异，通过气候分区研究不同区域短时强降水特征对深入了解云南短时强降水精细化特征有很好的帮助。但本研究中的气候分区更多是借鉴了云南省气象前辈们积累下来的分区方法，带有一定经验成分，对分析结论有一定的影响。在今后的研究中将尝试更为客观的分区方法。另外，本研究为了突出分析短时强降水的日内变化气候特征及长时间演变趋势，由于观测资料长度参差不齐，主要使用了较长系列的县级测站逐时观测资料进行统计，从2016—2018年县级地面观测与乡镇级自动站观测的短时强降水频次空间分布、逐月分布对比分析结果来看，两者的分布特征、变化趋势总体一致，因此，本节得到的云南短时强降水时空分布特征规律有较好可用性。

第2章　云南省短时强降水天气机理

2.1　主要天气形势类型

2.1.1　短时强降水过程的定义

短时强降水天气事件大致可分为零散型和区域型(多站次在同一时段、邻近区域内出现)。零散型短时强降水事件在关键天气系统方面反映不明显,随机性大、可预报性差。相对而言,区域型短时强降水天气过程主要出现在同一强降水影响系统背景下,天气特征明显、可预报性更强、防灾减灾前景也更好。综合考虑上述因素及科研工作量,本节主要针对强降水天气过程背景下区域型短时强降水天气特征及机理开展研究。采用1981—2015年共35 a云南境内125个县级地面观测站逐时观测资料、08时和20时探空资料进行短时强降水天气过程定义及过程特征统计分析。在物理量统计时根据"双临近"原则,即采用与短时强降水事件发生时间和距离最临近的探空站资料进行分析。

为了更为详细地揭示不同区域的短时强降水特征和机理,综合考虑云南不同区域主要强降水影响系统差异及预报业务中传统的气候分区经验,将云南划分为滇东北、滇东南、滇中、滇西北、滇西南五个区域(图1.2)。由于强降水过程背景下,云南短时强降水的落区随系统移动特征比较明显,因此,在定义短时强降水过程时既考虑全省出现的站次规模也考虑在某一个区域集中出现的情况,具体做法如下:①分别统计逐日(前一天20时至当日20时)125站出现1～20站次(当日同一站点重复出现短时强降水只记为一次)短时强降水的日数;②将出现1～20站次的日数按照从小到大排序,然后根据计算百分位数的方法,得到当日站次数为70%百分位数时,逐日应出现8站次的短时强降水(图2.1);③参照陈元昭等(2016)的做法,将一次短时强降水过程(区域性短时强降水过程)定义为:每天大于或等于8站次出现短时强降水;有一个区出现4站次短时强降水或相邻两个区出现6站次短时强降水。

按照上述标准统计得出,在1981—2015年期间共出现234个短时强降水过程,通过普查后剔除10个缺乏实况观测匹配的个例,本节重点对其余224个过程进行特征统计和对比分析。从短时强降水过程逐年分布情况看,短时强降水过程出现的频次具有明显的年际变化特征。91.4%的年份每年发生短时强降水过程的数量大于或等于4例,两个主要峰值分别发生在1995年(13例)和2001—2003年(分别为12例、12例和10例),过程数最少年份为1988年,仅出现2例短时强降水过程(图2.2)。

2.1.2　影响系统类型统计

短时强降水属于强对流天气之一,强对流天气的发生一般需要满足3个基本条件:水汽、不稳定层结和抬升条件。水汽和不稳定层结是产生强对流的内在因素,抬升条件是产生强对流的外在因素,促成短时强降水的内因和外因都与各类天气系统有着密切联系。根据短时强

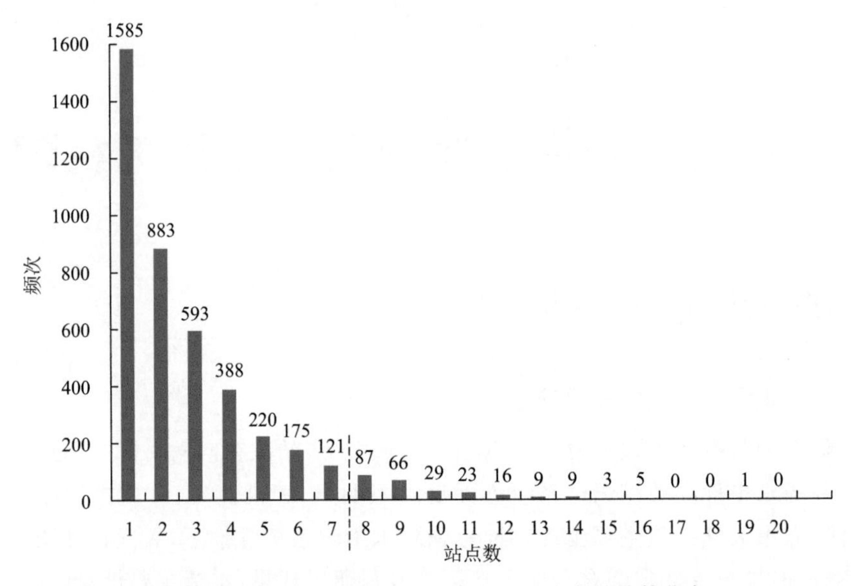

图 2.1　1981—2015 年短时强降水出现频次随站数分布

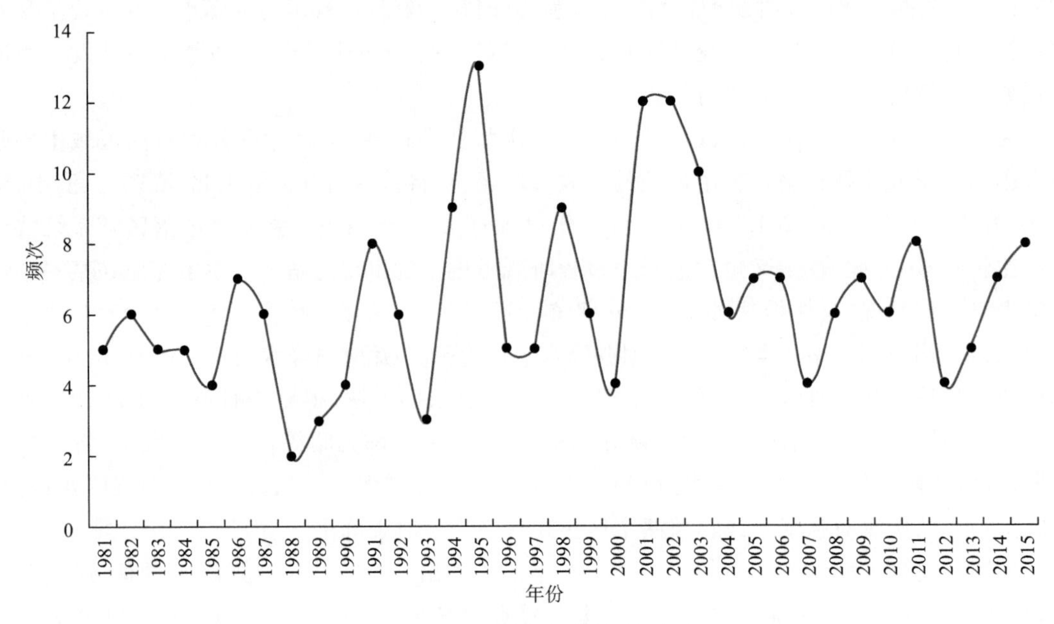

图 2.2　短时强降水过程逐年分布

降水天气过程中高空不同层次影响系统的统计分析，易造成云南区域型短时强降水过程的天气形势主要可分为 5 种类型：切变线型(包含冷锋切变型)、两高辐合型、热带低值系统型、高原涡型和南支槽型。按照影响次数从多到少依次为切变线型(占比为 38.4%，86/224，其中冷锋切变线型有 48 个，占切变线型的 55.8%)、两高辐合型(36.2%，81/224)、热带低值系统型(23.7%，53/224)、高原涡型(1.3%，3/224)以及南支槽型(0.5%，1/224)(图 2.3)。由于后两种类型所占比例较少，所以本研究主要是围绕前三种类型(切变线型、两高辐合型和热带低值系统型)进行特征分析和机理研究。

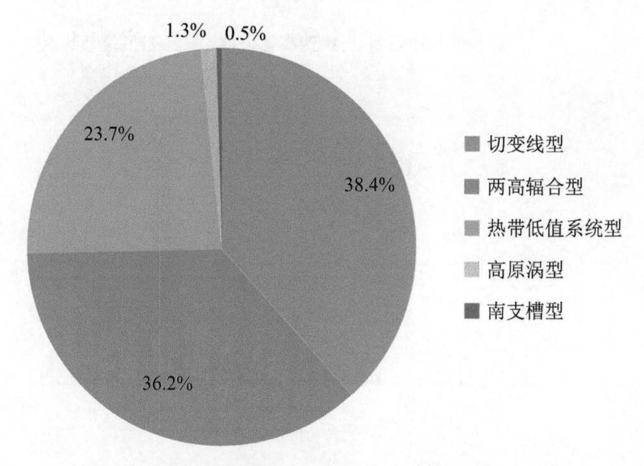

图 2.3　短时强降水过程影响系统分类及占比

从三种主要类型短时强降水过程逐年分布(图 2.4)看,切变线型过程数量最多的年份是 1995 年(6 例),而在 1983 年、1985 年和 2010 年没有切变线型短时强降水出现;两高辐合型过程数量最多的年份是 2010 年(6 例),而在 1988 年、1989 年、1997 年和 2014 年没有两高辐合型短时强降水出现;热带低值系统型过程数量最多的年份是 1991 年(5 例)和 2001 年(5 例),而在 1984 年、1987 年、1990 年、1992 年、1996 年、2000 年、2004 年、2010 年和 2014 年没有热带低值系统型短时强降水出现,总体上看,不同类型的短时强降水过程逐年分布波动较大,有明显的年际变化。

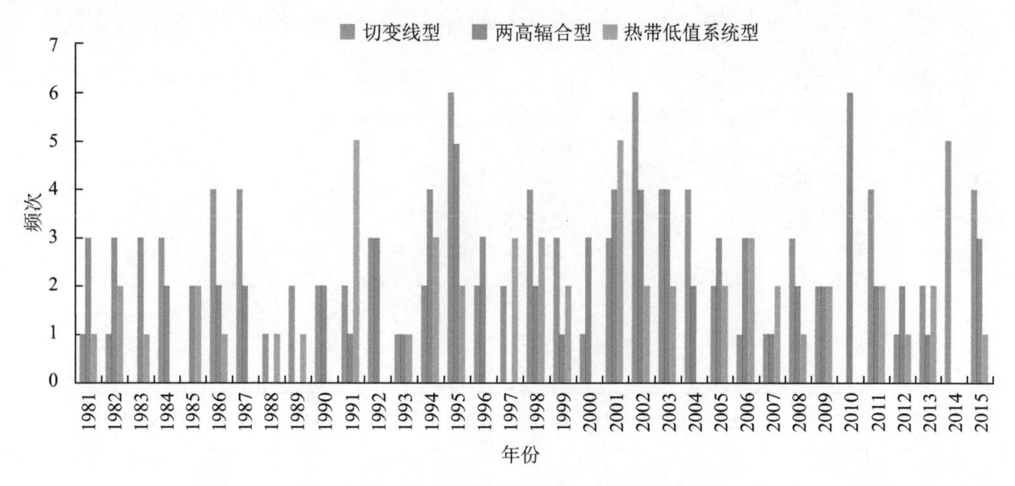

图 2.4　不同类型短时强降水过程逐年分布

从三种主要类型短时强降水过程逐月分布(图 2.5)看,所有类型的过程的峰值均出现在主汛期的 6—8 月,5 月、9 月次之,其余月份很少有过程出现。但三种主要类型的逐月分布特征特别是峰值的出现月份有着各自的特征。切变线型在 10 月也有少量过程出现,整个汛期(5—10 月)均有发生,持续时间较长。其中在初夏的 6 月出现最多,有 34 个过程,达到全年的峰值;两高辐合型只出现在 5—9 月,且 5—8 月呈现逐渐递增趋势,8 月出现最多,有 31 个过程;热带低值系统型也只出现在 6—9 月,其中 7 月最多,有 20 个个例。

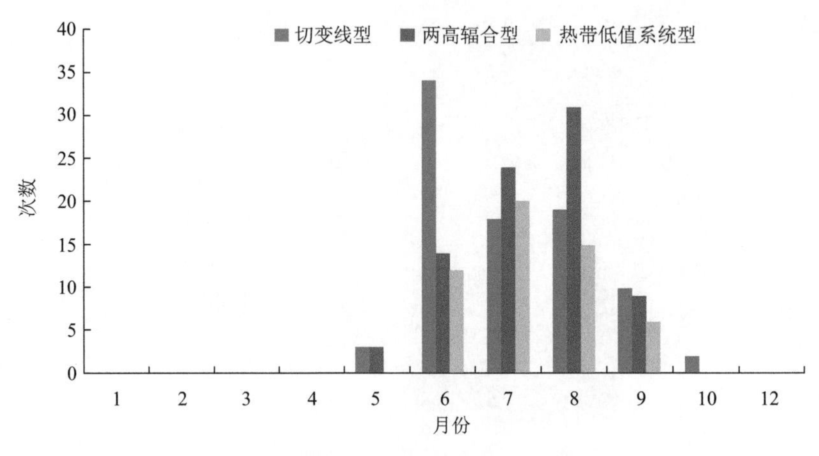

图 2.5　不同类型短时强降水过程逐月分布

从三种主要类型区域短时强降水过程逐时分布(图 2.6)看,其降水时段具有双峰结构特征,主峰区在 21—08 时,09—15 时期间是短时强降水天气发生相对较少的低谷区,而 16—20 时是一个次峰区,这说明不论何种类型的短时强降水,都主要发生在夜间和傍晚这两个时段。当然,在主峰区的具体出现时间方面三种类型的短时强降水过程出现时刻略有差异,切变线型主要发生在 05 时(66 次)、01 时(65 次)和 08 时 (63 次);两高辐合型主要发生在 01 时(65 次);热带低值系统型主要发生在 06 时(40 次)、00 时(39 次)、02 时(38 次)、23 时和 03 时(37 次)。

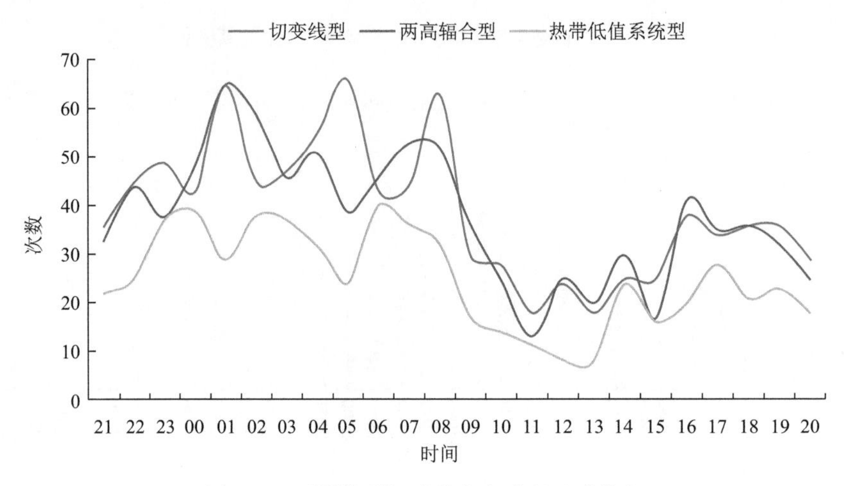

图 2.6　不同类型短时强降水过程逐时分布

2.2　天气系统的典型配置

2.2.1　切变线型

在切变线型短时强降水过程中,地面有冷锋配合 700 hPa 上的切变线造成大范围强降水的这一类型特别突出,因此,着重对这一类型(即冷锋切变线型)的天气系统配置及落区分布进行分析。冷锋切变线型主要指 700 hPa 上在青海—甘肃—四川—云南北部边缘有中心值约为 3120 gpm 的高压控制，高压东侧的东北风（或偏北风）与西太平洋副热带高压西侧或孟加拉湾季风槽前的西南风或偏西风在云南境内形成的西北—东南向的切变线。500 hPa 上云南的环流形势主要为低槽控制或处于槽后，则意味着从青海西部至云南为西北气流控制，有利于引导低层冷空气南下（图 2.7a）。地面上在切变线的北侧或附近有锋面与其配合，上干冷下暖湿的前倾结构有利于对流不稳定层结的建立。由于切变线附近是辐合抬升最强的地方，所以短时强降水主要发生在切变线附近，因此，判断切变线的移动是预报此类短时强降水的关键，而“北高南低”形势（即切变线北侧的高度场明显高于南侧）是造成切变线移动的主要原因。通过统计发现，当格尔木站（或武都站）与昆明站的高度差小于 2 dagpm 时，切变准静止；高度差在 2～3 dagpm 时，切变线可压过昆明站，造成滇中及以东以北的地区出现短时强降水；高度差大于 3 dagpm 时，切变线可西移出云南，造成全省大部分地区出现短时强降水。从此类短时强降水的空间分布（图 2.7b）可以看出，此类降水主要发生区域呈西北—东南向分布，与切变线的形态基本相同，主要位于丽江东南部、楚雄州东部、昆明南部、曲靖南部、玉溪东部、红河州东部和文山壮族苗族自治州（简称“文山州”）。

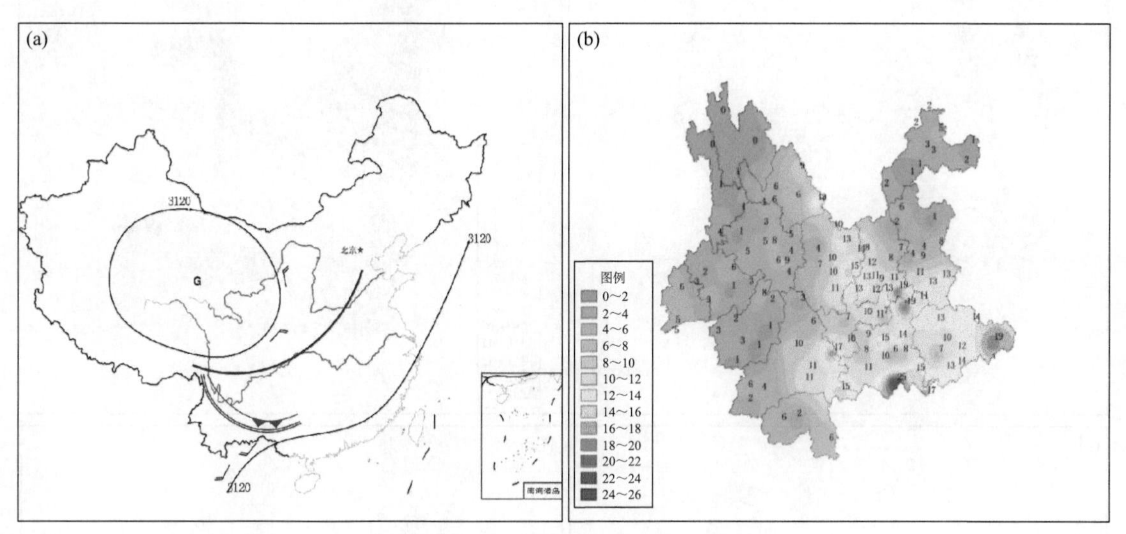

图 2.7　切变线型短时强降水过程

(a)典型天气系统配置；(b)短时强降水频次落区分布

2.2.2　两高辐合型

两高辐合型短强降水天气过程是指 500 hPa 上云南境内出现的两个高压环流（反气旋环流）之间的辐合区域（图 2.8）。根据高压环流所处地区又可细分为三类：Ⅰ类位于青藏高原地区的高压（简称“青藏高压”）与西太平洋副热带高压（简称“西太副高”）之间在云南形成的辐合区域，当西太副高西脊点位置偏西偏北，并控制江南、华南及西南地区东部，5840 gpm 线位于云南东部时，两高辐合区呈东北—西南向，当西太副高西脊点位置偏西偏南，并控制华南及中南半岛北部，5840 gpm 线位于云南南部时，两高辐合区呈东西向（图 2.8a）；Ⅱ类在我国西藏东南部至缅甸北部的高压（简称“滇缅高压”）与西太副高在云南形成的准南北向的辐合区域（图 2.8c）；Ⅲ类当青藏高压、滇缅高压和西太副高三者同时存在时，在云南形成的一个“T”型辐合区（图 2.8e）。

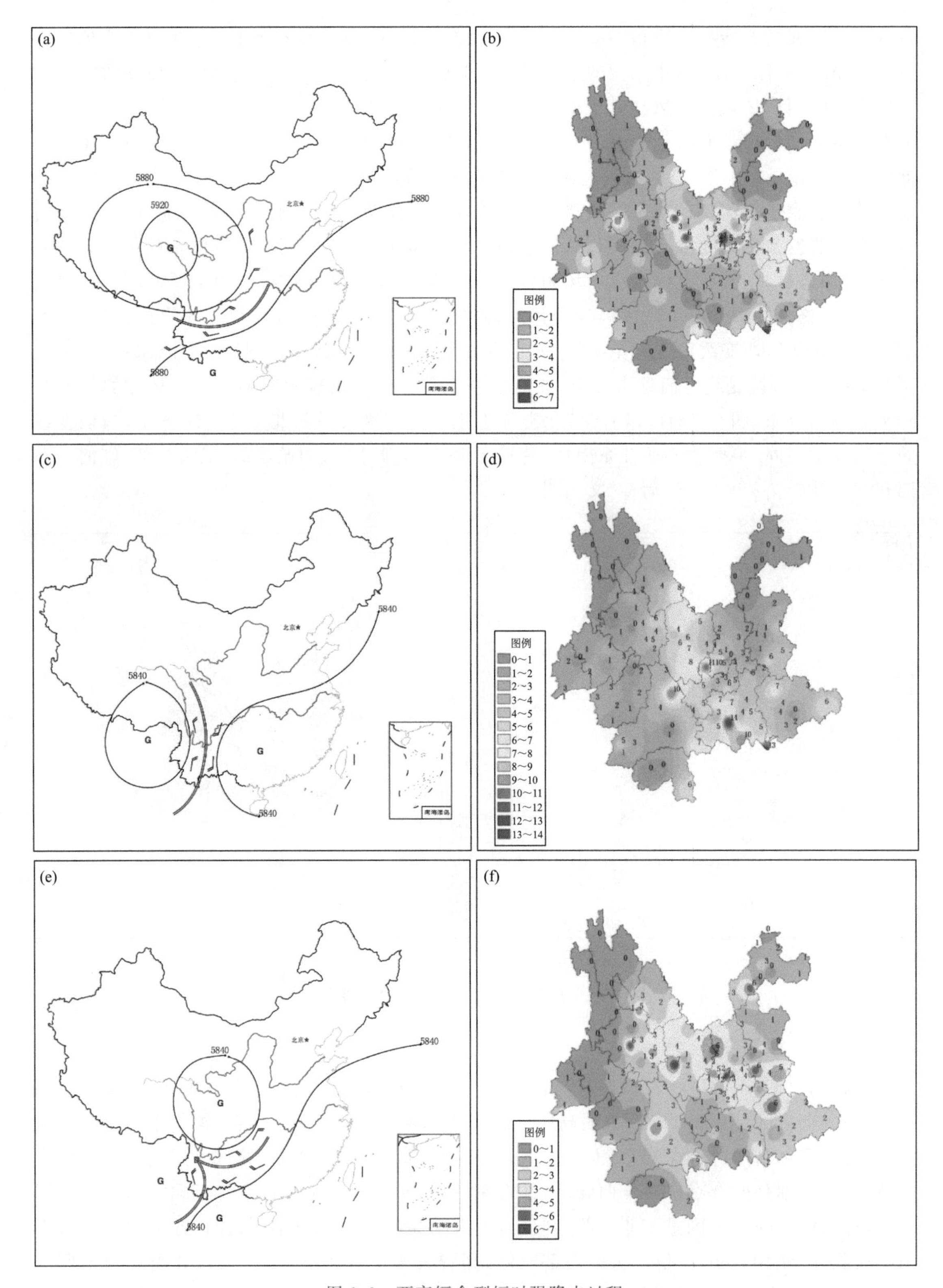

图 2.8　两高辐合型短时强降水过程

(a)Ⅰ类天气系统配置;(b)Ⅰ类短时强降水频次落区分布;(c)Ⅱ类天气系统配置;

(d)Ⅱ类短时强降水频次落区分布;(e)Ⅲ类天气系统配置;(f)Ⅲ类短时强降水频次落区分布

当500 hPa出现两高辐合形势时，通常700 hPa上有切变线与500 hPa辐合区配合较好，地面有辐合线或冷锋活动，中低层切变线、辐合线的存在进一步加剧了辐合区的垂直上升运动。两高辐合型过程的短时强降水天气主要发生在辐合区内，即Ⅰ类呈准东西向，主要位于丽江东南部、大理白族自治州（简称“大理州”）东部、楚雄州南部、昆明和曲靖南部（图2.8b）；Ⅱ类呈准南北向，主要位于大理东部、楚雄、昆明西部、玉溪、红河和普洱东部（图2.8d）；Ⅲ类主要出现在“T”型辐合区东侧冷暖空气交汇比较明显的地区，从统计结果看，曲靖南部、文山州北部、昆明西南部、楚雄州、丽江东南部、大理州东部、普洱东部出现该类降水的频率较大（图2.8f）。

2.2.3 热带低值系统型

热带低值系统是指在西太平洋或南海地区生成的西行台风及热带低压和在孟加拉湾地区生成的热带风暴。由于53个个例仅有1例是由孟加拉湾风暴引起，因此，下面将其分为西行台风（17例，16个台风）及热带低压型。西行台风及热带低压生成后，在两广登陆后继续西行，或穿过海南岛进入北部湾在越南北部登陆对云南产生影响。该型对云南的影响主要是低压外围偏东（东南）气流（多数达到急流标准且具有风速辐合）或低压倒槽，偏东（东南）气流是水汽和能量的输送通道，倒槽或风速辐合区有利于垂直上升运动的增强。环流特征表现为地面至500 hPa几乎都为一致的西行低压环流影响，500 hPa低压北侧通常是5880 gpm控制，也就是意味着副热带高压南侧的偏东气流有利于引导低压西行对云南产生影响。当500 hPa和700 hPa为一致的偏东（东南）气流影响云南时，地面往往有辐合线存在，短时强降水主要出现在辐合线附近，而当500 hPa有低压倒槽存在时，短时强降水主要出现在倒槽附近（图2.9a）。另外有8个（15.1%）个例在地面上有冷空气影响滇东北地区，冷暖空气在滇东北的交汇，容易导致滇东北出现短时强降水。综合以上分析，并从图2.9b可以看出，此类短时强降水主要出现在滇中及以南地区，滇东北北部也有发生，滇西北北部几乎没有出现过短时强降水。

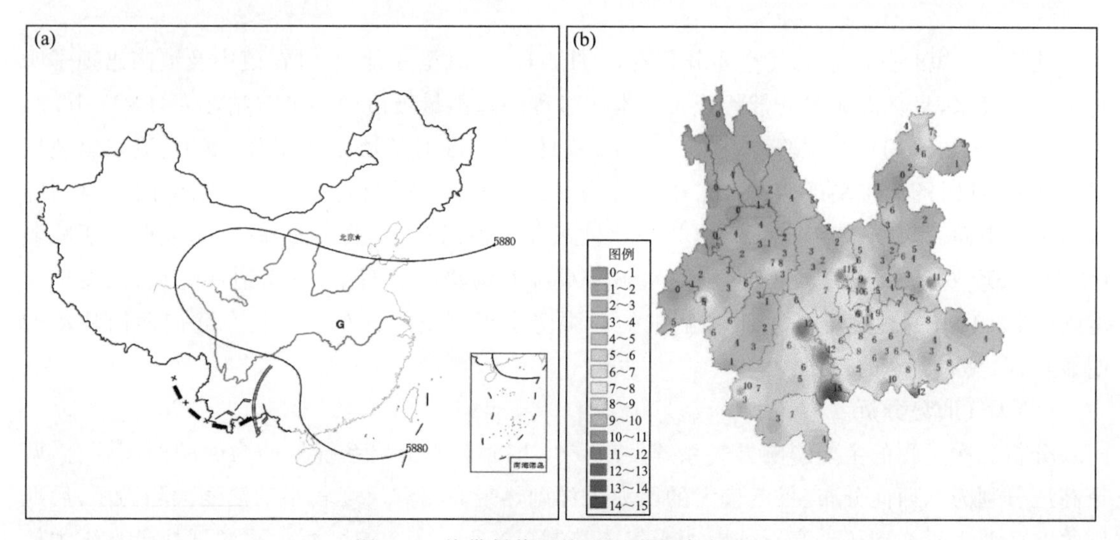

图2.9 热带低值系统型短时强降水过程

(a)典型天气系统配置；(b)短时强降水落区分布

2.3 天气个例分析

2.3.1 冷锋切变线型

(1)降水实况

2017年9月5日20时至6日20时(北京时,下同),滇西北东部、滇中及以东以南地区出现大到暴雨局地大暴雨天气过程,共计出现大暴雨33站、暴雨234站、大雨476站(图2.10a),最大降雨量出现在楚雄州禄丰县平掌为160.8 mm(图2.10a中三角符号所示,下同)。此次暴雨过程中强对流天气特征明显,在大到暴雨区域伴随出现了明显的短时强降水天气,造成严重的城镇洪涝和山洪灾害。由于短时强降水分布范围广而且局地性差异明显,给精准预报带来一定的困难(图2.10b)。

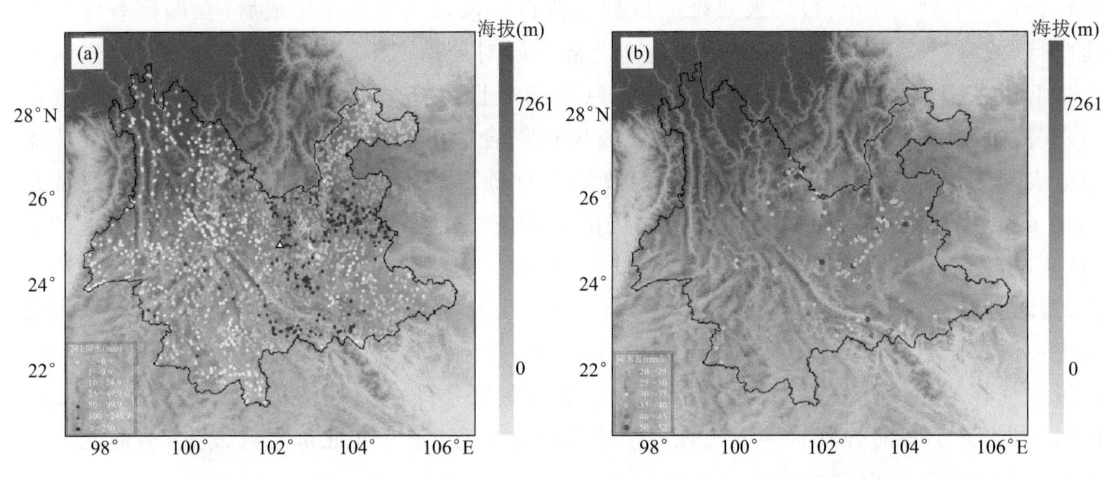

图2.10 2017年9月5日20时至6日20时降雨量和短时强降水分布(mm)
(a)降雨量;(b)短时强降水

从逐6 h短时强降水天气空间分布看,9月5日20时至6日02时在滇中及滇南出现了明显短时强降水,呈现南北向的带状分布。本次过程的降雨量极值中心平掌站在6日01—02时出现了57.8 mm的短时强降水(图2.11a)。6日02—08时从滇西北东部、滇中、滇东出现短时强降水,此时的雨带呈现西北—东南向分布(图2.11b)。随后这一西北—东南向短时强降水雨带逐渐向西南移动,6日08—14时落区主要位于滇西东部、滇中西部一线,强度有所减弱(图2.11c)。6日14—20时,短时强降水雨带继续西南移至滇西南、滇南边缘一线,强度再次增强(图2.11d)。相对而言,分时段后的短时强降水天气空间分布呈现自东北向西南移动的明显特征,具有一定的规律性。

(2)天气形势分析

分析此次过程的主要影响天气系统发现,500 hPa上的影响系统早期为弱的两高辐合,两个高压分别为东西向分布、尺度较大的西太平洋副热带高压和尺度较小的滇缅大陆高压,后期则主要受西太平洋副热带高压外围西南气流控制。9月5日20时,西太平洋副热带高压主体偏东,5880 gpm等值线西脊点位于25°N、105°E附近。在缅甸北部至我国云南西部为一大陆高压控制,高压中心位于22°N、95°E附近,高压中心强度为5890 gpm。两个高压在云南中东

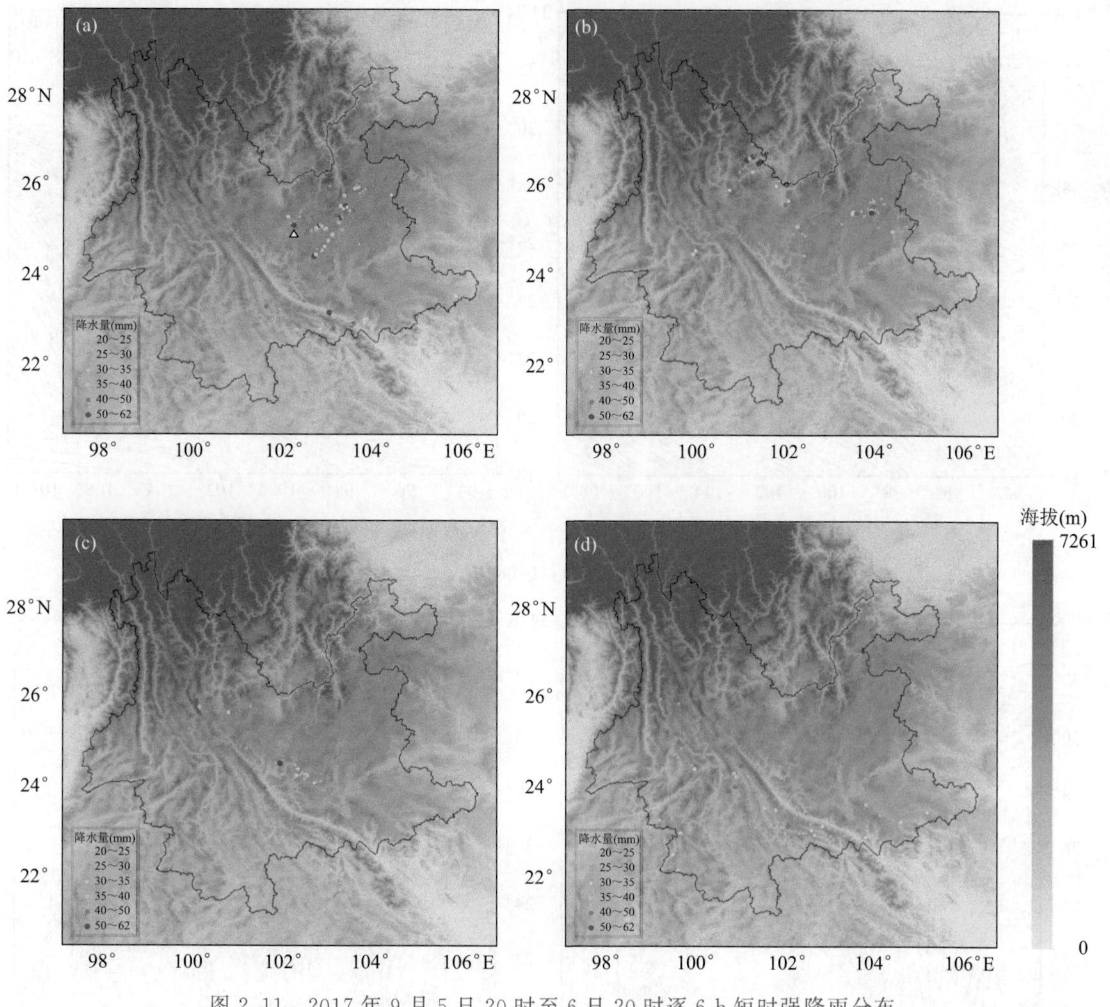

图 2.11　2017 年 9 月 5 日 20 时至 6 日 20 时逐 6 h 短时强降雨分布

(a)5 日 20 时至 6 日 02 时；(b)6 日 02—08 时；(c)6 日 08—14 时；(d)6 日 14—20 时

部(22°—26°N、102°—104°E)形成弱的辐合区。从 9 月 6 日 02 时开始，西太平洋副热带高压加强西伸、滇缅高压中心西移，云南中东部转为高压外围的西南气流控制，持续稳定的西南气流将南海的水汽源源不断地向云南输送，为此次持续性降雨过程提供了有利的背景条件(图略)。700 hPa 上的影响系统为自北向南移动的切变线，在过程后期切变线上还有中尺度低涡系统配合(图 2.12)。过程开始前在四川东部至云南东北部有一条东北—西南向的切变线，切变线西北侧为大陆冷高压外围的东北气流，切变线南侧为来自孟加拉湾的西南暖湿气流。到了 9 月 6 日 02 时，切变线进一步南移至贵州北部至云南西北部一线。云南大部处于切变线主体的尾端，由于东段移速较快、西段移速较慢，影响云南的切变线逐渐转成东西向分布(图 2.12a)。随着时间的推移，切变线不断向西南方向移动，9 月 6 日 08 时切变线到达云南中部偏北位置并伴随出现了低涡中心(图 2.12b)。9 月 6 日 14 时切变线移至云南西部的哀牢山沿线并转为西北—东南向，随后逐渐转为南北向并于 9 月 6 日 20 时后西移出云南，强降水过程结束(图略)。

从地面图上看，有明显冷锋系统自东北向西南移动并影响云南，锋面的移动方向和变化特征与 700 hPa 上切变线相似。具体分析冷锋锋面的位置可以发现，9 月 6 日 02 时锋面位于云南西北部至东南部，锋面位置略超前于切变线位置(图2.13a)。同时段的短时强降水落区刚

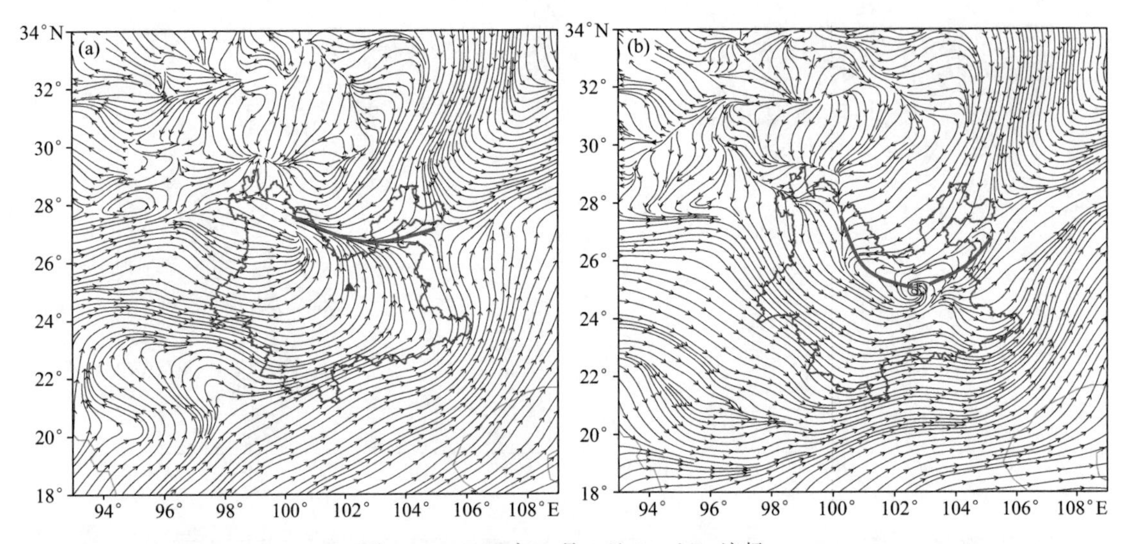

图 2.12　2017 年 9 月 6 日 700 hPa 流场

(a)02 时;(b)08 时

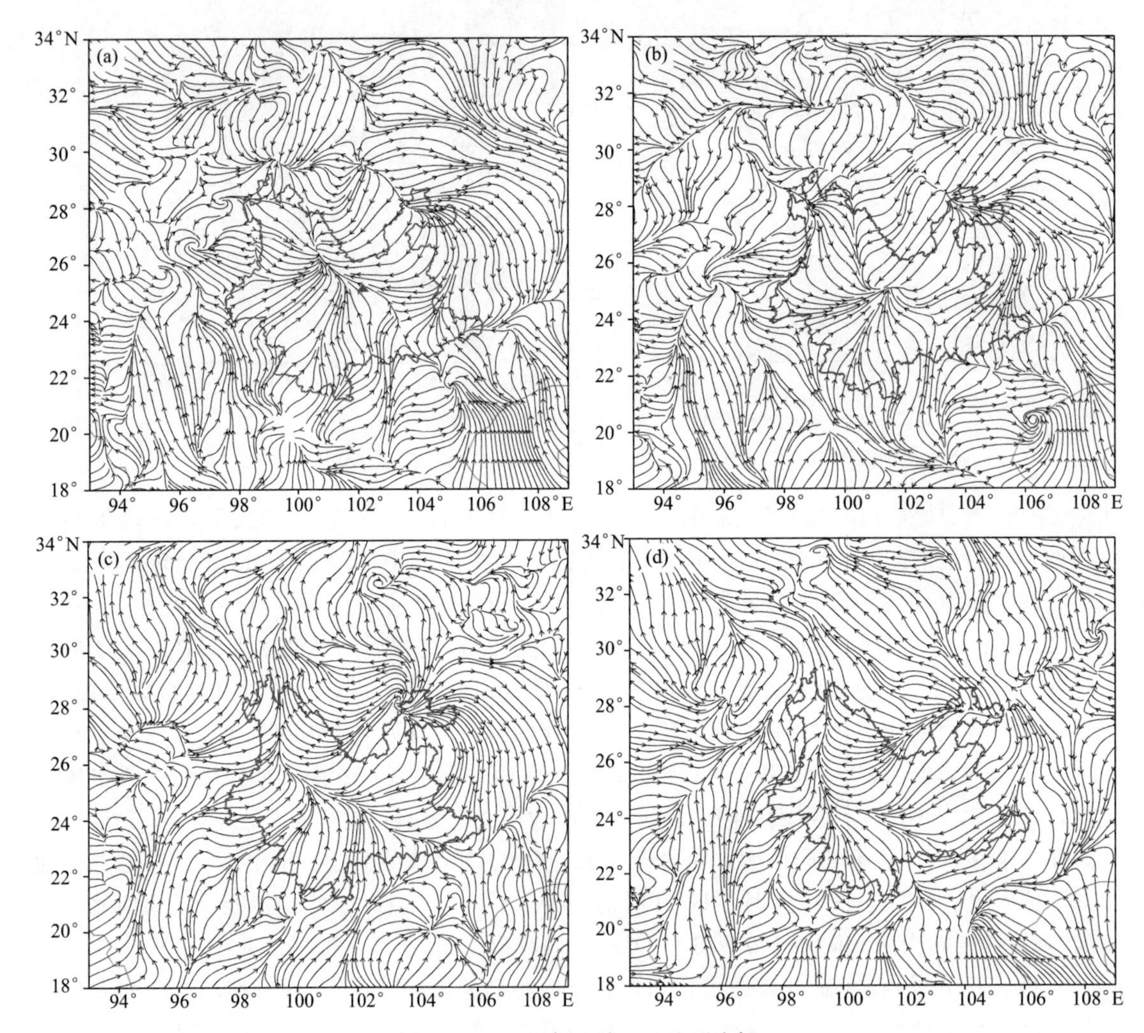

图 2.13　2017 年 9 月 6 日地面流场

(a)02 时;(b) 08 时;(c)14 时;(d)20 时

好位于锋面及其后部、切变线南侧这一区间。此次过程的降水极大值中心平掌刚好处于锋面上并在 01—02 时出现了 57.8 mm 的短时强降水。随着锋面和切变线的西南移，短时强降水落区也随之向西南方向移动，9 月 6 日 20 时以后锋面西移出云南，此次短时强降水过程结束(图 2.13d)。对比短时强降水落区和地面、高空天气形势发现，此次短时强降水天气过程关键由 700 hPa 切变线和地面锋面共同作用形成，地面锋面为低层对流抬升运动提供了触发机制，700 hPa 切变线一方面为短时强降水天气提供必要的水汽输送，一方面提供了中低层水汽辐合及对流抬升运动的维持机制。

(3)对流云团演变情况

从过程期间的卫星云图观测看，有明显的带状切变云系与关键天气系统相对应，且随着切变线系统的移动，带状云系也呈现自东北向西南移动的趋势。在 2017 年 9 月 5 日 20 时，云南东部、南部有大片的云系覆盖，随着切变系统的加强并西南移，云系逐渐演变为一条西北—东南向的带状云带(图 2.14a)。值得关注的是在 5 日 23 时云带上有明显的中尺度对流云团发展，在云南中部有云团 A 明显发展、南部边缘有云团 B 发展，两个云团的云顶亮温极值均小于 −70℃且呈块状分布(图 2.14b)。随后云团 A 持续发展并向西移动，由于对流垂直发展非常旺盛导致云顶亮温小于 −70℃的面积明显增大，并在 9 月 6 日 03 时达到强盛阶段(图 2.14c)。受其影响云南中部和西北部边缘出现了明显的短时强降水，平掌站在此期间也出现了明显的短时强降水(图 2.11)。云团 B 则逐渐减弱消失，对应区域出现小范围的短时强降水后逐渐减弱。到了 9 月 6 日 07 时，云团 A 持续影响滇中西部和滇西北东部，但强度明显减弱，云团的空间尺度也呈减弱趋势(图 2.14d)。另外，处在切变线附近的云南东部区域有云团 C 发展，中心区域的云顶亮温小于 −50℃，但持续时间不长，在图 2.14 对应时段云南东部出现了小范围

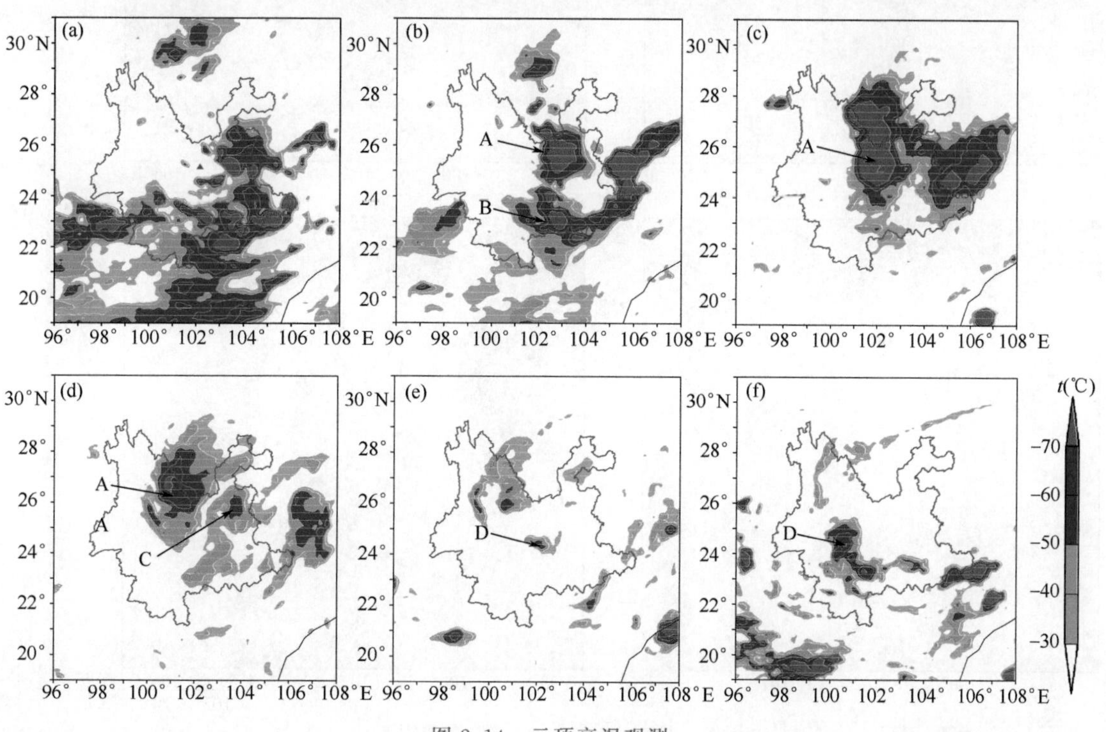

图 2.14　云顶亮温观测

(a)9 月 5 日 20 时；(b)9 月 5 日 23 时；(c)9 月 6 日 03 时 ；(d)9 月 6 日 07 时；(e)9 月 6 日 11 时；(f) 9 月 6 日 17 时

的短时强降水天气。随后切变线东段快速南移，并逐渐转为南北向分布，对流云团的强度总体减弱，到了6日17时滇西南东部有对流云团D逐渐发展，但云团的空间尺度较小，中心区域的云顶亮温小于−60℃，对流强度较云团A明显偏弱(图2.14f)。相应地，从图2.14中可以看出，在对流云团D发展、影响的主要时段(6日14—20时)，云团D附近云顶亮温小于−50℃的区域出现了明显的短时强降水，只是强度和范围较云团A对应的短时强降水天气偏弱。

对比短时强降水落区、发生时段与对流云团分布、演变情况发现，切变云系上中尺度对流云团的发展才是导致短时强降水的关键因素，短时强降水主要出现在对流云团中云顶亮温小于−50℃的区域，两者之间有较好的对应关系。对流云团的空间尺度和持续时间对短时强降水的分布区域和规模也有较好的指示意义，过程前期切变线附近的对流云团发展最为旺盛，空间尺度大、持续时间长，则对应时段的短时强降水分布范围广、频次多，到了过程后期对流云团明显减弱，则短时强降水的规模减小、强度也明显减弱。

(4)地闪时空分布情况

图2.15给出了此次过程中逐6 h地闪频次空间分布，可以看出，2017年9月5日20时至

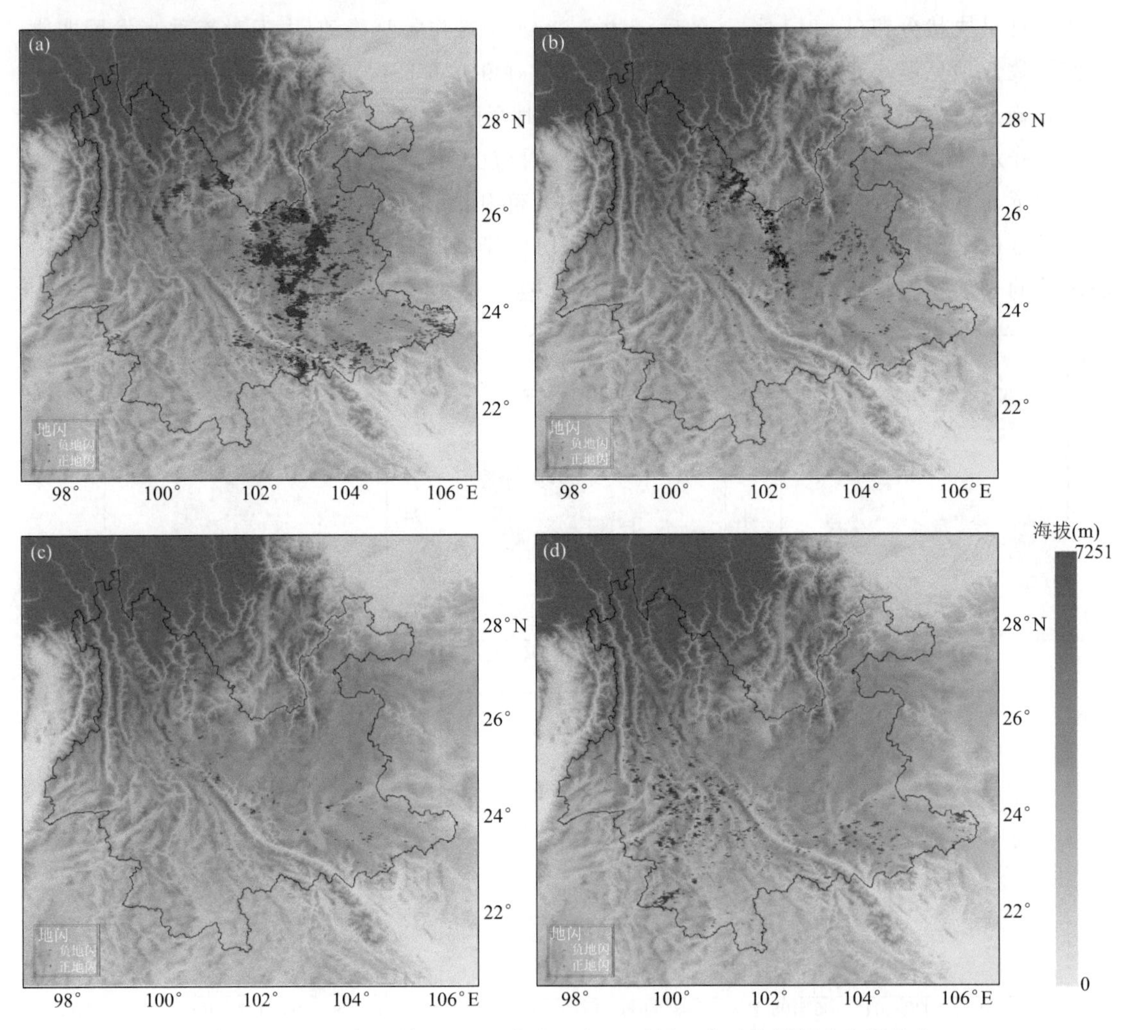

图2.15 2017年9月5日20时至6日20时逐6小时地闪频次空间分布

(a)5日20时至6日02时；(b)6日02—08时；(c)6日08—14时；(d)6日14—20时

6日02时为地闪高发期，滇中、滇南边缘、滇西北东部出现了大范围、高密度的闪电。到了6日02—08时，闪电范围明显收缩、密度有所减弱，主要分布于滇东至滇西北东部一线。6日08—20时闪电发生的规模和范围明显减小，但落区分布总体上仍与切变线自北向南移动的趋势相对应。对比过程期间的地闪和短时强降水落区分布可以看出，短时强降水的落区、频次与地闪的落区分布、密集程度有较好的对应关系。

从平掌站逐时降雨量和地闪数量分布图（图2.16）还可以看出，该站附近的地闪在6日00—01时期间出现峰值，小时地闪次数达到280次。地闪峰值与6日01—02时期间出现的短时强降水峰值相对应，但地闪发生的时间要早于短时强降水出现的时间约1 h。因此，地闪的落区分布、密集程度对于短时强降水的精细化预报预警具有一定的指示意义。

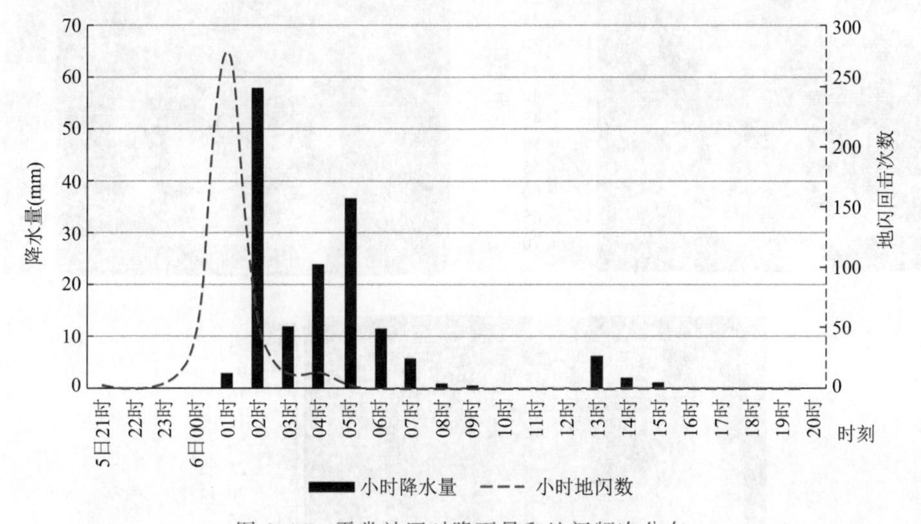

图2.16　平掌站逐时降雨量和地闪频次分布

(5)雷达回波特征

分析过程期间的雷达回波空间分布发现，过程前期（9月5日20时至6日02时）雷达回波分布范围较广，云南东部、南部均有较强的雷达回波。随着切变线的加强，雷达回波主要沿700 hPa切变线和地面锋面之间的带状区域分布。过程中后期（9月6日02—20时）雷达回波带呈现伴随切变线系统自东北向西南移动的特征。从回波特征看，过程期间主要为层积混合云回波，其中锋面降雨和锋前暖区降雨以积云回波为主，锋后降雨以层云回波为主，短时强降水则主要出现在积云回波中。

此次过程中，最大降雨量出现在楚雄州禄丰县平掌，而且在6日01—02时出现了57.8 mm的短时强降水，因此，选用覆盖该站的昆明雷达观测资料进行降雨特征分析。图2.17给出了2017年9月6日01时31分昆明雷达观测情况，从回波反射率分布可以看出此时在平掌站附近有一条准南北向的带状回波发展（图2.17a），回波最大值反射率因子强度达到45 dBz以上，回波反射率因子东西方向水平梯度较大，呈现明显的积云回波特征，对应时段的短时强降水就是出现在这一带状强回波区域。从平掌站东西方向的回波剖面图上可以看出（图2.17c），此时该站上空的对流发展非常旺盛，回波顶高超过12 km，大于45 dBz的回波大值区处于中下层，极大值区位于海拔4 km附近，该站出现短时强降水天气时雷达回波反射率因子低质心的特征非常明显。从对应时次的径向速度图上可以看出，负速度区面积明显大于正速度区，表明存在大尺度辐合环境场，环境场能量不稳定，有利于强降水的产生和维持。另外，平掌站附近区域存在正、负速度中心，具有明显的中尺度辐合特征，有利于增强该区域的对流强度，导致局地性强降雨的发生(图 2.17b)。由于雷达观测具有较高的时空分辨率，在有利的天气形势背景下，通过跟踪强回波区及径向速度辐合区的发展情况及移动趋势，有助于进一步细化短时强降水天气的落区和发生时段。

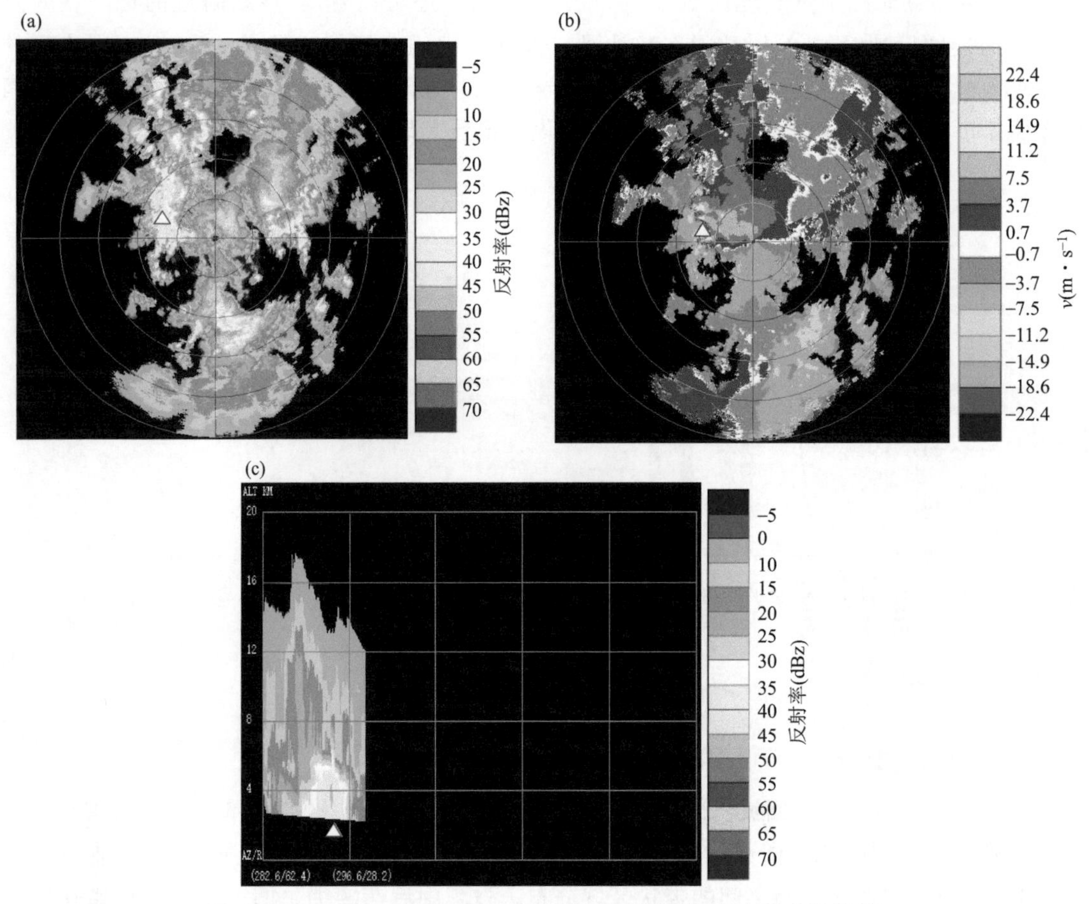

图 2.17　2017 年 9 月 6 日 01 时 31 分昆明雷达观测(△代表平掌站)

(a)1.5°仰角回波反射率；(b)1.5°仰角径向速度；(c)经过平掌的东西向回波反射率剖面图

(6)过程分析结论

1)此次过程期间短时强降水天气分布范围广、频次大，落区分布呈现自东北向西南逐渐移动趋势，同一区域强降水时段相对集中，系统性降水特征明显。

2)700 hPa 切变线和地面锋面是此次过程的关键影响系统。切变线一方面为短时强降水天气提供必要的水汽输送，另一方面提供了中低层水汽辐合及对流抬升运动的维持机制，地面锋面则为低层对流抬升运动的提供了触发机制。

3)有明显的带状切变云系发展并呈现自东北向西南移动的趋势，切变云系上不断有中尺度对流云团生成和消亡，短时强降水则主要出现在云顶亮温小于－50℃的区域。中尺度对流云团的空间尺度、持续时间对短时强降水的分布区域、规模有很好的指示意义。

4)此次过程伴随出现了明显的雷暴天气，地闪的落区分布、密集程度与短时强降水的落区、频次有较好的对应关系，且地闪发生时间要早于短时强降水的时间约1 h。

5)从雷达回波特征看，短时强降水天气主要出现在积云回波中反射率因子大值区。此次过程中，平掌附近的回波强度达到45 dBz以上并具明显低质心特征，而且径向速度图上有明显的中尺度辐合配合。

2.3.2　一般切变线型

(1)降水实况

2015年7月22日20时至23日20时，云南全省出现强降雨过程，共计出现大暴雨6站、暴雨105站、大雨425站(图2.18a)，最大降雨量出现在德宏州盈江县昔马为146.7 mm。此过程强降雨落区看可分为三个强降雨带：1号强雨带出现大到暴雨局地大暴雨，主要位于滇西北东南部、滇中北部、滇东北南部至滇东南北部一线，呈西北—东南向分布(此强雨带为区域短时强降水出现的主要区域，也是本节主要讨论的区域)；2号强雨带集中在滇西西部，范围小，雨强强，出现暴雨局地大暴雨；3号强雨带位于哀牢山东部一线，也呈西北—东南向分布，但雨强最弱，出现中到大雨局地暴雨。此次强降雨过程中强对流天气特征明显，三个强降雨雨带都伴随出现了较明显的短时强降水和雷暴天气，造成严重的城镇洪涝和山洪灾害。由于短时强降水分布范围广而且不同雨带强度、空间分布差异明显，给精准预报和灾害防御带来极大挑战(图2.18b)。

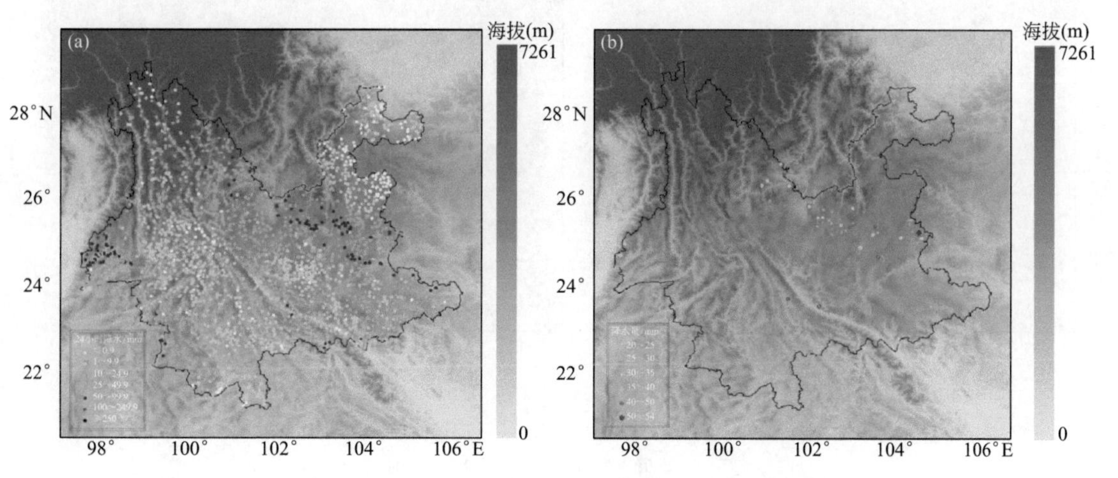

图2.18　2015年7月22日20时至23日20时降雨量和短时强降水分布(mm)

(a)降雨量；(b)短时强降水

从逐6 h短时强降水天气空间分布看，7月22日20时至23日02时在滇西北东南部、滇中南部以及滇东北南部出现了明显短时强降水，呈现西北—东南向的带状分布，此雨带的降雨量极值中心昆明市石林彝族自治县(简称“石林县”)三角水库站在23日00—01时出现了42.6 mm的短时强降水(图2.19a，三角符号所示为石林县三角水库站，下同)。23日02—08时滇西北东南部和滇中北部的短时强降水雨带略微向南移动，滇东北南部的短时强降水雨带消失；滇西西部和滇东南南部的短时强降水雨带开始发展，特别是滇西西部的雨带发展明显，此雨带的降雨量极值中心德宏州盈江县昔马站在23日06—07时出现了39.4 mm的短时强降水(图2.19b)。23日08—14时滇东南南部出现零星短时强降水，此时段内短时强降水较弱(图2.19c)。随后滇东南南部的短时强降水雨带向偏西方向移动，并向北延展，23日14—20

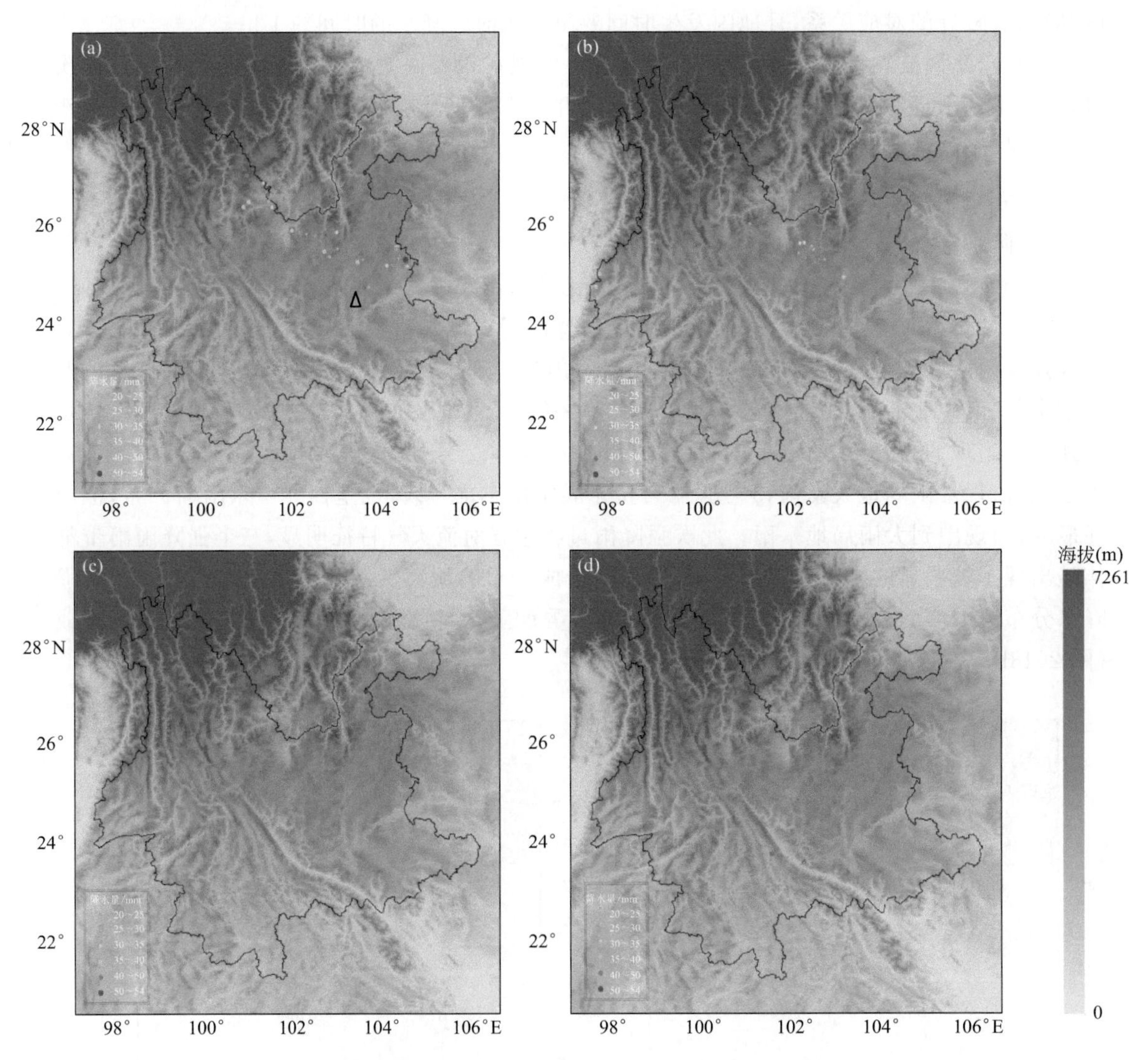

图 2.19 2015 年 7 月 22 日 20 时至 23 日 20 时逐 6 小时短时强降雨分布(mm)

(a)22 日 20 时至 23 日 02 时;(b)23 日 02—08 时;

(c)23 日 08—14 时;(d)23 日 14—20 时

时落区主要位于滇中西南部、滇南南部,呈现西北—东南向,此雨带的降雨量极值中心红河州金平苗族瑶族傣族自治县(简称“金平县”)普角站在 23 日 17—19 时连续 2 h 出现短时强降水,雨量分别为 29.5 mm 和 29.1 mm,此雨带最大小时雨强出现在玉溪市元江哈尼族彝族傣族自治县(简称“元江县”)它才吉站,23 日 16—17 时雨量为 40.1 mm,且 17—18 时接着出现 21 mm 的短时强降水(图 2.19d)。总体而言,分时段后的短时强降水天气时空分布具有一定的规律性,与 1 号强降水带对应的短时强降水带最早开始发展,之后雨带略南移;接着是与 2 号强降水带对应的短时强降水带开始发展,且只持续了 6 h;与 3 号强降水带对应的短时强降水带开始较晚且规模较小。

(2)天气形势分析

分析此次过程的主要影响天气系统发现,500 hPa 上 22 日 08 时位于四川东部的中纬度低槽经过 12 h 后(22 日 20 时),快速东移南压到重庆东部、贵州东部至滇东南边缘一线,虽然温度槽落后于高度槽，但低槽位置偏东，冷平流也偏东，滇缅之间为高压脊控制，云南受到中纬度低槽后部西北气流和高压脊前西北气流的叠加控制。23日02时中纬度低槽缓慢东移，位于槽后的川东南地区由西北气流转为偏北气流，滇缅高压脊强度减弱，滇中至广西大部转为西南风，偏北气流和西南气流在黔桂交界至滇东北一带形成辐合切变线，且后期该辐合线由东西向转变为东北—西南向，位置少动(图略)。700 hPa上22日08时位于四川东部的低涡向东南方向移动，到了23日02时低涡中心位于重庆东南部，低涡切变线位于贵州西南部至云南中部一线地区，呈西北—东南向，切变线后部在四川中东部有大于12 $m\cdot s^{-1}$的东北急流存在，有利于推动切变线向西南方向移动。23日08时低涡切变缓慢西移南压至滇西北东部、滇中至滇东南北部一线，切变后部在重庆西南部至贵州西北部仍有东北急流存在，可继续推动切变线向西南方向移动(图2.20b)。另外，切变线前部有来自孟加拉湾地区的水汽向云南输送，且在滇南形成急流区。随后切变线继续西移南压，到了23日20时切变已经压至云南西部的哀牢山一带。

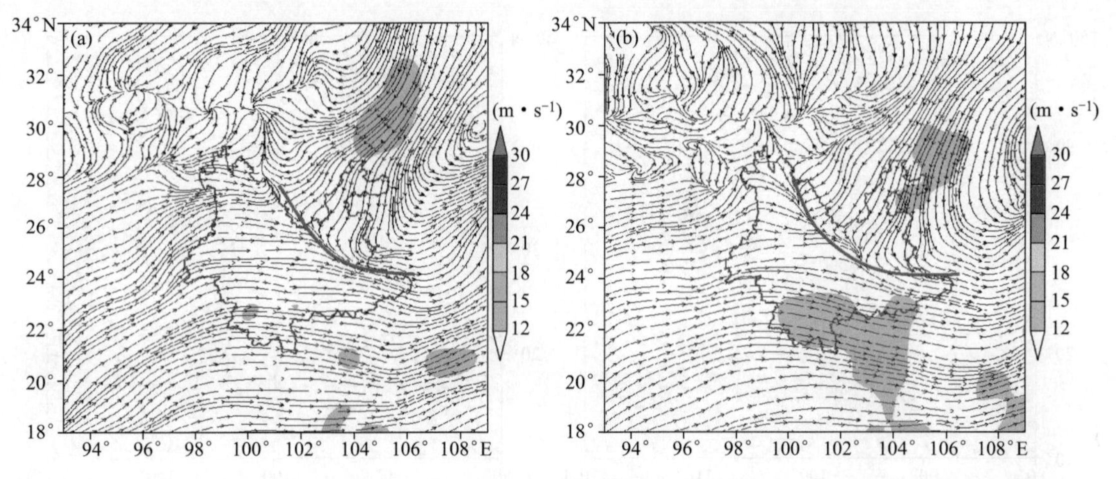

图2.20　2015年7月23日700 hPa流场

(a)02时；(b)08时

从地面图上看，此次过程无明显冷锋系统影响云南，但存在地面辐合线，而且地面辐合线的移动方向和变化特征与700 hPa上切变线相似。具体分析地面辐合线的位置可以发现，22日20时辐合线位于滇东南、滇东至川南一带，辐合线位置略超前于切变线位置，随后辐合线逐渐西移南压。同时段的短时强降水落区刚好位于辐合线及其后部、切变线西南侧这一区间。此次过程滇中地区的降水极大值中心昆明市石林县三角水库站在23日00—01时出现了42.6 mm的短时强降水(图2.21a)。随着辐合线和切变线的西南移，短时强降水落区也随之向西南方向移动(图2.21d)。对比短时强降水落区和地面、高空天气形势发现，此次短时强降水天气过程关键由700 hPa切变线和地面辐合线共同作用形成，地面辐合线为对流的发展提供给了抬升条件，700 hPa切变线一方面为短时强降水天气提供必要的水汽输送，一方面加强了对流的发展所需要的垂直运动。

(3)对流云团演变情况

从天气过程期间的卫星云图观测看，有明显的团(块)状切变云系与关键天气系统相对应，且随着切变线系统的移动，团(块)状云系起初在切变线后部东北气流引导下自东北向西南移动，后来转为受切变前部西北气流的引导，而自西北向东南移动，移动过程强度逐渐减弱，最后

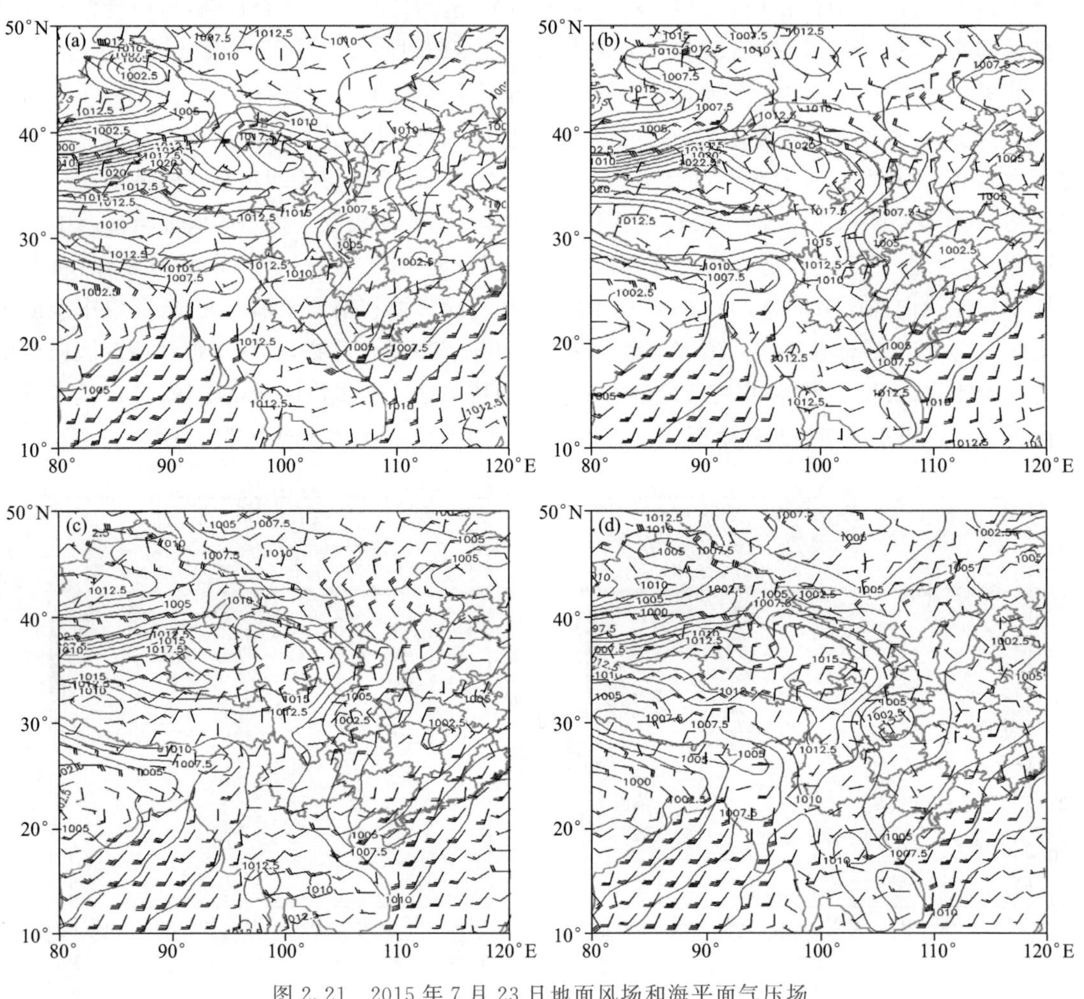

图 2.21　2015 年 7 月 23 日地面风场和海平面气压场

(a)02 时；(b)08 时；(c)14 时；(d)20 时

从滇东南移出。2015 年 7 月 22 日 11 时，团状云系 A 位于川东至黔北地区，在滇东北北部边缘有点状对流云团 B 发展(图 2.22a)。13 时对流云团 A 向东南方向移动了大概 100 km，对流云团 B 发展明显，冷云罩(－32℃面积)覆盖整个滇东北北部，另外值得关注的是对流云团 B 西侧的川南地区和 A 与 B 之间都有新的云团生成(图 2.22b)。14 时对流云团 A 与新生成的云团合并为对流云团 C，云团 B 和 C 在发展的过程中继续向西南方向移动(图 2.22c)。16—20 时云团 B 和 C 的西侧和南侧有新的对流云团不断生成，B、C 云团与新生成的云团合并后逐渐发展壮大。

到了 22 日 20 时云团 B 和 C 呈西北—东南向的带状分布，且对流云团 C 已经覆盖整个滇中东部至滇东南地区(图 2.22f)。由于对流垂直发展非常旺盛，云团 C 中云顶亮温小于－50℃的面积明显增大，最强达到了－70℃以下，并在 23 时达到最强盛阶段，成为中尺度超级对流单体(MCC)，云团 B 也明显发展并控制滇西北东部至滇中北部(图 2.22g)。在云团 B 和云团 C 在其最强时段(22 日 20 时至 23 日 02 时)对应有 55 个站出现短时强降水，且分布形态与云团一致，呈西北—东南向，最大的小时雨强为永宁 20—21 时的 54 mm 降水。23 日 03 时对流云团 B 和 C 的－50℃的面积明显减小，并在随后东南移的过程中强度明显减弱。到了 23 日

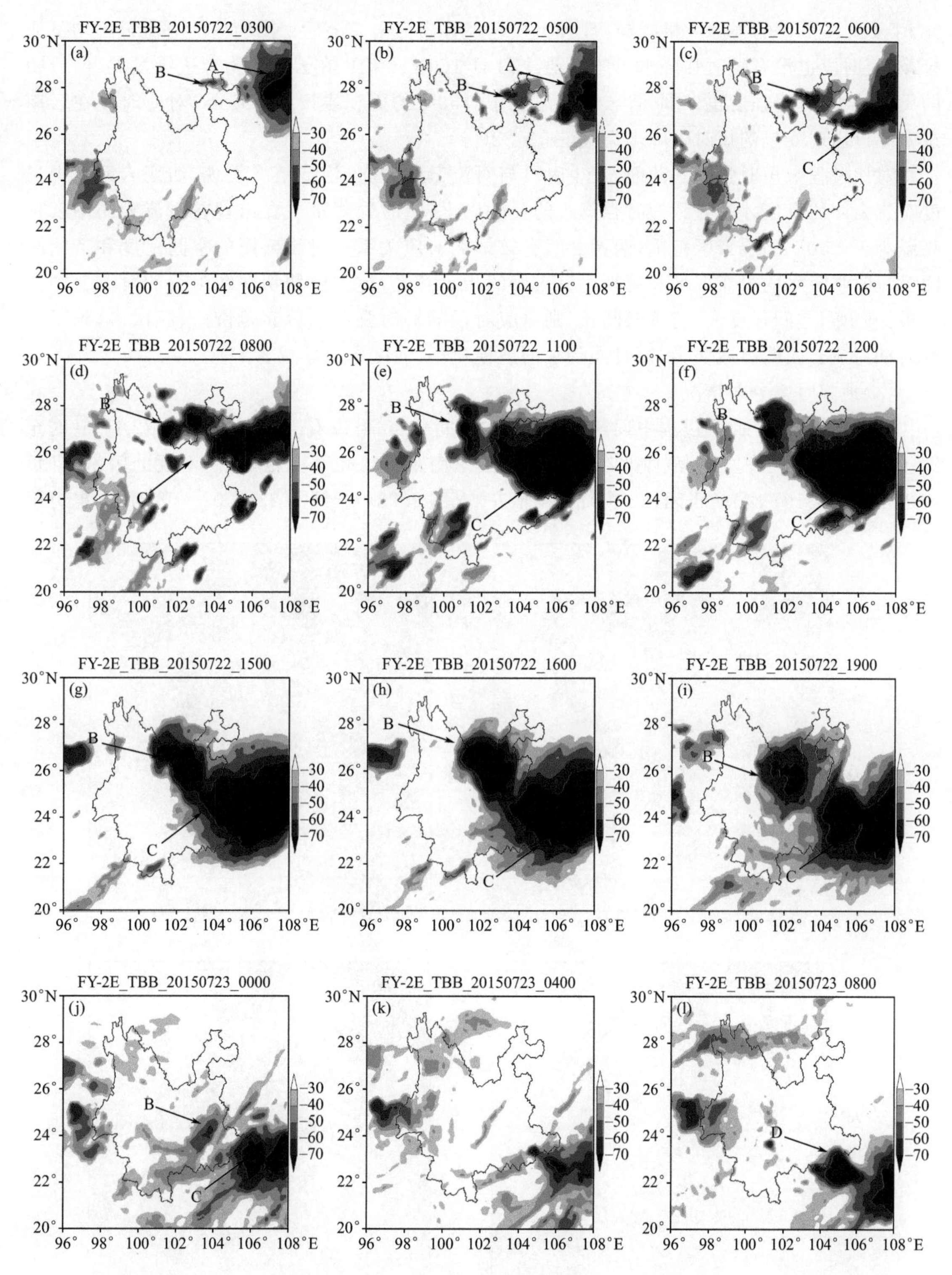

图 2.22　云顶亮温观测(℃)

(a)7 月 22 日 11 时;(b)7 月 22 日 13 时;(c)7 月 22 日 14 时;(d)7 月 22 日 16 时;(e)7 月 22 日 19 时;
(f)7 月 22 日 20 时;(g)7 月 22 日 23 时;(h)7 月 23 日 00 时;(i)7 月 23 日 03 时;(j)7 月 23 日 08 时;
(k)7 月 23 日 12 时;(l)7 月 23 日 16 时

08 时云团 B 和 C 的强度大幅减弱，且云团 C 已经移出云南。随后云南境内的对流云团均不明显，对应时段也没有短时强降水天气出现。23 日 16 时云南 D 在云南东南部边缘发展，但云团的尺度较小、对流强度也较弱，且云顶亮温低于－50℃的面积主要位于境外，对应时段在云南东南部仅出现零星的短时强降水天气(图 2.22l)。

对比过程中短时强降水落区、发生时段与对流云团分布、演变情况发现，切变云系上中尺度对流云团的发展才是导致短时强降水的关键因素，短时强降水主要出现在对流云团中云顶亮温小于－50℃的冷云区范围，两者之间有较好的对应关系。对流云团的空间尺度和持续时间对短时强降水的分布区域和规模也有较好的指示意义，过程前期切变线附近的对流云团发展最为旺盛，空间尺度大、持续时间长，则对应时段的短时强降水分布范围广、频次多，到了过程后期对流云团明显减弱，则短时强降水的规模减小、强度也明显减弱。

(4)地闪时空分布情况

图 2.23 给出了此次过程中逐 6 h 地闪频次空间分布，可以看出 2015 年 7 月 22 日 20 时至 23 日 02 时为地闪高发期，滇西北东部、滇中、滇东南东部出现了大范围、高密度的闪电，且负闪出现次数(3197 次)是正闪(22 次)的 14 倍左右(图 2.23a)。到了 23 日 02—08 时，闪电范围

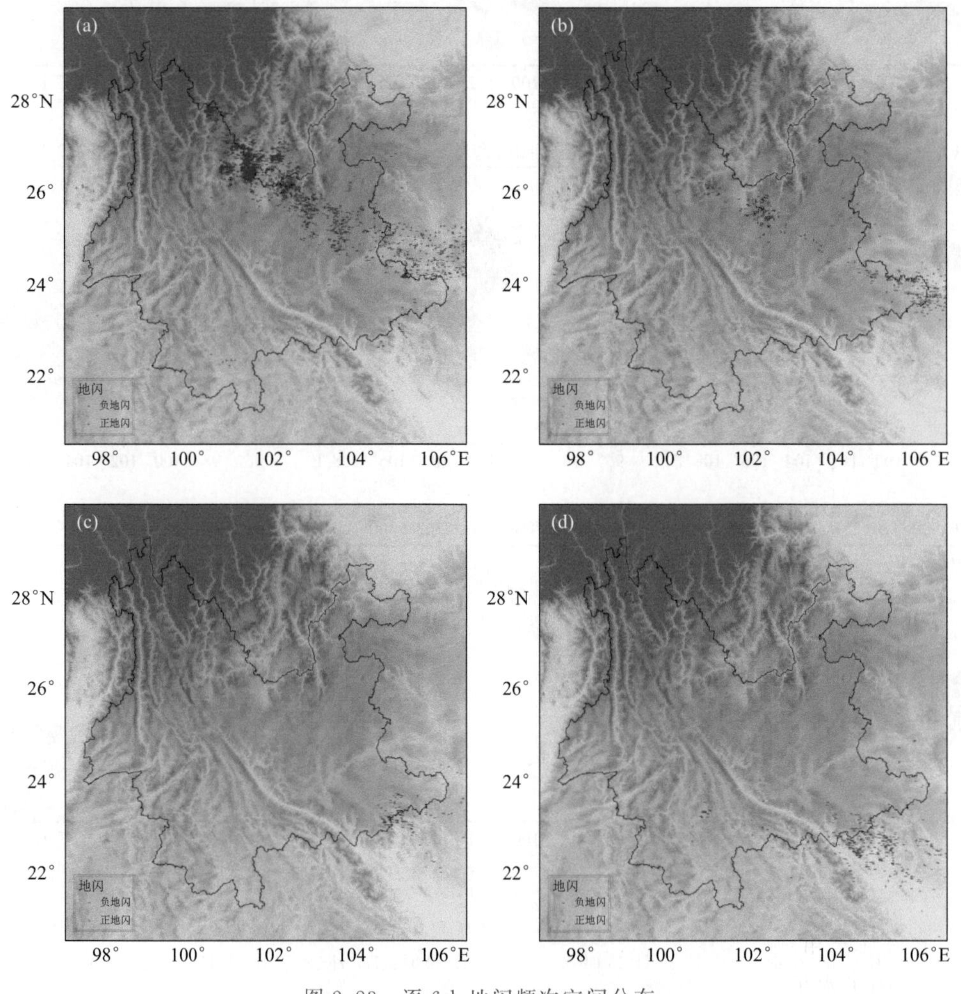

图 2.23 逐 6 h 地闪频次空间分布

(a)22 日 20 时至 23 日 02 时；(b)23 日 02—08 时；(c)23 日 08—14 时；(d)23 日 14—20 时

有所收缩，位置略向西南移动，密度明显减弱，正负闪仅有490次(图2.23b)。23日08—14时闪电发生的规模和范围都明显减小，仅出现在滇东南南部边缘地区(图2.23c)。23日14—20时闪电范围向西扩展，密度都较上一时段有所增加，但发生频次较少、规模也较小(图2.23d)。总体上闪电落区分布与切变线移动的趋势一致。对比过程期间的地闪和短时强降水落区分布可以看出，短时强降水的落区、频次与地闪的落区分布、密集程度有较好的对应关系。从三角水库站逐时降雨量和地闪数量分布图(图2.24)还可以看出，该站附近的地闪在22日23时至23日00时期间出现峰值(即地闪数有明显跃增)，小时地闪次数达到20次。地闪峰值与23日00—01时期间出现的短时强降水峰值相对应，但地闪发生的时间要早于短时强降水出现的时间约1 h。因此，地闪的落区分布、密集程度对于短时强降水的精细化预报预警具有一定的指示意义。

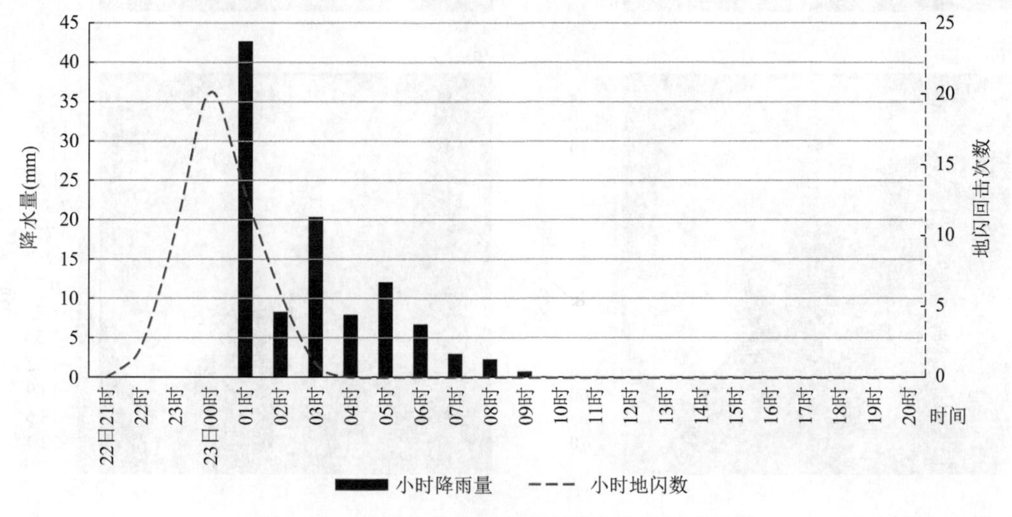

图2.24　三角水库站逐时降雨量和地闪频次分布

(5)雷达回波特征

此次过程中，1号强雨带最大降雨量出现在昆明市石林县三角水库，而且在23日00—01时出现了42.6 mm的短时强降水，因此选用覆盖该站的昆明雷达观测资料进行降雨特征分析。分析过程期间的雷达回波空间分布发现，过程开始时(22日20时)在昆明雷达站东北方向距离雷达90～100 km附近处有一西北—东南向的带状回波，回波结构相对比较紧密，径向速度上看有中尺度辐合区，回波位置与700 hPa切变线位置对应较好(图2.25a、图2.25b)。过程期间，该带状回波沿着西北引导气流向东南方向缓慢移动，在其西南侧不断有新生单体生成合并，雷达回波覆盖范围不断扩大，且渐渐靠近雷达站。另外，该带状回波具有后向传播特征，从滇西北东部不断有回波并入该带状回波，共同向东南方向移动时在附近区域形成列车效应，有利于降水时间的持续。从回波特征看，过程期间主要为层积混合云回波，短时强降水则主要出现在积云回波中。

图2.25c给出了2015年7月23日00时48分昆明雷达观测情况，从回波反射率分布可以看出，此时在三角水库站附近有一条团状回波发展，回波最大值反射率因子强度达到45 dBz，回波反射率因子水平梯度较大，呈现明显的积云回波特征，对应时段的短时强降水就是出现在这一团状强回波区域。从三角水库站东西方向的回波剖面图上可以看出(图2.25e)，此时该

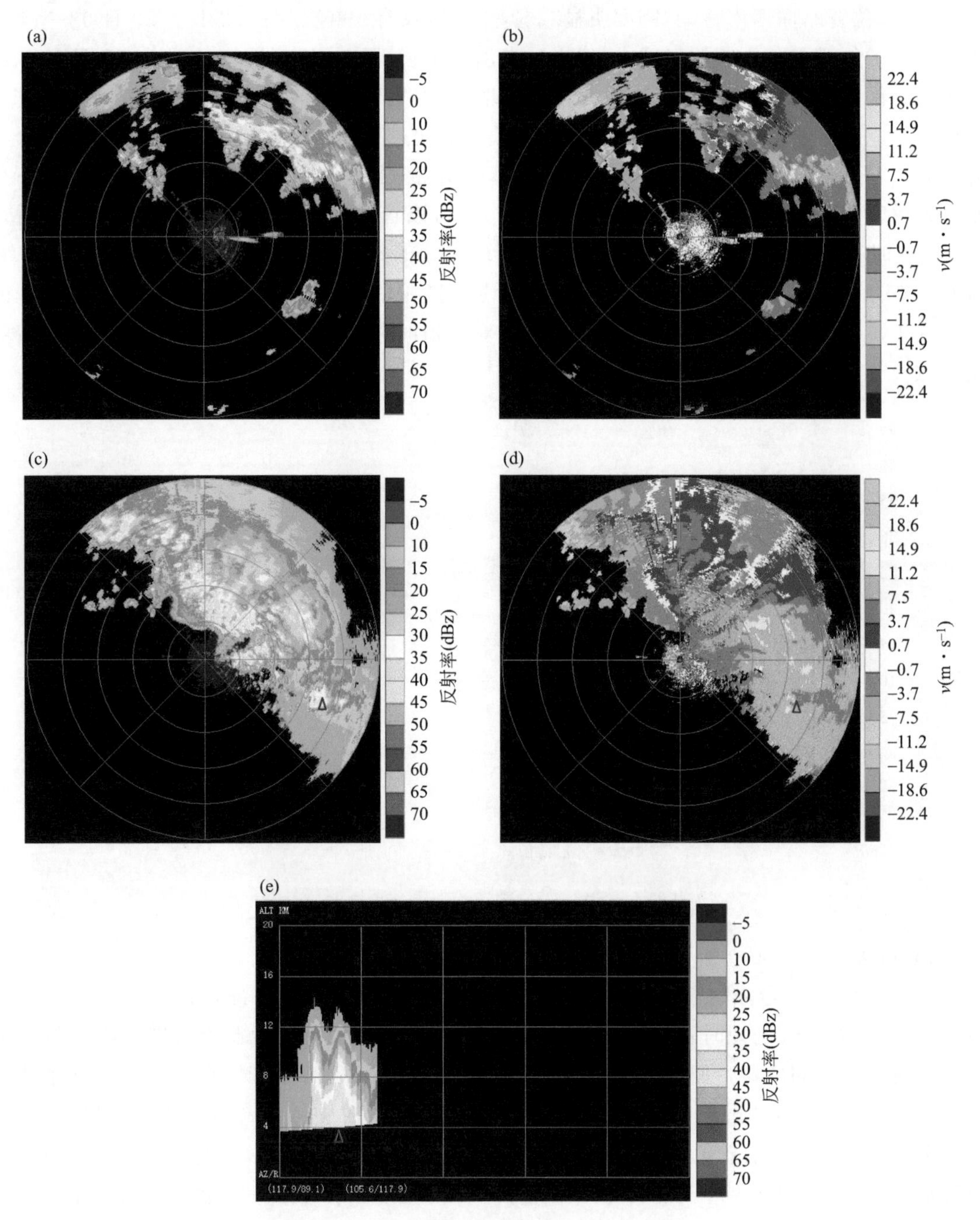

图 2.25　昆明雷达观测(Δ代表三角水库站)

(a)1.5°仰角回波反射率(22 日 20 时 03 分);(b)1.5°仰角径向速度(22 日 20 时 03 分);(c)1.5°仰角回波反射率(23 日 00 时 48 分);(d)1.5°仰角径向速度(23 日 00 时 48 分);(e)经过三角水库站的东西向回波反射率剖面图

站上空的对流发展非常旺盛,回波顶高超过 12 km,大于 45 dBz 的回波大值区处于 6 km 附近,该站出现短时强降水天气时雷达回波反射率因子低质心的特征非常明显。从对应时次的径向速度图上可以看出,三角水库站附近都为正速度区,但离雷达近的正速度明显大于离雷达远的正速度,具有一定的速度辐合特征,有利于增强该区域的对流强度,导致局地性强降雨的发生(图 2.25d)。

(6)过程分析结论

1)此次短时强降水过程落区分布呈现自东北向西南逐渐移动趋势,与冷锋切变型过程类似,过程期间同一区域强降水时段相对集中,系统性降水特征明显,短时强降水的空间分布与700 hPa切变线的分布形态和走向有较好的对应关系。

2)此类过程同样伴有明显的带状切变云系发展,切变云系上不断有中尺度对流云团生成和消亡,短时强降水则主要出现在云顶亮温小于−50℃的区域。中尺度对流云团的空间尺度、持续时间对短时强降水的分布区域、强度有一定的指示意义。

3)过程期间的地闪的落区分布、密集程度与短时强降水的落区、频次有较好的关联性,且地闪发生时间要早于短时强降水的时间约1 h。从雷达回波特征看,短时强降水天气主要出现在积云回波中反射率因子大值区。过程中最大降水三角水库站附近的回波强度达到45 dBz,低质心特征同样明显。闪电和雷达观测由于具有高时空分辨率的优势,无疑是提高短时强降水精细化预警的有效手段。

2.3.3　两高辐合型

(1)降水实况

2015年8月25日20时至26日20时,滇西北东南部、滇中西部和南部、滇西南东北部、滇东地区出现大到暴雨局地大暴雨天气过程。云南全省共计出现大暴雨32站、暴雨235站、大雨458站,最大降雨量出现在文山州富宁为186.4 mm(图2.26a中三角符号所示,下同)。强降水时段主要集中在25日20时—26日08时,从6 h间隔降水分布看,25日20时—26日02时,有两条强雨带,位置偏北的强雨带呈现西北—东南向的长条状,分布在滇西北东部、滇中西部和南部、滇西南东北部及滇东地区。位置偏南的强雨带呈现东西向带状,分布在滇东南南部边缘地区,此时段最大累计降水出现在文山州富宁166.7 mm;26日02—08时,强降水落区集中且雨强最强,主要出现在滇中及其附近地区,有4站超过100 mm,其中楚雄州双柏妥甸马龙达107.4 mm。从文山州富宁和双柏妥甸马龙两个站的逐时降水看,富宁降水主要出现在26日00—01时,分别为59.5 mm和80.9 mm;楚雄州妥甸马龙的降水主要出现在26日03—04时,分别为66.2 mm和27.0 mm。总体来看,降水呈现一个自南向北、自东向西推的演变过程,且过程伴有明显的短时强降水天气(图2.26b)。

从主要降水时段逐6 h的累计降水分布与短时强降水分布对比看,两者不论从落区分布还是发生时段看,都配合较好。25日20时—26日02时同样有两条强雨带,其中位置偏南的强雨带呈现东西向带状,分布在滇东南南部边缘地区,小时最强降雨出现在文山州富宁26日01时为80.9 mm,也是此次过程中出现的小时降雨量极大值。26日02—08时,短时强降水落区集中出现在滇中及其附近地区,可见此次降水过程以对流性降水为主,短时强降水特征尤其明显(图2.27)。

此次过程还伴有明显的雷暴天气,雷暴落区分布与短时强降水分布基本一致,但并不是一一对应(图2.28)。例如26日02—08时,玉溪北部短时强降水集中,但雷暴活动并不密集。另一个特点就是随着短时强降水站次数的增加(83站次至145站次),正闪次数明显增加,负闪次数明显减少,6 h的正负闪比例由179/3202变为429/1746。

(2)天气形势分析

分析此次过程500 hPa上的影响系统可以看出,26日02时中高纬为两槽一脊形势,脊区位于青海、西藏、四川、云南一带,缅甸—我国滇西北形成闭合滇缅高压,脊前和高压东侧西北

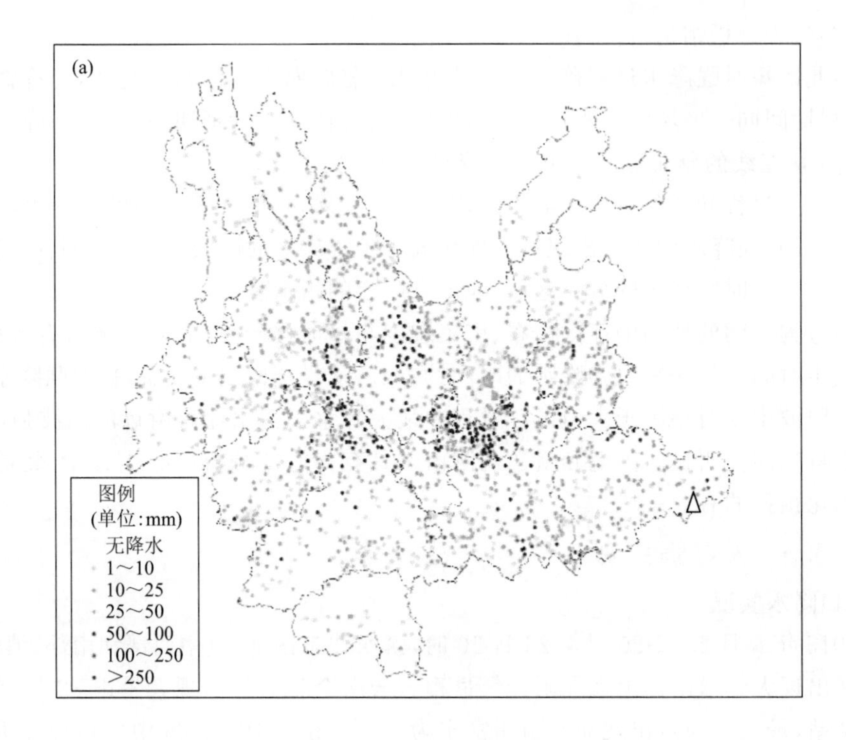

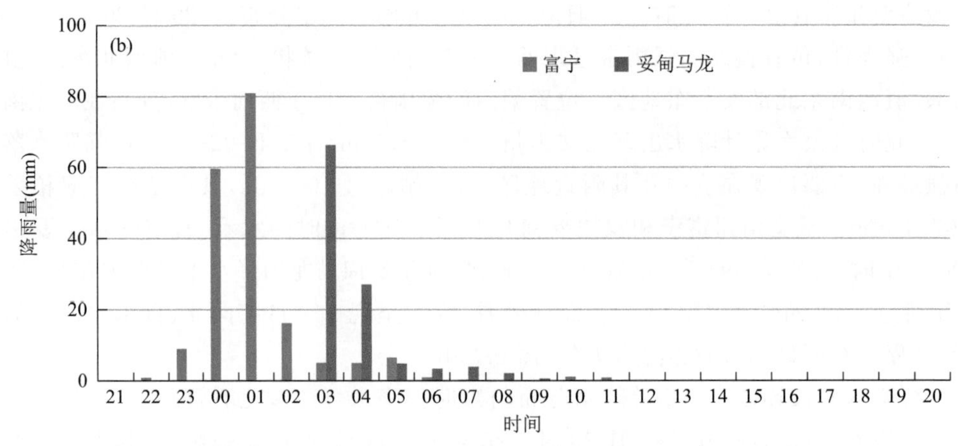

图 2.26 2015 年 8 月 25 日 20 时至 26 日 20 时降雨量分布图(mm)
(a)累计降雨量空间分布;(b)单站降雨量逐时分布

气流有利于引导冷空气南下,北部湾附近有副热带高压分断裂后具有闭合中心的小高压活动。此高压西侧的东南气流将北部湾的暖湿气流向北输送,滇缅高压与副热带高压在滇东南一带形成两高辐合区,冷暖空气在辐合区内交汇有利于不稳定能量的生成(图 2.29a)。26 日 08 时中高纬形势变化不大,低纬副热带高压增强西进,其西脊点伸至滇中附近,形态转为西北—东南向,具有两个高压中心,一个位于滇中以东,另一个仍然位于北部湾附近,两者形成的辐合区仍然位于滇东南边缘地区。滇缅高压明显减弱,两者之间的辐合区位于滇中附近(图 2.29b)。

700 hPa 上,26 日 02 时川滇低涡位于四川东南部,低涡切变压至昭通南部至丽江东北部,切变南侧为副热带高压外围的偏南气流(图 2.29c)。随着副热带高压的加强,其西侧的偏南风也加大,推动低涡切变北移,26 日 08 时低涡切变北移至昭通东北部(图 2.29d)。

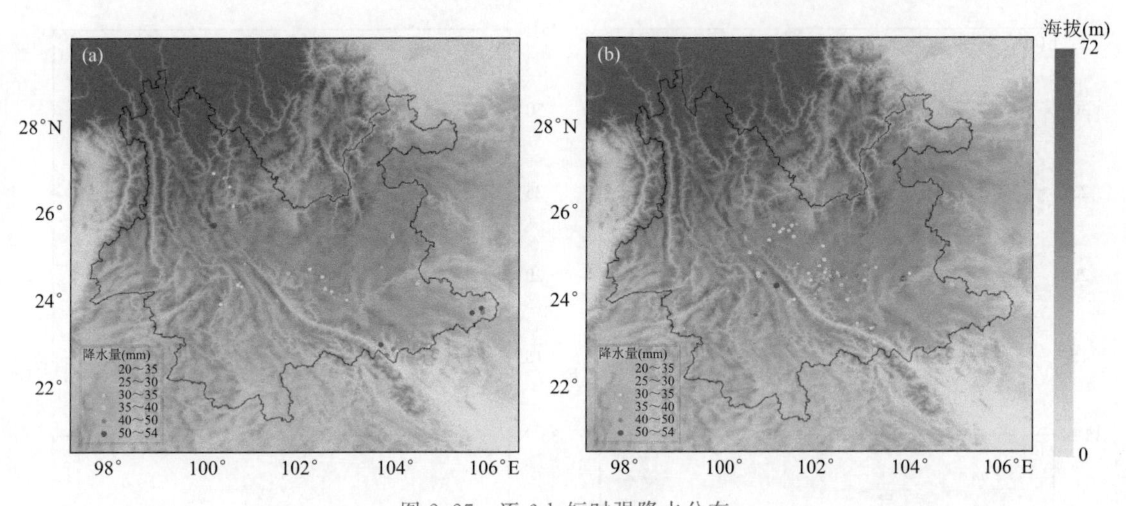

图 2.27　逐 6 h 短时强降水分布

(a)25 日 20 时至 26 日 02 时；(b)26 日 02—08 时

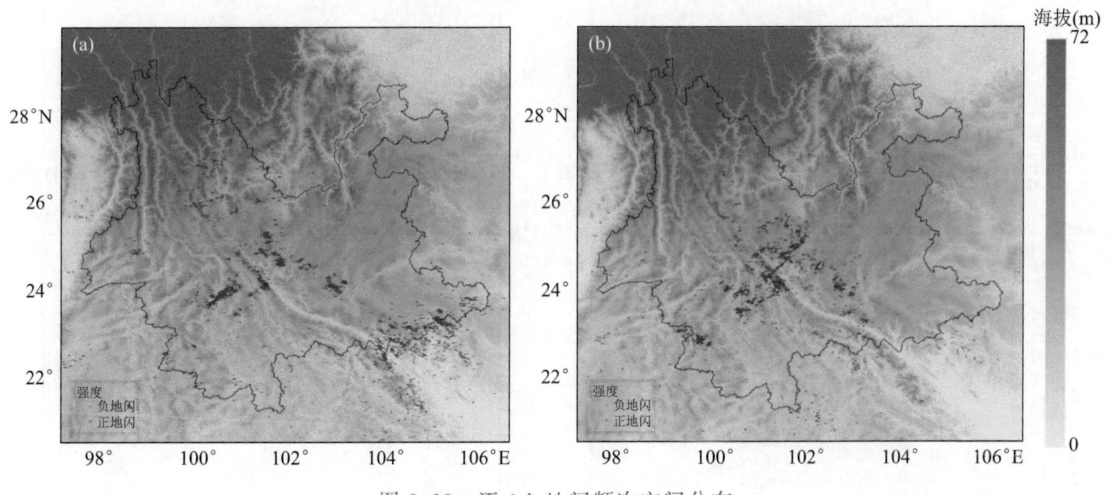

图 2.28　逐 6 h 地闪频次空间分布

(a)25 日 20 时至 26 日 02 时；(b)26 日 02—08 时

地面图上，25 日 20 时在哀牢山附近有东西风向的辐合线存在，该辐合线为对流的发生发展提供了触发机制(图 2.29e)。26 日 02 时偏东风西推，整个云南转为东风控制，辐合线西移至缅甸地区(图 2.29f)。

(3)物理量特征

1)水汽条件

西太平洋副热带高压的维持和活动对低纬地区与中高纬地区之间的水汽、热量、能量、动量的输送和平衡起着重要的作用。此次过程中西太平洋副热带高压西侧的偏南风将北部湾地区的暖湿气流向云南境内输送，为短时强降水天气的发生发展提供了有利的水汽条件。从 700 hPa 比湿分布看，过程期间，强对流发生区域的比湿都在 11～13 $g \cdot kg^{-1}$ 之间，湿舌从西北向东南方向延伸(图 2.30a)。26 日 08 时强降水发生后，云南的比湿较 25 日 20 时有所减小(图 2.30b)。从 700 hPa 水汽通量散度分布可见，25 日 20 时水汽辐合区位于滇东南边缘、滇

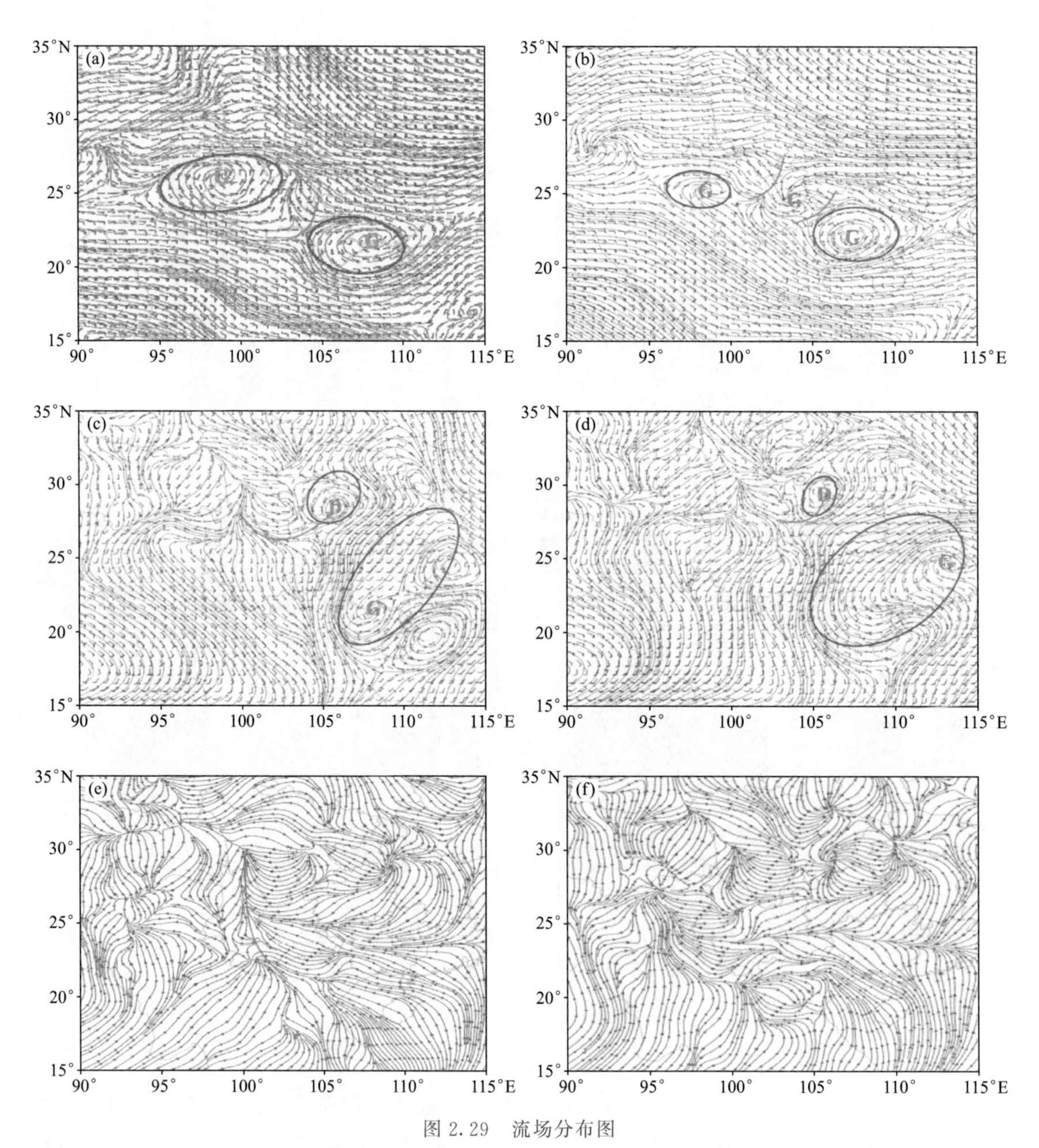

图 2.29 流场分布图

(a)26 日 02 时的 500 hPa 流场;(b)26 日 08 时的 500 hPa 流场;(c)26 日 02 时的 700 hPa 流场;
(d)26 日 08 时的 700 hPa 流场;(e)25 日 20 时地面流场;(f)26 日 02 时地面流场

西北和滇西南地区(图 2.30c),其中位于滇东南的辐合达-10×10^{-7} g·hPa^{-1}·cm^{-2}·s^{-1}。26 日 08 时随着辐合区的北抬西进,除滇东北边缘和滇中以南之外,其他地区都转为水汽辐合区,大值区位于滇中以西地区(图 2.30d)。充沛的水汽和水汽辐合为短时强降水的发生发展提供了必要条件。

2)动力条件

此次过程期间,滇中地区的短时强降水集中出现在 26 日 02—08 时,而双柏妥甸马龙在 26 日 03 时、04 时连续 2 h 出现短时强降水,因此,采用 26 日 08 时沿 101.5°E 绘制的经向剖

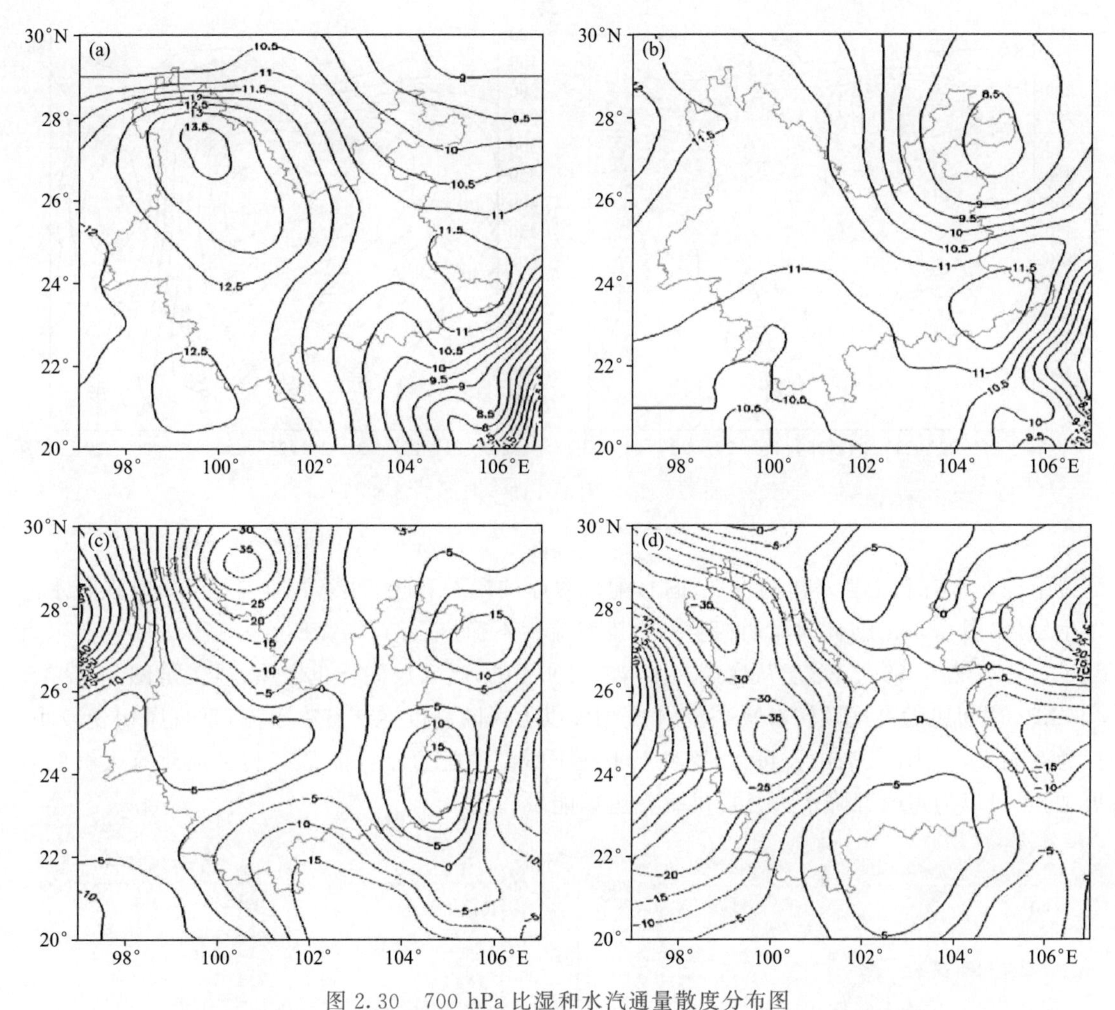

图 2.30　700 hPa 比湿和水汽通量散度分布图

(a)25 日 20 时比湿；(b)26 日 08 时比湿；(c)25 日 20 时水汽通量散度；(d)26 日 08 时水汽通量散度

面图进行动力条件分析。从散度场看，28°N 以南的中低层都为辐合区，辐合区域范围随高度增加先减小后增大，妥甸附近上空的辐合伸展高度可达 350 hPa，辐合中心位于 550～450 hPa，强度达$-10\times10^{-5}\,s^{-1}$，辐散区位于辐合区正上方的 300 hPa 以上，强中心位于 250～200 hPa 之间，强度可达$60\times10^{-5}\,s^{-1}$(图 2.31a)。对应垂直运动看，24°N 以南整层都为垂直上升运动，强中心位于 24°N 上空的 400 hPa 附近(图 2.31b)。综合可见，低层辐合、高层强烈辐散的抽吸作用造成的强上升运动为短时强降水的发生发展提供了有利的动力条件。

3)不稳定条件

由于探空站的数量有限，根据时间临近和空间邻近原则，选取短时强降水发生时段最临近的时次和短时强降水极值中心附近代表站的 T-ln$p$ 图及不稳定参数进行分析，探讨本次短时强降水天气的不稳定机制。25 日 20 时富宁短时强降水发生前百色探空站为对流性不稳定层结，CAPE 值达 787.9 J·kg^{-1}，且$\theta_{se_{500}}-\theta_{se_{925}}$为 2.47 ℃，湿层从 850 hPa 向上伸展至 550 hPa，暖云层厚度达 4324.3 m；风矢量图上，925 hPa、850 hPa 为东南风，925～500 hPa 之间风随高度顺转有暖平流，500 hPa 以上风随高度逆转有冷平流，且从 0～6 km 的垂直风切变看，风速变化不大，但风向变化了差不多 180°，垂直风切变大。这种上干冷下暖湿，且垂直风切变大的

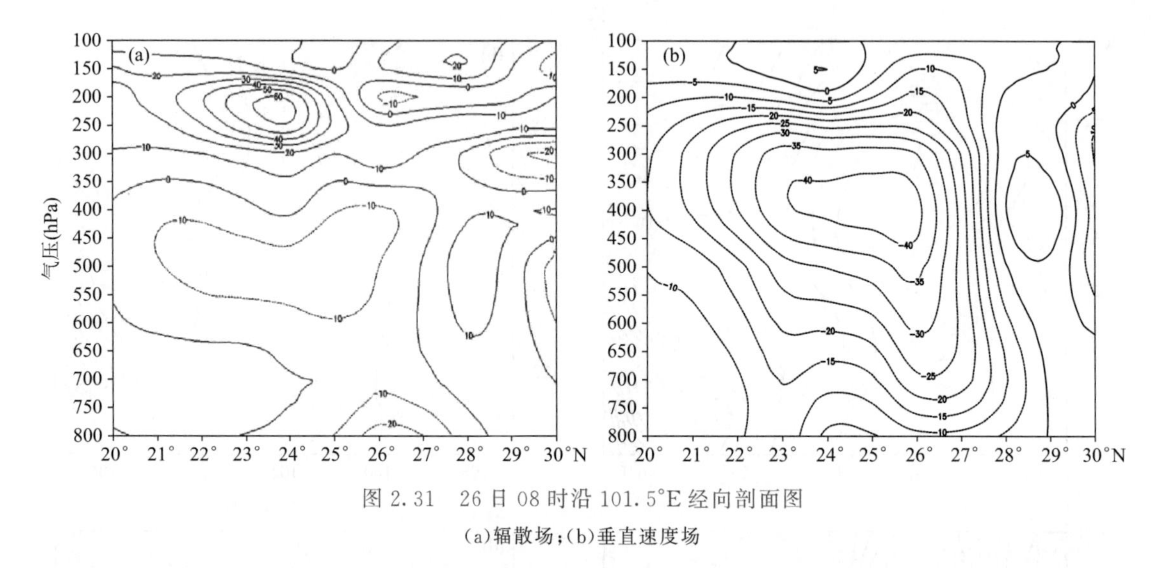

图 2.31 26 日 08 时沿 101.5°E 经向剖面图

(a)辐散场；(b)垂直速度场

配置结构非常有利于强对流的发展加强，配合深厚的湿层和暖云层，更加有利于短时强降水的发生发展(图 2.32a)。此时昆明探空站也为对流性不稳定层结，CAPE 值为 172.8 J·kg^{-1}，且 $\theta_{se_{500}}-\theta_{se_{700}}$ 为 6.15 ℃，湿层从底层向上伸展 400 hPa，暖云层同样也较厚；风矢量图上，700～400 hPa 之间风随高度顺转有暖平流，400 hPa 以上风随高度逆转有冷平流，垂直风切变较小，仅为 2 m·s^{-1}(图 2.32b)。可见，这种上干冷下暖湿的配置结构非常有利于强对流天气的发展加强，可以为短时强降水天气提供垂直运动能量。

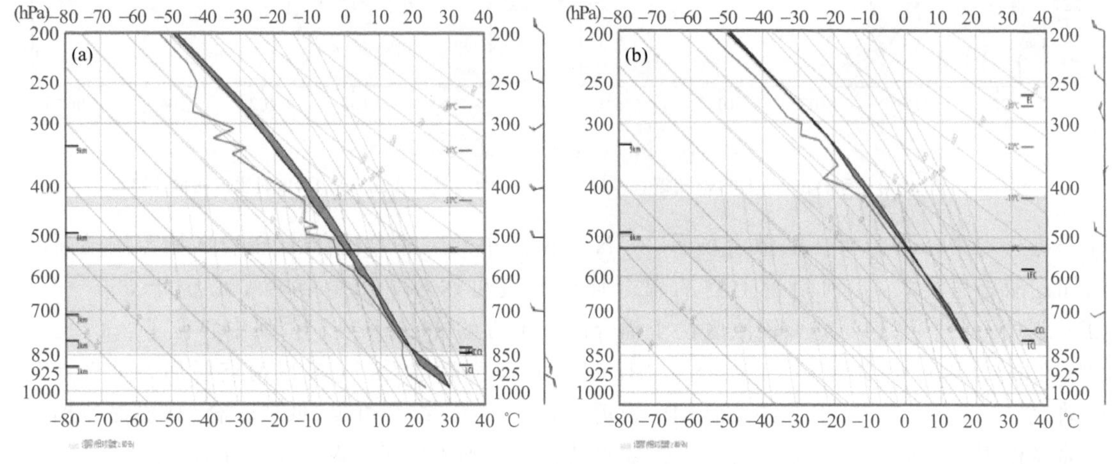

图 2.32 25 日 20 时探空观测得到的 T-ln$p$ 图

(a)百色站；(b)昆明站

(4)卫星云图特征

通过气象卫星观测中云顶亮温的分布情况可以判断中尺度对流系统发展的高度，云顶亮温越低则对流发展越旺盛。由于此次过程的短时强降水集中出现在 26 日 02—08 时，因此，通过分析该时段的云顶亮温来追踪中尺度对流系统的发展演变过程。

从云顶亮温分布图(图 2.33)可以看出，26 日 02 时，滇中以西有一“人”字形的云带。该云带与地面上东南气流与西南气流在这一区域形成的辐合线对应，云带主体云团 A 位于临沧至楚

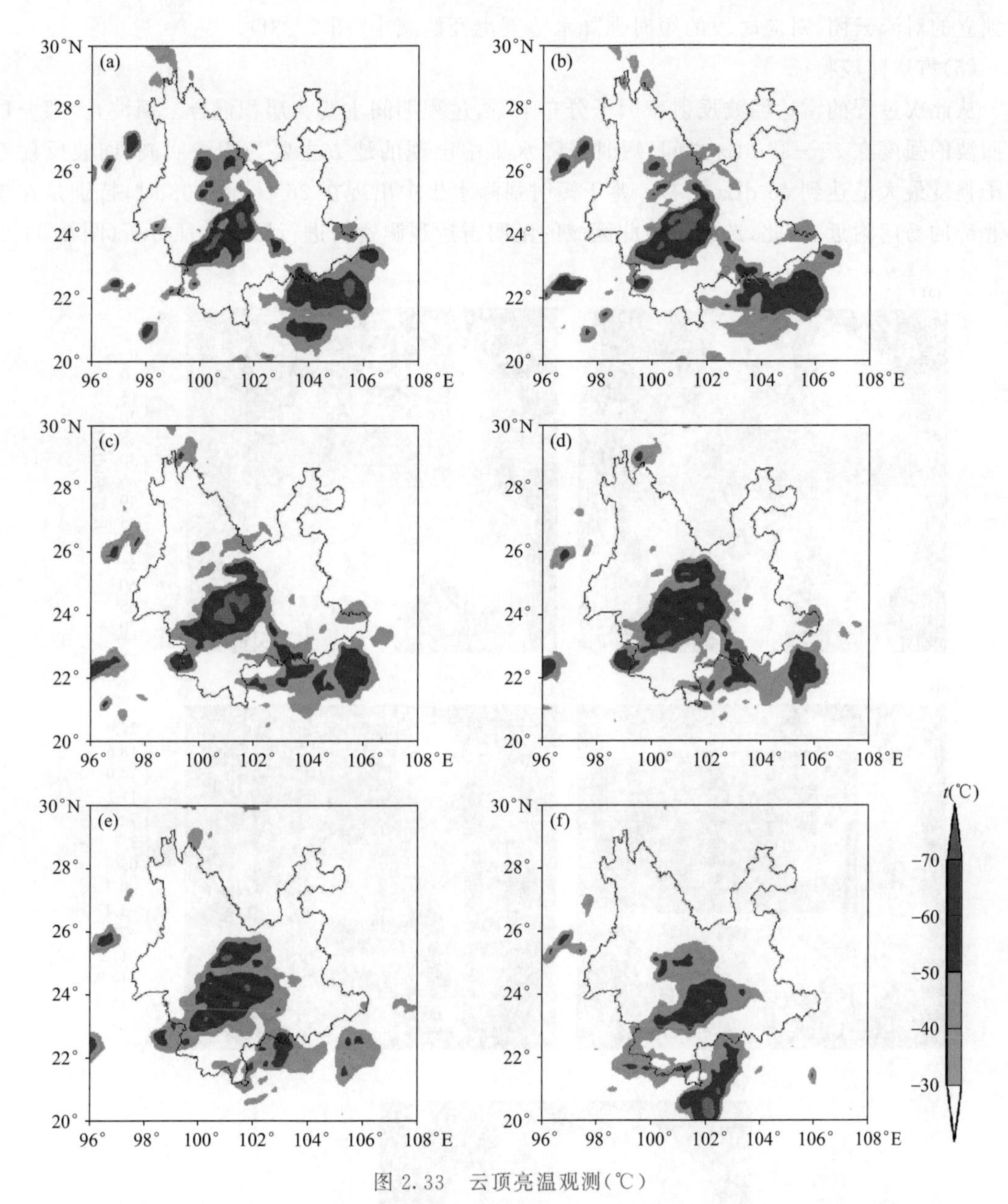

图 2.33 云顶亮温观测(℃)

(a)26 日 02 时;(b)26 日 03 时;(c)26 日 04 时;(d)26 日 05 时;(e)26 日 06 时;(f)26 日 08 时

雄附近呈东北—西南向,滇东南边缘地区有一准东西向的中尺度对流云团 B,与此时刻 500 hPa 两高辐合区对应,两个云团的云顶亮温极值都小于−70℃,只是覆盖面积较小(图 2.33a)。随后云团 A 持续发展并随着地面辐合线的西移缓慢向西移动,由于对流垂直发展非常旺盛,云顶亮温小于−70℃的面积明显增大,并在 26 日 03—04 时达到强盛阶段。受其影响,在亮温梯度大值区即玉溪北部一带出现了明显的短时强降水,妥甸马龙也连续出现了 2 h 的短时强降水。值得关注的是从 26 日 03 时开始,对流云团 B 的西北侧随着两高辐合的北抬有云系向西北方向延伸发展,与对流云团 A 东南侧的小云团逐渐连通,随后对流云团 B 开始逐渐减弱(图 2.33b、图 2.33c)。26 日 05 时,对流云团 A 的小于−50℃的面积明显增大,但中心强度开始明显减弱(图 2.33d)。26 日 06 时,对流云团逐渐分裂解体,到 08 时已经减弱并分裂成三个相对独立的对流云团,对应时段的短时强降水范围也开始减小(图 2.33f)。

(5)雷达回波特征

从此次过程的雷达回波反射率因子分布上看,过程期间主要为层积混合云回波,大部分层云回波的强度在 25～35 dBz 之间,短时强降水集中出现的地方主要为积云回波,回波反射率因子强度最大值达到 45 dBz 左右。鉴于短时强降水集中出现在 26 日 02—08 时,特别是在玉溪北部的易门附近,因此,选用覆盖此区域的昆明雷达观测资料进行回波特征分析(图 2.34)。

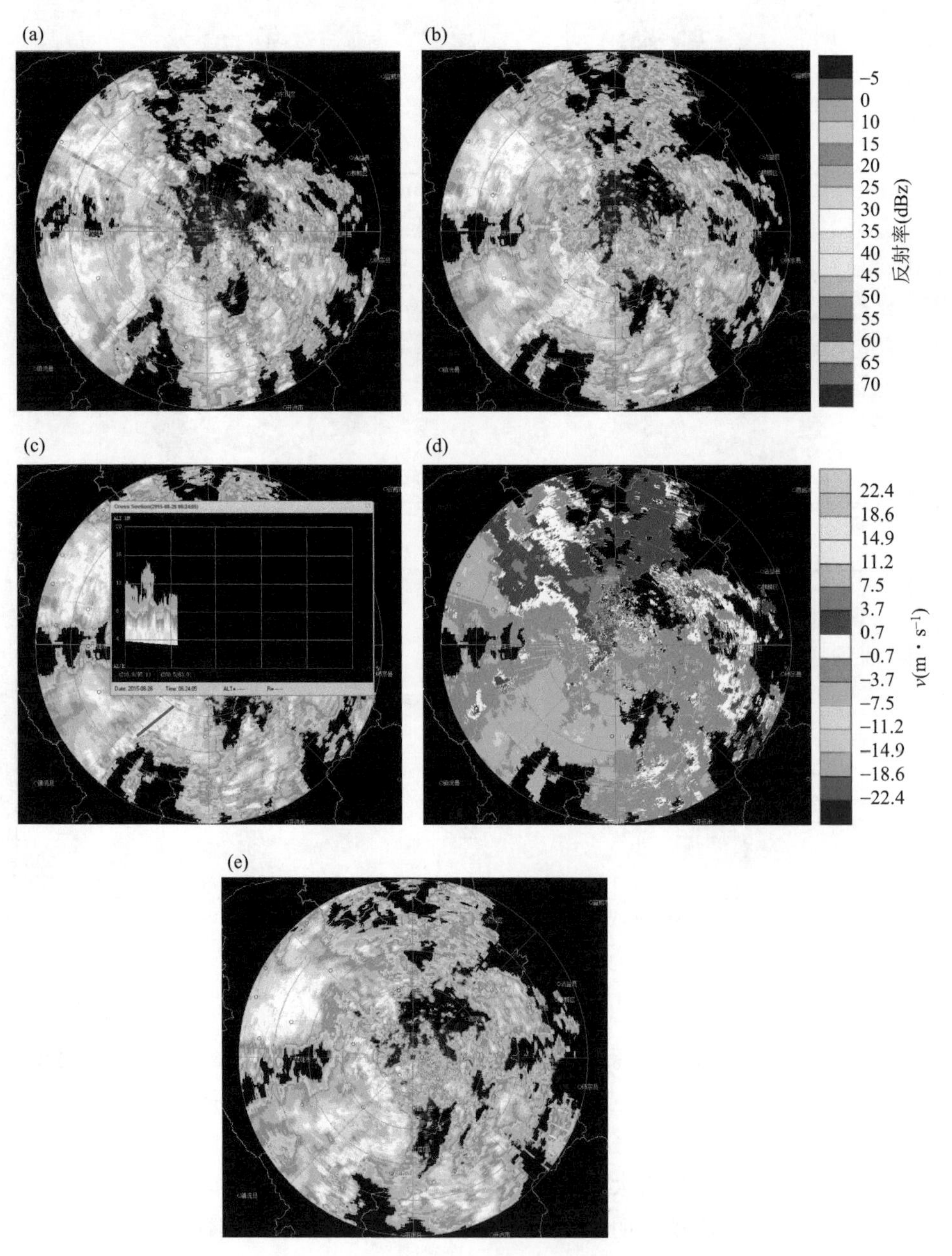

图 2.34 昆明雷达观测

(a)26 日 05 时 30 分 0.5°仰角反射率因子;(b)26 日 06 时 24 分 0.5°仰角反射率因子;(c)26 日 06 时 24 分反射率因子剖面;(d)26 日 06 时 24 分 0.5°仰角径向速度;(e)26 日 07 时 23 分 0.5°仰角反射率因子

从26日05时30分回波反射率分布可以看出,此时在晋宁和易门之间以及易门和双柏之间有两条准南北向的带状回波发展,回波反射率因子强度最大值达到45 dBz左右,回波反射率因子东西方向水平梯度较大,呈现明显的积云回波特征(图2.34a)。此后,东段回波基本不动,西段回波缓慢东移,06时24分西段回波追上东段回波,两者在易门附近合并为一南北向的弓形回波,回波反射率因子强度最大值仍然维持在45 dBz左右(图2.34b)。沿弓形回波南段最强反射率因子处做一西南—东北向的回波剖面可以看出,回波顶高可达10 km,大于35 dBz的回波大值区处于中下层,极大值区位于海拔4 km附近,该站出现短时强降水天气时雷达回波反射率因子低质心的特征非常明显(图2.34c)。从对应时次的径向速度图(图2.34d)上可以看出,负速度区面积明显大于正速度区,表明存在大尺度辐合环境场,环境场能量不稳定,有利于强降水的产生和维持。另外,易门县附近为一致的西南气流,且上游地区风速大于下游地区风速,具有明显的风速辐合特征,有利于增强该区域的对流强度,导致局地性强降雨的发生。此后该弓形回波在缓慢东移过程中逐渐减弱,07时23分回波带上大部分的强度小于35 dBz(图2.34e)。由于雷达观测具有较高的时空分辨率,在有利的天气形势背景下,通过跟踪强回波区及径向速度辐合区的发展情况及移动趋势,有助于进一步细化短时强降水天气的落区和具体出现时段。

(6)过程分析结论

1)此次短时强降水过程分布范围广、降水时段集中、频次大,最强降水时段落区集中分布在滇中西部和南部附近,系统性降水特征明显。

2)此次短时强降水过程伴有明显的雷暴天气,地闪的落区分布、密集程度与短时强降水的落区、频次有较好的对应关系,且在短时强降水最强时段正地闪的频次有明显的增加。

3)500 hPa两高辐合和地面辐合线是此次过程的关键影响系统,两高辐合中东侧的副热带高压为短时强降水天气提供必要的水汽输送,辐合区为中低层水汽辐合及对流抬升运动的维持机制,地面辐合线触发低层对流抬升运动的发生。低层辐合高层辐散的强烈抽吸作用增强了上升运动,使得对流能够得以发展。

4)过程期间有明显的中尺度对流云团在辐合区活动,中尺度对流云团中的云顶亮温短时强降水有较好相关性,随着云顶亮温小于−70℃区域面积的减小,短时强降水的频次、范围也明显减少。

5)从雷达回波特征看,短时强降水天气主要出现在积云回波中反射率因子大值区,积云回波呈准静止状态为强降水在短时间内的发生提供了可能。此次过程中,易门附近的回波强度达到40 dBz以上并具明显低质心特征,而且径向速度图上有明显的中尺度辐合配合。

2.3.4 西行台风前期型

(1)降水及强对流实况

受到2017年13号台风"天鸽"西行的影响,2017年8月24—25日云南东部及南部地区出现强降水天气过程。从云南省乡镇站24 h累计雨量图可见,8月24日08时—25日08时云南东部及南部出现大到暴雨局部大暴雨,最强降水出现在文山州麻栗坡董干乡镇站,24 h累计雨量达178.3 mm(图2.35a);25日08时—26日08时强降水落区西移,云南西南部出现大到暴雨局部大暴雨(图2.35b)。云南125个县级观测站中8月24日08时—25日08时有21个站出现暴雨,24个站出现大雨;25日08时—26日08时有3个站出现暴雨,20个站出现大雨,两日均达到了云南省大雨过程标准(即22个以上县级站24 h累计雨量超过25 mm),为云

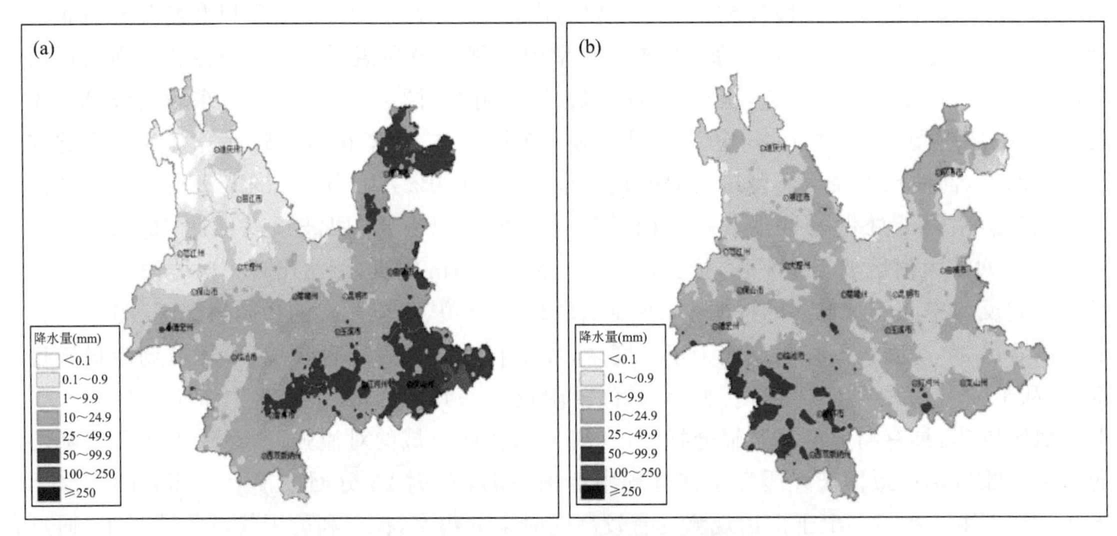

图 2.35 云南省乡镇站 24 h 累计雨量分布

(a)2017 年 8 月 24 日 08 时—25 日 08 时;(b)2017 年 8 月 25 日 08 时—26 日 08 时

南一次典型的西行台风影响下的强降水天气过程。

在强降水发生前一日,云南就自东向西出现了强对流天气。从逐小时地闪频次分布(图 2.36)可见,23 日上午开始,云南东部就开始出现地闪活动,小时最大地闪频次出现在昆明,达 9 次以上。随后高地闪频次区域西移,但东部地区仍然持续有雷电活动,至 23 日下午,全省地闪活动范围达最大,23 日 17—18 时,滇中及以南地区普遍出现地闪活动,且多地逐小时地闪密度高达 9 次以上。23 日 19 时以后,云南东部及南部地区的地闪活动减弱,西南部维持线状的闪电分布区。

从 12 h 间隔短时强降水分布图(图 2.37)可见,8 月 22 日夜间滇东边缘地区开始出现短时强降水,最大小时雨强出现在昭通盐津嵩芝乡镇站,达 56 mm·h^{-1}(图 2.37a)。23 日白天短时强降水自东向西扩展,滇中及以南地区陆续开始出现短时强降水。该时间段是此次过程中短时强降水范围最大的时段,最大小时雨强出现在普洱景东彝族自治县(简称“景东”)菠萝村镇站,达 60.3 mm·h^{-1}(图 2.37b)。23 日夜间以后短时强降水范围明显减小。

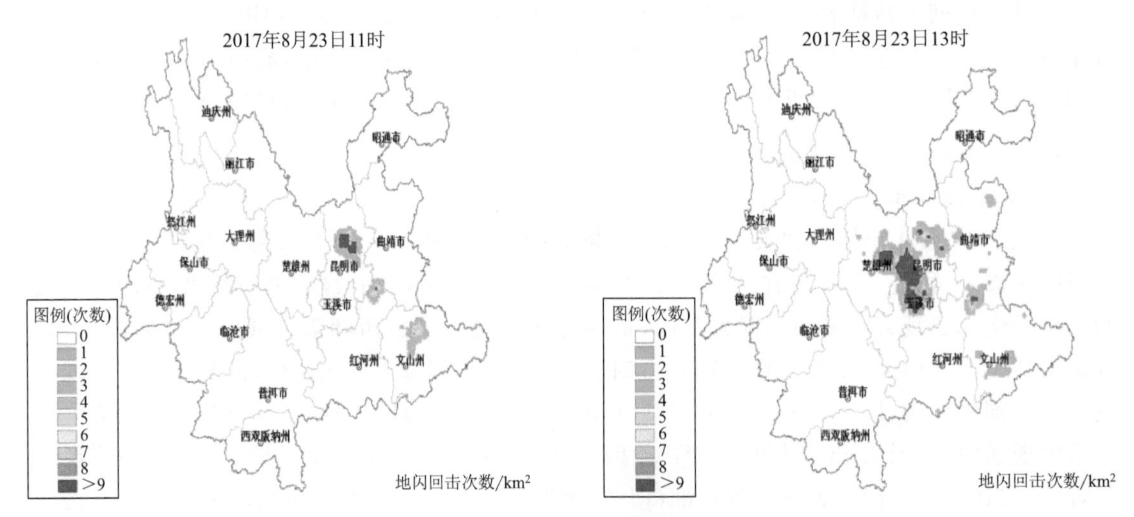

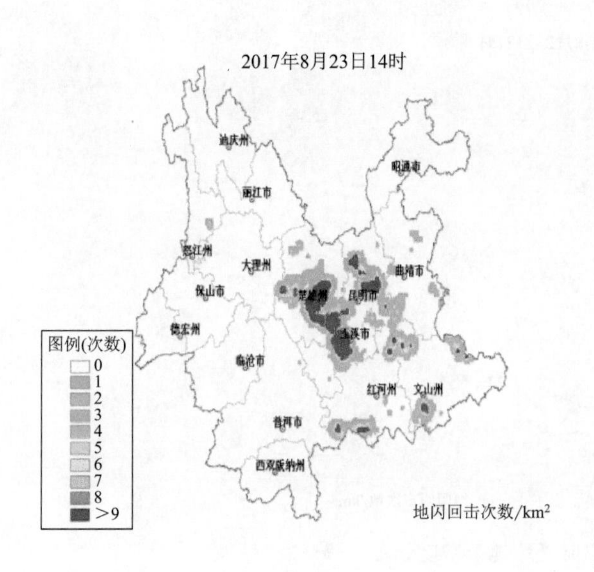
2017年8月23日14时
迪庆州
丽江市
昭通市
怒江州
大理州
曲靖市
保山市
楚雄州
昆明市
德宏州
玉溪市
临沧市
红河州
文山州
普洱市
西双版纳州
图例(次数)
0
1
2
3
4
5
6
7
8
>9
地闪回击次数/km^2

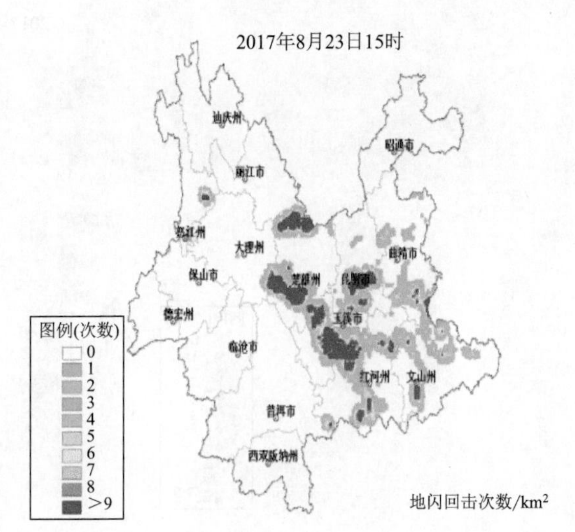
2017年8月23日15时
迪庆州
丽江市
昭通市
怒江州
大理州
曲靖市
保山市
楚雄州
昆明市
德宏州
玉溪市
临沧市
红河州
文山州
普洱市
西双版纳州
图例(次数)
0
1
2
3
4
5
6
7
8
>9
地闪回击次数/km^2

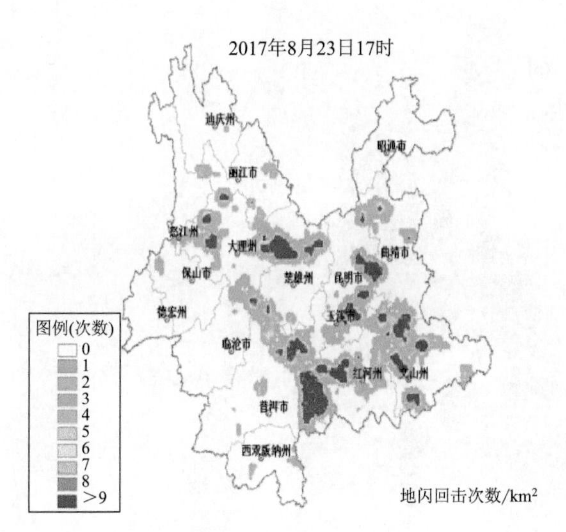
2017年8月23日17时
迪庆州
丽江市
昭通市
怒江州
大理州
曲靖市
保山市
楚雄州
昆明市
德宏州
玉溪市
临沧市
红河州
文山州
普洱市
西双版纳州
图例(次数)
0
1
2
3
4
5
6
7
8
>9
地闪回击次数/km^2

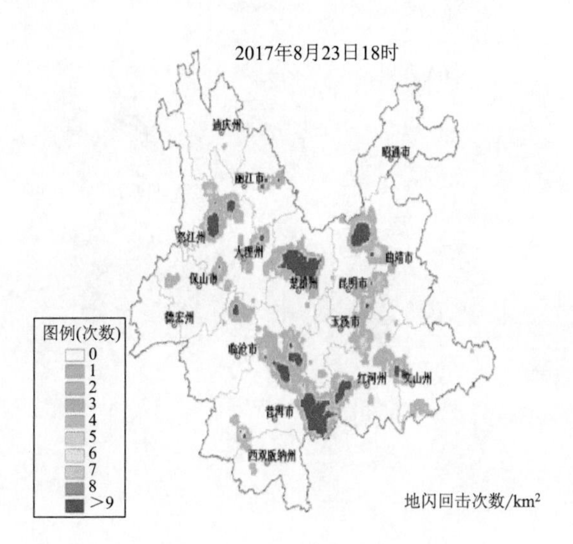
2017年8月23日18时
迪庆州
丽江市
昭通市
怒江州
大理州
曲靖市
保山市
楚雄州
昆明市
德宏州
玉溪市
临沧市
红河州
文山州
普洱市
西双版纳州
图例(次数)
0
1
2
3
4
5
6
7
8
>9
地闪回击次数/km^2

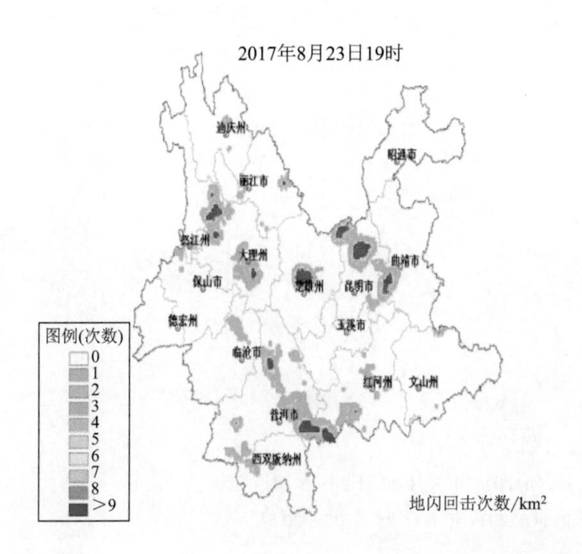
2017年8月23日19时
迪庆州
丽江市
昭通市
怒江州
大理州
曲靖市
保山市
楚雄州
昆明市
德宏州
玉溪市
临沧市
红河州
文山州
普洱市
西双版纳州
图例(次数)
0
1
2
3
4
5
6
7
8
>9
地闪回击次数/km^2

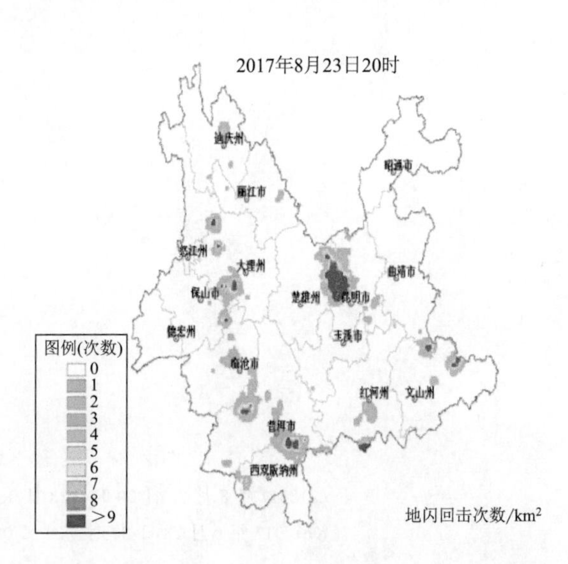
2017年8月23日20时
迪庆州
丽江市
昭通市
怒江州
大理州
曲靖市
保山市
楚雄州
昆明市
德宏州
玉溪市
临沧市
红河州
文山州
普洱市
西双版纳州
图例(次数)
0
1
2
3
4
5
6
7
8
>9
地闪回击次数/km^2

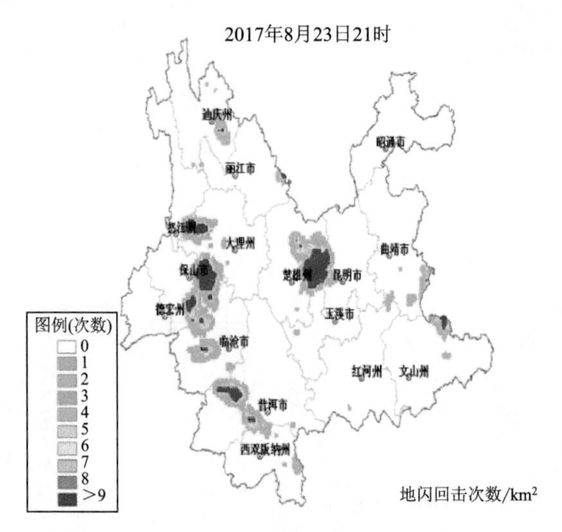

图 2.36　8 月 23 日小时平均地闪密度分布

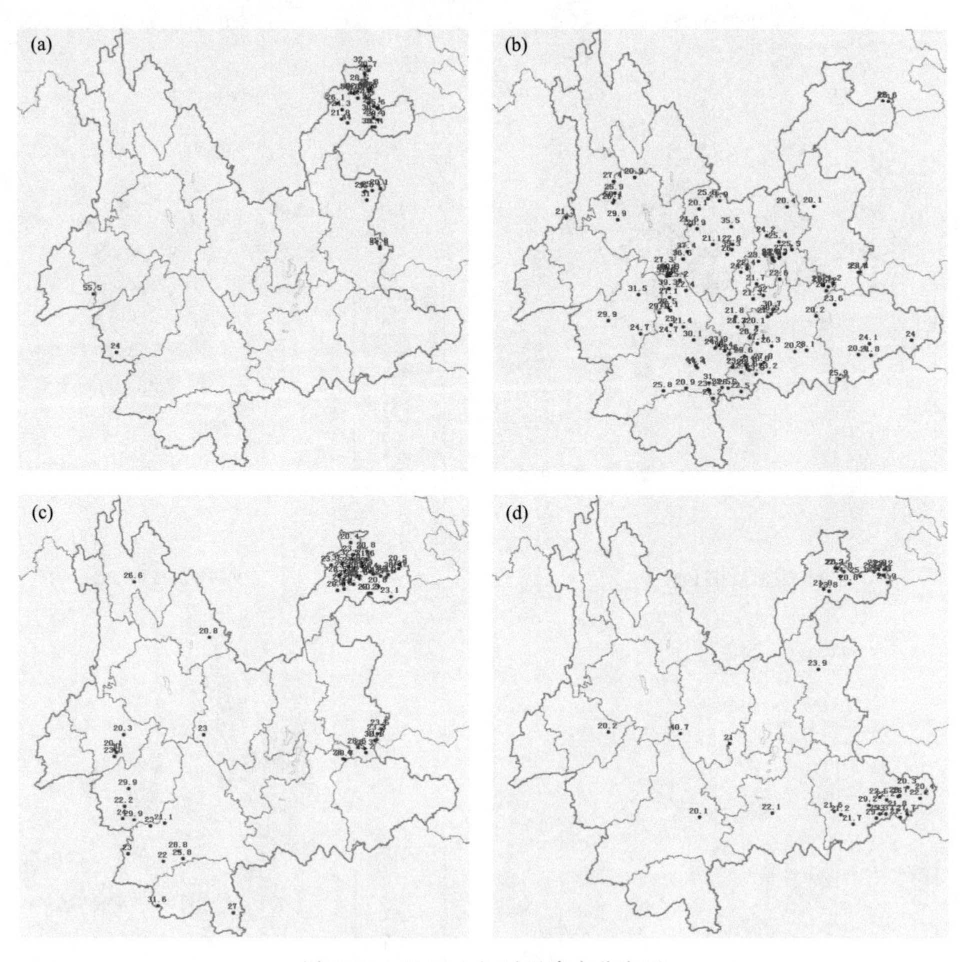

图 2.37　逐 12 h 短时强降水分布图

(a)2017 年 8 月 22 日 20 时—23 日 08 时；(b)2017 年 8 月 23 日 08—20 时；

(c)2017 年 8 月 23 日 20 时—24 日 08 时；(d)2017 年 8 月 24 日 08—20 时

从以上对雨情和强对流天气实况的分析可见，本次由西行台风造成的天气过程降水量级大，强对流天气先于强降水发生，在强降水开始前一天雷电活动频繁、短时强降水范围广且小时雨强大，是典型的台风前侧短时强降水天气过程。以下部分将使用NCEP再分析资料、常规探空观测资料、卫星及雷达资料从天气背景、物理量特征及中尺度对流系统演变特征几方面对本次短时强降水天气过程形成原因进行分析。

(2)天气形势分析

从各时次500 hPa高度场和700 hPa风场综合图(图2.38)可见，8月23日08时台风“天鸽”中心位于广东南部沿海，西太平洋副热带高压呈带状分布，西脊点位于90°E附近，中心气压值高，表明副热带高压较强，云南大部处于副热带高压控制(图2.38a)。23日14时，台风“天鸽”向西北方向移动后在广东登陆，云南东部地区开始受到台风外围偏东气流的影响。从700 hPa风场的分布看，台风西北侧的偏东气流进入云南后受到地形的阻挡风速减弱，因此，在云南东部存在风速由大变小的风速辐合区(图2.38b)。由于副热带高压势力强大，“天鸽”在广东登陆后继续缓慢西移，台风外围气流影响云南的范围逐渐增大，至23日20时，副热带高压位置略北移，云南东部700 hPa风速显著增大，云南中部及南部存在风速辐合(图2.38c)。24日02时，台风中心西移至广西境内，云南中部及以南地区700 hPa风速增大，风速辐合区西移至云南西南部(图2.38d)。从23日08时至24日02时，短时强降水及地闪活动始于东部地区，之后范围不断向西扩展，最后维持在滇西南。短时强降水的落区与台风西侧700 hPa风速辐合区的移动相对应，因此，“天鸽”西行台风低压及其外围偏东气流在云南境内形成的风速辐合区是本次短时强降水天气过程的主要影响系统。除此之外，本次过程期间副热带高压势力强大，使得台风“天鸽”西行影响云南，副热带高压的稳定维持间接地促进本次大范围短时强降水天气的形成。

台风“天鸽”登陆后减弱为热带低压，低压中心继续西移，至8月24日14时，热带低压从云南东部文山州进入云南省境内，8月25日08时，热带低压中心位于云南西南部。在此期间，受到“天鸽”外围气流影响，云南东部及南部地区出现强降水天气，部分地区出现区域性短时强降水天气(此阶段将在后面个例中重点分析)。

从以上对天气背景的分析可见，西太平洋副热带高压势力强大且位置稳定少动，使得台风“天鸽”在西太平洋副热带高压南侧的偏东气流引导下一路西行影响云南，台风西北侧偏东气流受到高原地形的阻挡从云南东部开始形成风速辐合区。随着台风的继续西移，700 hPa风速辐合区自东向西移动，使得云南东部、中部及以南地区在8月23日相继出现了大范围的短时强降水天气过程。

(3)物理量特征

1)动力条件

从前面的天气形势分析可知，台风“天鸽”外围气流受到山地的阻挡在云南形成风速辐合区，促成了大范围短时强降水天气的发生。本节通过具体分析700 hPa散度场及10 m风场进一步讨论短时强降水形成的动力条件，并验证该结论的正确性。

从各时次700 hPa散度场分布图可见，8月23日08时云南东南部地区散度值小于0，表明有气流辐合(图2.39a)；23日14—20时，随着台风“天鸽”在广东南部登陆并西移，云南受台风西侧偏东气流影响的区域扩大，云南中部及以东地区在700 hPa均为气流辐合区(图2.39b、图2.39c)；到了24日02时，700 hPa辐合区移动至云南中部以西地区(图2.39d)。700 hPa散

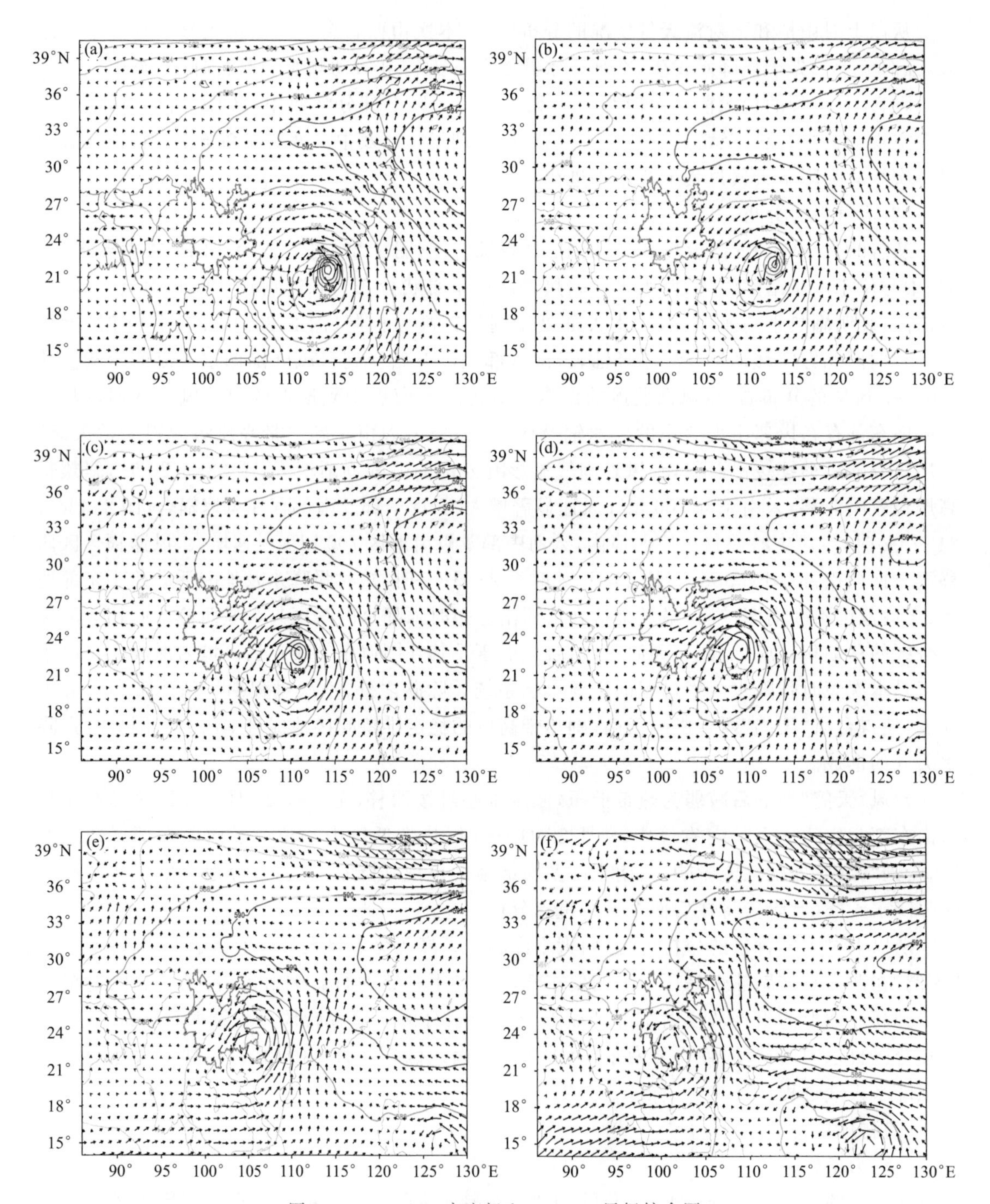

图 2.38　500 hPa 高度场和 700 hPa 风场综合图

(a)2017 年 8 月 23 日 08 时；(b)2017 年 8 月 23 日 14 时；(c)2017 年 8 月 23 日 20 时；
(d)2017 年 8 月 24 日 02 时；(e)2017 年 8 月 24 日 14 时；(f)2017 年 8 月 25 日 08 时

度场的分布特征与天气形势分析得出的结论一致，验证了台风外围辐合气流的存在，并且短时强降水落区与 700 hPa 气流辐合区位置对应较好。中低层辐合有利于垂直上升运动的加强和维持，为短时强降水的发生提供有利的动力条件。

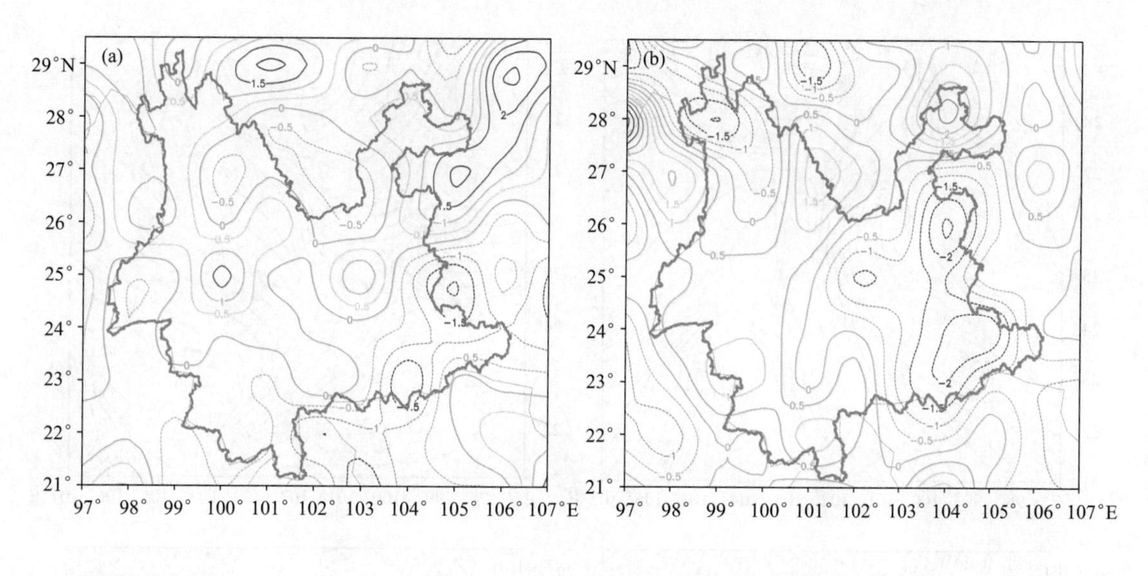

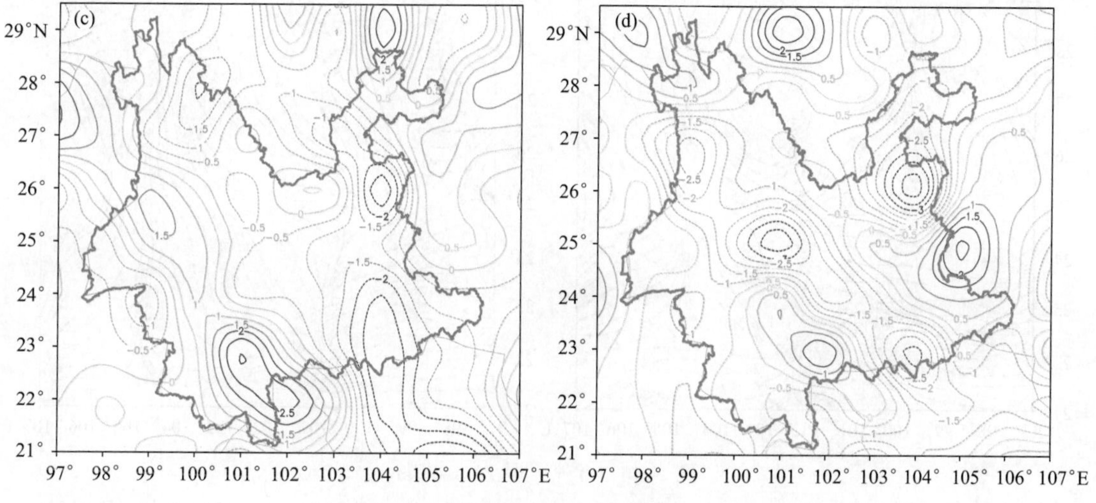

图 2.39　700 hPa 散度场($10^{-5}\cdot s^{-1}$)

(a)2017 年 8 月 23 日 08 时;(b)2017 年 8 月 23 日 14 时;(c)2017 年 8 月 23 日 20 时;(d)2017 年 8 月 24 日 02 时

从近地面层 10 m 风场图可见,8 月 22 日 20 时在云南东部就可以分析出地面辐合线(图 2.40a),先于 700 hPa 辐合区 12 h 出现;到了 23 日 14 时,地面辐合线移动至云南南部(图 2.40b),正好位于 700 hPa 辐合区西部边沿;之后地面辐合线进一步西移,23 日 20 时至 24 日 02 时移动至云南西南部,其位置同样处于 700 hPa 辐合区移动方向的前侧。

由此可见,在台风"天鸽"低压系统西行的天气背景之下,云南受到台风西北侧偏东气流的影响,近地面辐合线触发垂直上升运动,700 hPa 辐合区的存在有利于垂直上升运动的持续并发展,地面辐合线和 700 hPa 辐合区为本次短时强降水过程提供了稳定的动力机制。

2)水汽条件

台风作为高能高湿的天气系统,其西北侧较强的偏东气流可将台风外围的水汽向云南境内输送,为短时强降水的发生提供有利的水汽条件。从 700 hPa 比湿分布图可见,23 日 08 时受台风西侧偏东气流影响的云南东部地区比湿大于 10 $g\cdot kg^{-1}$,局部地区为 12 $g\cdot kg^{-1}$(图 2.41a);23 日 14 时,云南大部地区比湿大于 11 $g\cdot kg^{-1}$,局部地区超过 12 $g\cdot kg^{-1}$(图

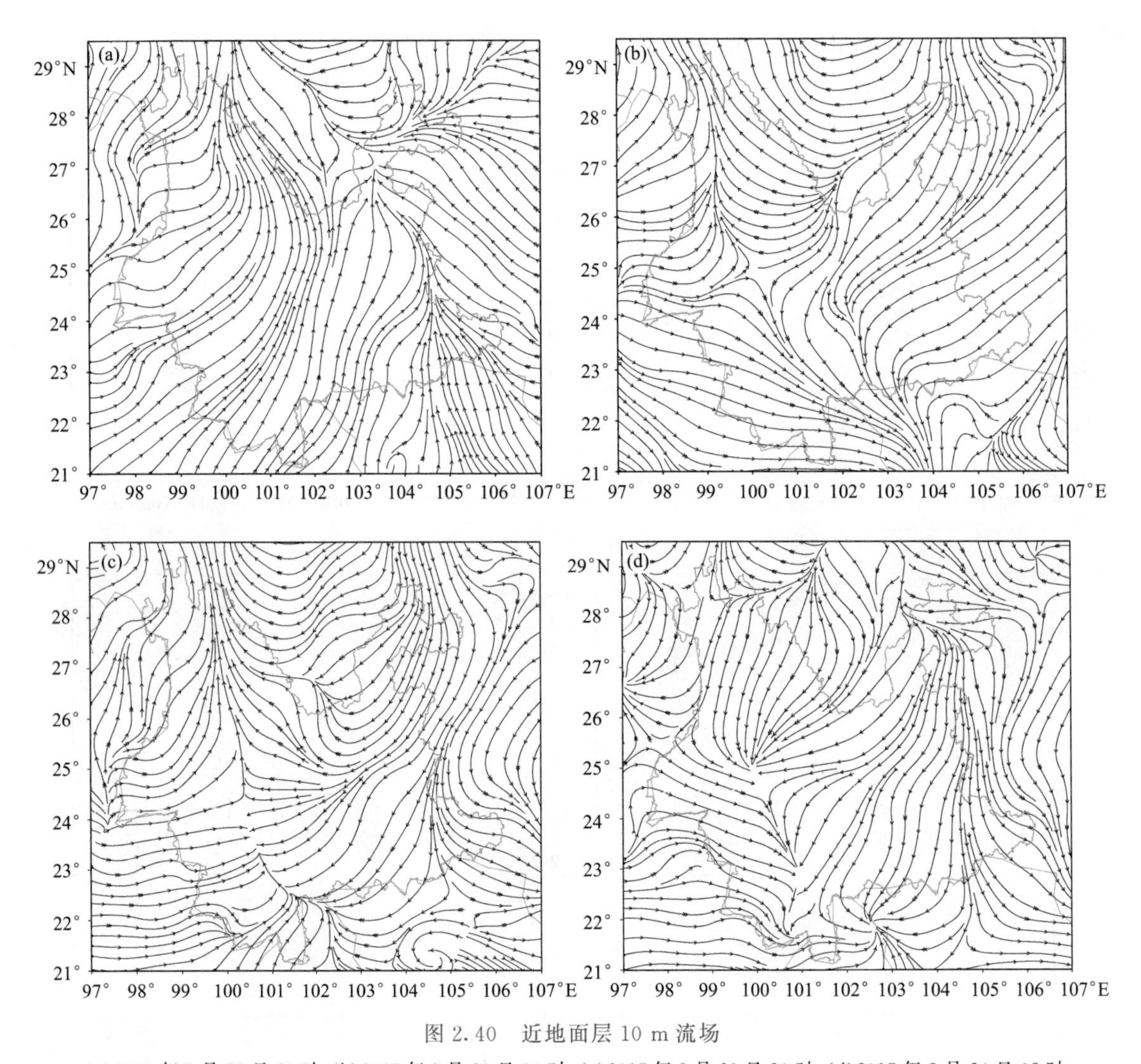

图 2.40 近地面层 10 m 流场

(a)2017 年 8 月 22 日 20 时;(b)2017 年 8 月 23 日 14 时;(c)2017 年 8 月 23 日 20 时;(d)2017 年 8 月 24 日 02 时

2.41b),水汽供应充足,非常有利于短时强降水天气的发生;23 日 20 时比湿在 10 g·kg^{-1} 以上的高湿区移动至云南西南部(图 2.41c),但是到了 24 日 02 时,云南东部地区再次出现比湿值大于 10 g·kg^{-1} 的高湿区(图 2.41d)。台风西北侧偏东气流不断向云南输送和补充水汽,利于短时强降水的发生发展。

3)不稳定条件

昆明和普洱探空站上空数据可代表云南中部及南部的大气状况,因此本节对 8 月 23 日 08 时昆明、普洱探空站 T-ln$p$ 图及不稳定物理量参数进行分析,探讨本次短时强降水天气的不稳定机制(图 2.42)。从图可见,23 日 08 时昆明和普洱探空站上空气层具备上干下湿的特点,利于雷暴天气的发生,低层水汽条件好,同样有利于短时强降水天气的出现。不稳定参数值方面,昆明站 23 日 08 时对流有效位能 CAPE 值为 804.1 g·kg^{-1},具备较好的能量条件;沙氏指数 SI 和抬升指数均小于 0,数值分别为−2.77 和−3.1,为条件不稳定层结。普洱站 23 日 08 时对流有效位能 CAPE 值为 351.7 g·kg^{-1},具备较好的能量条件;沙氏指数 SI 和抬升指数均小于 0,数值分别为−3.12 和−2.16,同样为条件不稳定层结。

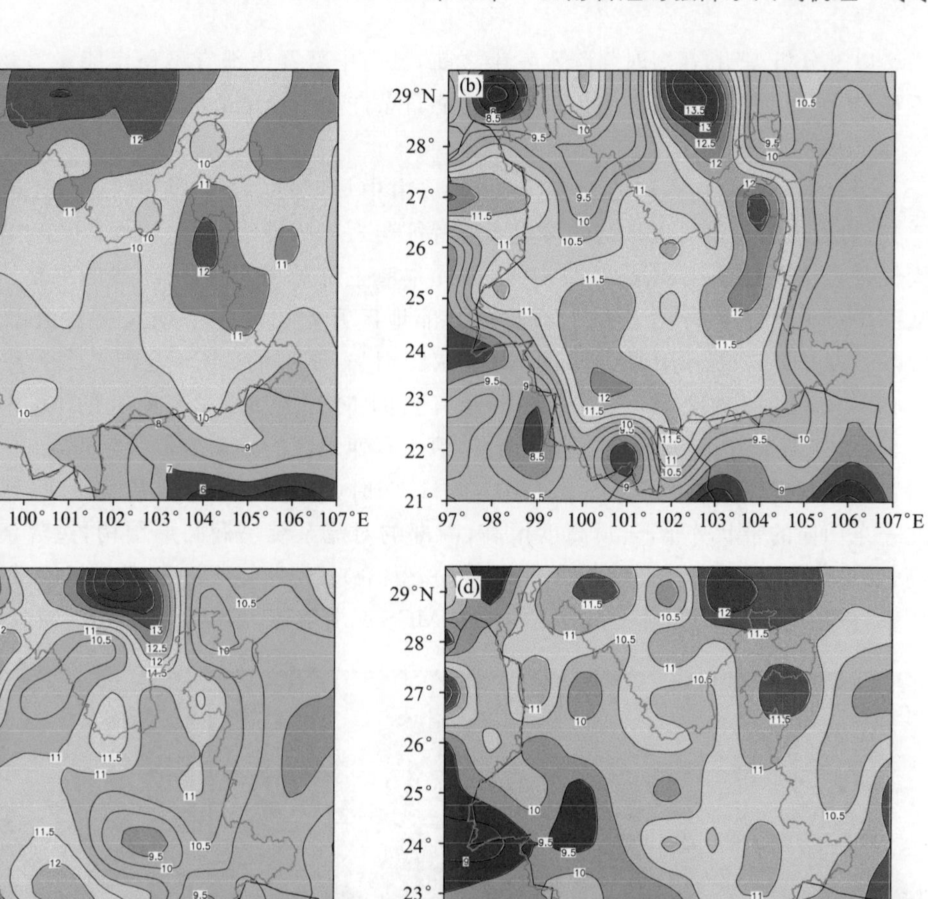

图 2.41　700 hPa 比湿(g・kg^{-1})

(a)2017 年 8 月 23 日 08 时;(b)2017 年 8 月 23 日 14 时;(c)2017 年 8 月 23 日 20 时;(d)2017 年 8 月 24 日 02 时

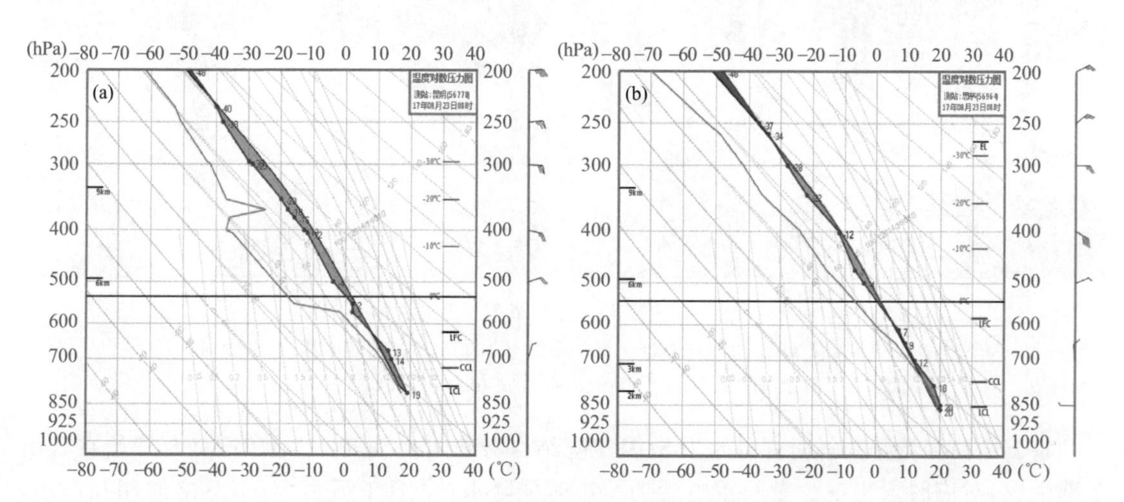

图 2.42　2017 年 8 月 23 日 08 时的 T-ln$p$ 图

(a)昆明探空站;(b)普洱探空站

以上分析表明，在短时强降水发生之前，云南中部及南部有不稳定能量蓄积，气层为条件不稳定，为短时强降水的发生提供有利的能量条件和不稳定条件。

(4)卫星云图特征

短时强降水是在有利的天气背景之下，由中尺度对流系统直接引发，分析卫星云图(图 2.43)可发现中尺度对流系统的发展演变特征与短时强降水的相关性。由于本次短时强降水天气过程主要发生在 8 月 23 日白天，因此本节主要对 23 日白天时段的卫星云图进行分析。从图中可见，23 日 09 时云南东部及东北部地区开始出现多个中尺度对流系统(MCS)(图 2.43a)；23 日 12 时东北部地区的 MCS 减弱消失，东部的 MCS 范围扩大并略向西移动(图 2.43b)；23 日 13 时之后，云南东部不断有新的 MCS 生成，并与原有的 MCS 合并增强(图 2.43c)；23 日 15 时，MCS 继续合并西移，滇中以西地区的云系呈带状分布，滇中、滇东、滇南的云系仍呈现出孤立的 MCS(图 2.43d)；23 日 18 时，各 MCS 继续合并发展，西部的云系仍呈西北—东南向的带状分布，云顶高度增高，南部的对流系统呈椭圆形结构，边界清晰，云顶高度高，发展成为中尺度对流复合体(MCC)(图 2.43e)；23 日 20 时，云南西部的带状对流云继续西移，南部的 MCC 西南移动，云南中部的 MCS 减弱解体，东部的云量明显减少(图 2.43f)。

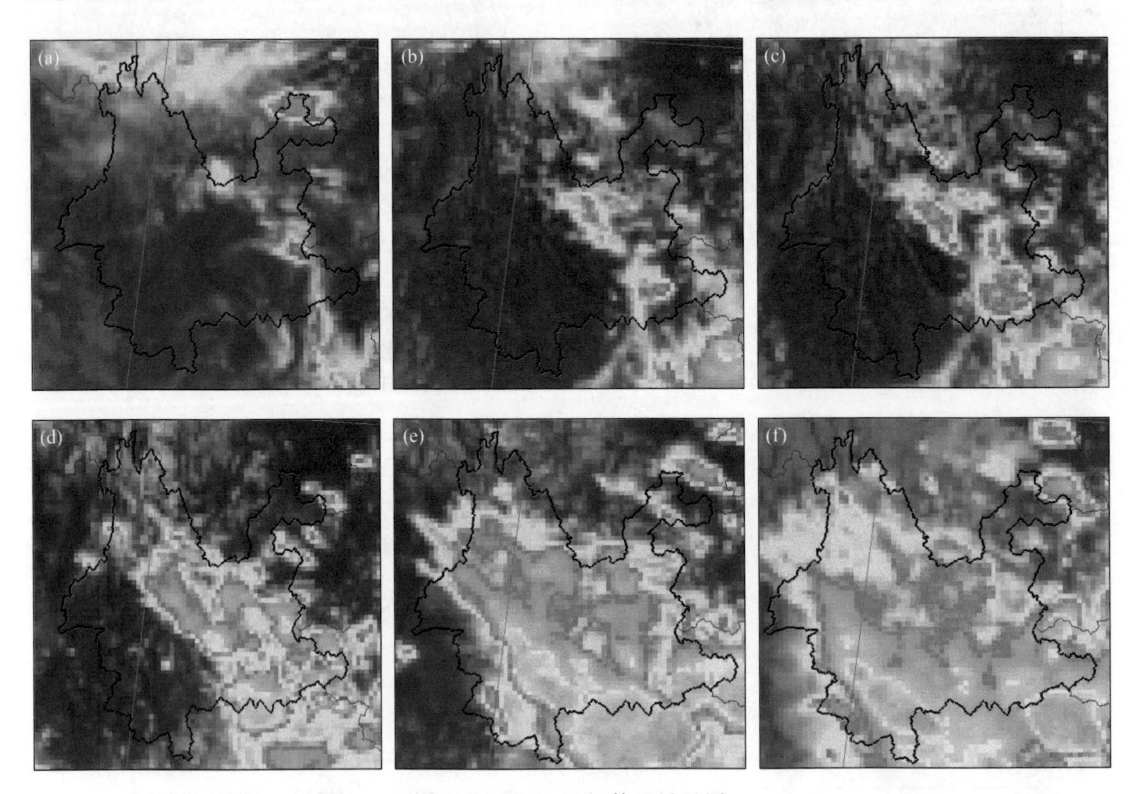

图 2.43 FY-2E 红外卫星云图

(a)2017 年 8 月 23 日 09 时；(b)2017 年 8 月 23 日 12 时；(c)2017 年 8 月 23 日 13 时；(d)2017 年 8 月 23 日 15 时；(e)2017 年 8 月 23 日 18 时；(f)2017 年 8 月 23 日 20 时

将云图演变特征与短时强降水及地闪实况结合分析可发现，23 日上午 MCS 开始在云南东部生成，对应时段出现少量的雷电活动及短时强降水；23 日午后多个 MCS 之间相互作用，发展至成熟阶段，对应时段云南出现大范围雷电及短时强降水；23 日傍晚之后，MCS 和 MCC 西南移至云南西南部和南部边缘地区，闪电及短时强降水范围明显减小。由此可见，短时强降水发生期间，MCS 多初生于云南东部边缘地区，多个 MCS 生成后西移、合并发展成熟，引发了 23 日白天云南大范围的短时强降水天气。

(5)雷达回波特征

为了更细致地揭示引发短时强降水的 MCS 的内部结构和多个 MCS 之间的相互作用，本节使用昆明和普洱站雷达资料进行分析。从昆明 1.5°仰角基本反射率因子图(图 2.44)可见，8 月 23 日 12 时 28 分昆明南部为一带状回波，该回波以层状云回波为主，其中有 4 个尺度较小的强对流单体，最大反射率因子强度为 55 dBz(图 2.44a)；该时刻的速度图上可见，与带状回波对应的是较大范围的正速度区(图 2.44c)，在对流单体处对应的是多个逆风区(正速度区里的多个小范围负速度区)，逆风区造成局地气流气旋式旋转，有利于强对流单体的发展壮大。因此，从 23 日 14 时 02 分的基本反射率因子图(图 2.44b)上可见，带状回波内强度在 55 dBz 以上的多单体范围增大，数量由原来的 4 个增加至 6 个，并且受到台风西北侧的偏东北气流引导，该带状回波西南移至玉溪南部地区，该时刻速度图上，与带状回波对应的正速度区变窄，逆风区的范围扩大(图 2.44d)。

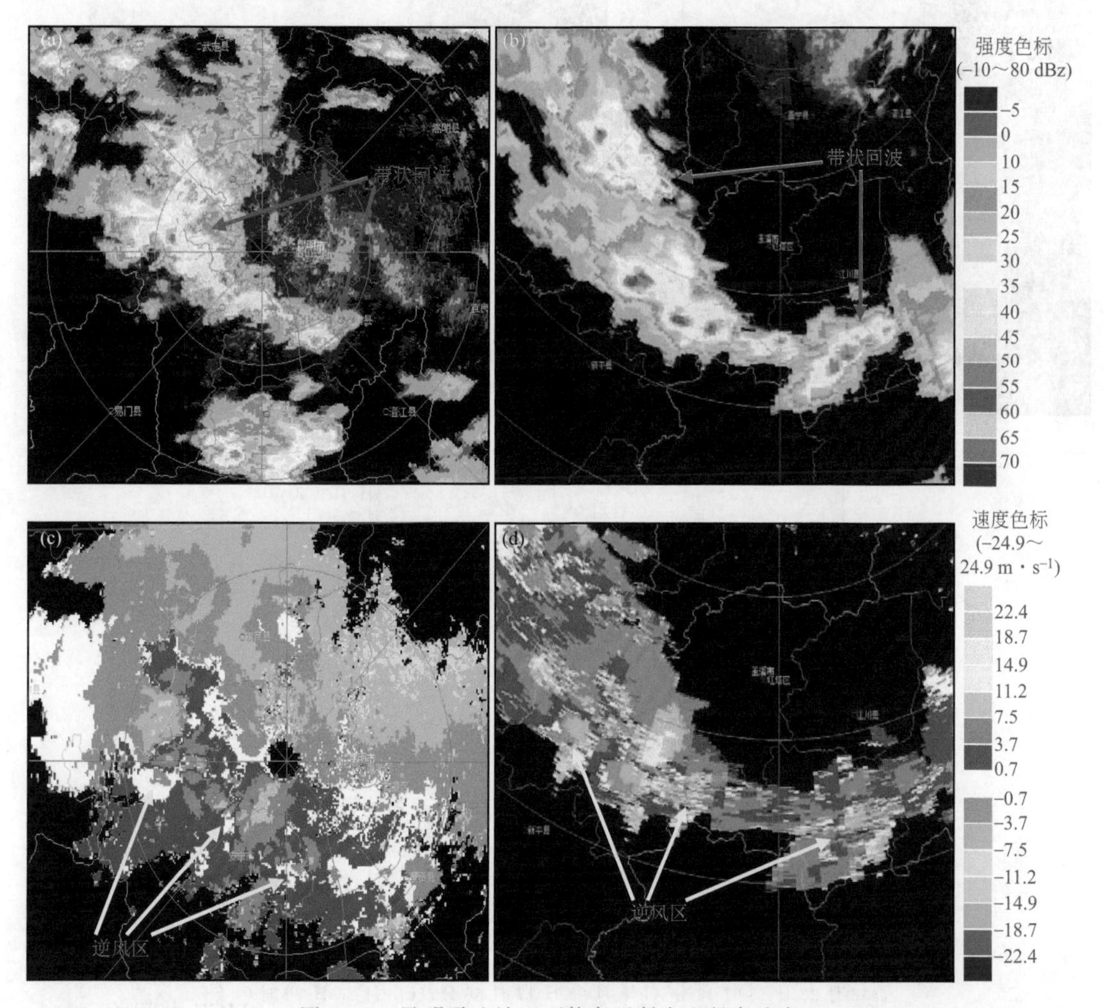

图 2.44　昆明雷达站 1.5°仰角反射率和径向速度

(a)8 月 23 日 12 时 28 分反射率；(b)8 月 23 日 14 时 02 分反射率；(c)8 月 23 日 12 时 28 分径向速度；(d)8 月 23 日 14 时 02 分径向速度

由多单体组成的带状回波在引导气流的作用下继续西南移，从 23 日 16 时 42 分普洱 1.5°仰角基本反射率因子图上可见，从昆明移至普洱北部的带状回波演变为线状，其内部强对流单体的数量明显增加，多单体的直径小于线状回波长度的 1/5(图 2.45a)，是典型的飑线结构；该时刻的速度图上，在飑线附近是远离雷达的正速度区与朝向雷达的负速度区形成的明显的风向辐合带(图 2.46a)。飑线于 17 时 36 分西南移至宁洱县北部，飑线结构更完整，内部的多单体更具组织性(图 2.45b)，此时的速度图上，飑线附近的风向辐合线长度加长，两侧的正负速度值增加，辐合强度加大(图 2.46b)。飑线移过普洱雷达站之后(20 时 01 分)完整的组织结构解体，其内部的多单体依次减弱消亡(图 2.45c)，对应时刻的速度图上飑线附近辐合线也消失(图 2.46c)，表明飑线对云南西南部的影响趋于减弱，但是受到台风西侧偏东气流的影响，从速度图上可见，普洱雷达站东北部和西南部低层的风速高达 18.7 m·s^{-1} 以上，存在明显的东北低空急流区，为后续台风强降水的发生提供了有利的环境场。

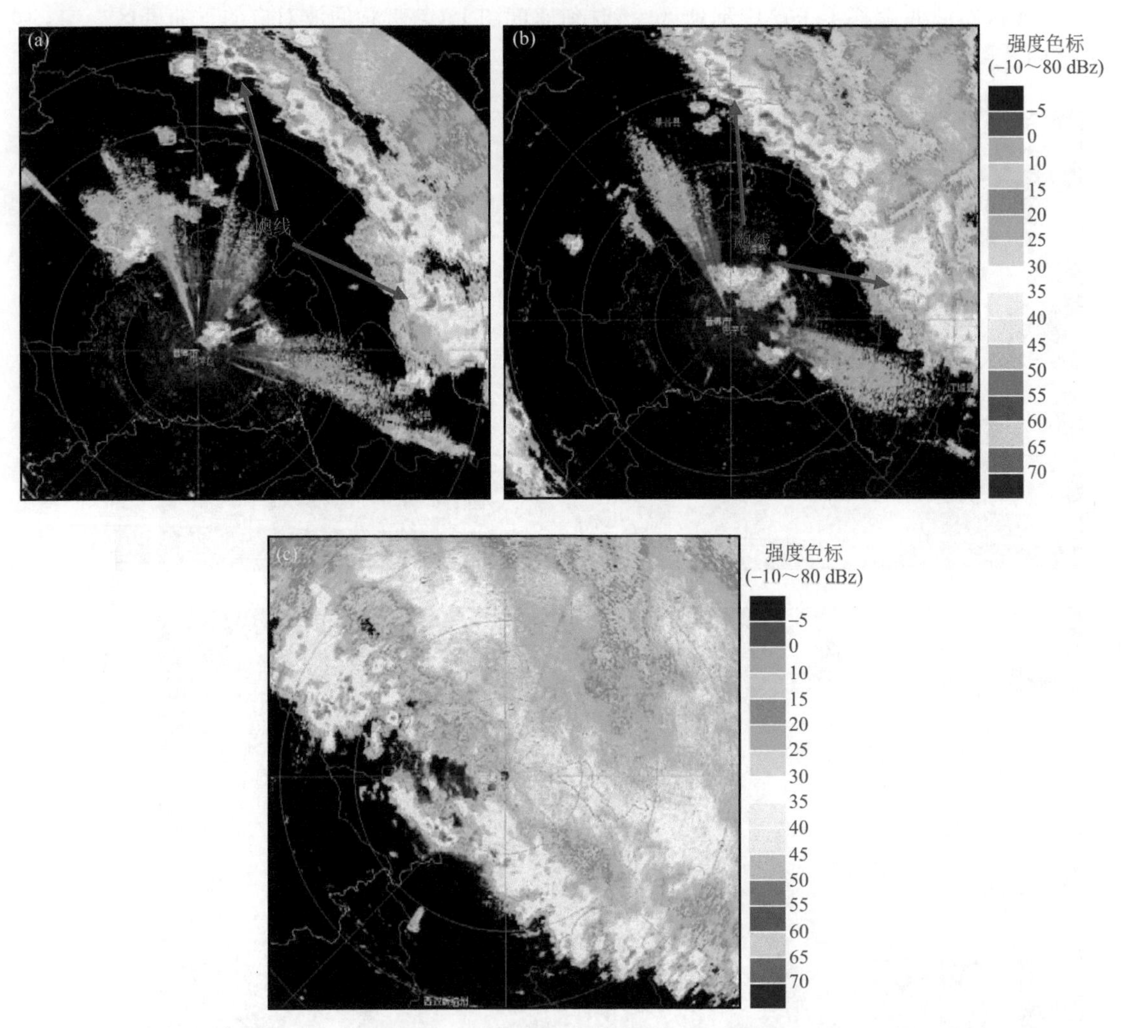

图 2.45　普洱雷达站 1.5°仰角反射率

(a)8 月 23 日 16 时 42 分；(b)8 月 23 日 17 时 36 分；(c)8 月 23 日 20 时 01 分

从以上对 2017 年 8 月 23 日白天雷达回波特征的分析可见，单单体相互作用组织成多单体，多单体在西南方向移动过程中组合成飑线，强对流单体以及飑线发展成熟阶段与短时强降

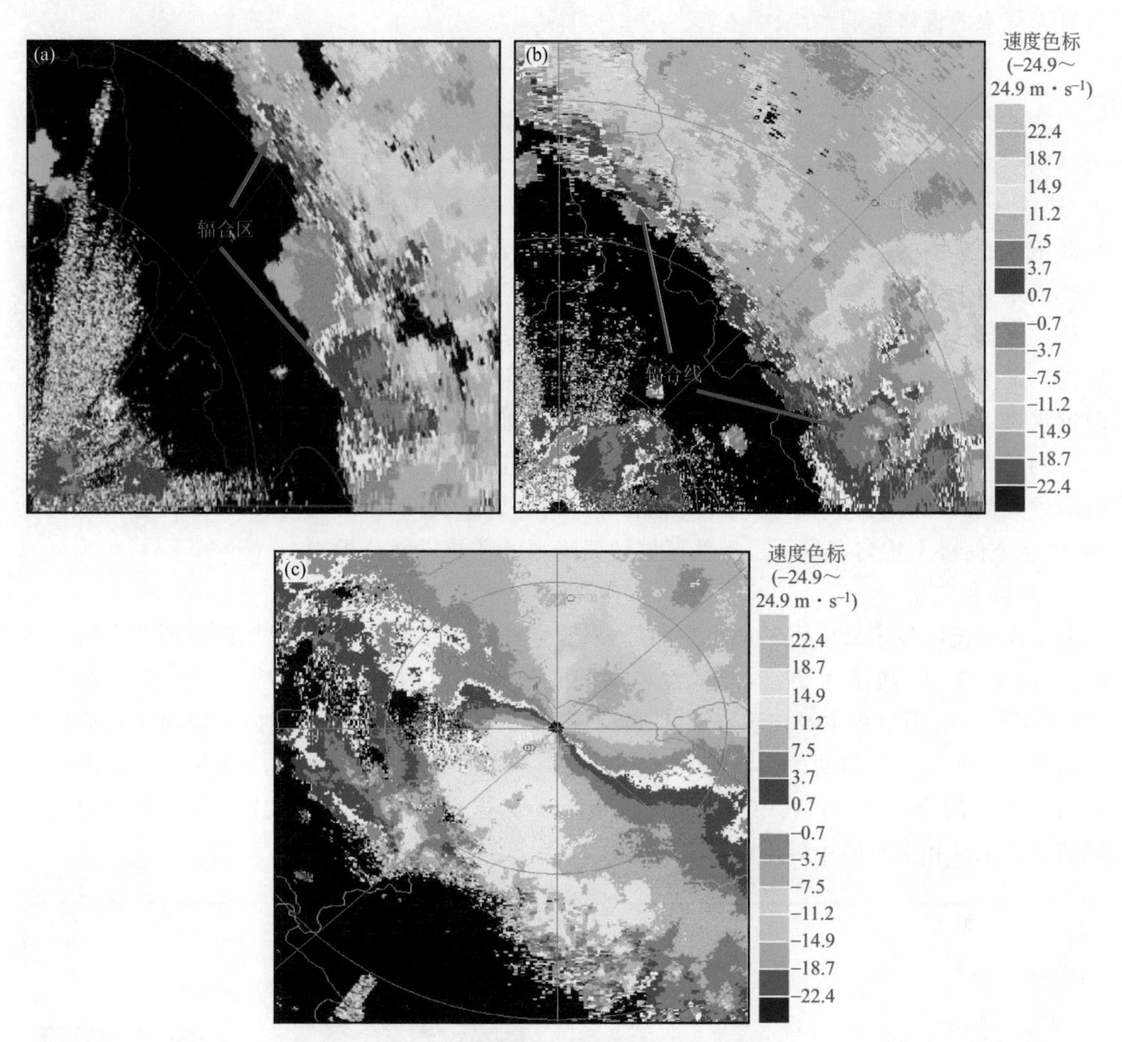

图2.46　普洱雷达站1.5°仰角径向速度

(a)8月23日16时42分;(b)8月23日17时36分;(c)8月23日20时01分

水发生时段相对应。8月23日白天云南东部、中部地区的短时强降水由单个或多个对流单体引发,云南西南部的短时强降水由飑线引发。

(6)过程分析结论

1)短时强降水过程发生前西太平洋副热带高压势力较强,使得台风“天鸽”西行影响云南,台风西北侧偏东急流受到高原地形的阻挡在云南东部开始形成风速辐合区,短时强降水出现在辐合区内,并随着辐合区的西移自东向西发展。

2)近地面辐合线触发垂直上升运动,700 hPa辐合区的存在利于垂直上升运动的持续并发展,是本次短时强降水过程的动力机制。台风西北侧偏东急流不断向云南输送和补充水汽,利于短时强降水的发生发展。

3)在短时强降水发生之前,云南中部及南部有不稳定能量蓄积,气层为条件不稳定,为短时强降水的发生提供有利的能量条件和不稳定条件。

4)MCS、MCC以及多个MCS之间的相互作用、发展加强,造成本次云南大范围的短时强降水天气;单个或多个对流单体引发了云南东部、中部地区的短时强降水,飑线是云南西南部短时强降水的直接影响系统。

2.3.5 西行台风中期型

2017 年 8 月 24—25 日受台风“天鸽”减弱后的热带低压西行影响，云南东北部、南部出现大范围强降雨天气过程，其中东北部的白水江流域出现了大暴雨天气，引发长时间超警戒洪水，造成 3 人死亡、4 人失踪，紧急转移安置上千人，多处路基、桥梁严重受损，灾情甚至超过台风低压中心影响的滇东南地区。由于本次过程的预报和服务重点更多地关注台风低压中心影响的滇东南地区，而白水江流域的暴雨洪涝远离台风低压中心，使得相关区域的雨情及灾情被低估，在精准化预报和针对性服务方面亟待深入研究和总结提高。因此，本个例使用白水江流域内自动雨量站、水文站观测资料及 FY-2G 卫星云图、NCEP 再分析资料(1°×1°)等对此次暴雨洪水过程特征及成因进行分析，为类似过程的精细化预报及洪水预警提供技术参考。前面的个例重点分析了台风“天鸽”减弱后的热带低压正面影响之前(即西行台风影响前期)出现的云南省大范围强对流天气过程，本个例侧重分析台风低压进入云南境内后(即西行台风影响中期)降水空间极不均匀背景下出现的区域性强降水特征及成因分析。

(1)降水实况

白水江流域位于云南省昭通市东北部，属于金沙江南岸支流，流域呈东南至西北走向穿越威信、镇雄、彝良、盐津 4 个县，此次过程期间收集到流域内自动雨量站 26 个、水文站 1 个(图 2.47a)。暴雨过程主要出现在 2017 年 8 月 24 日 08 时至 25 日 08 时，过程期间对流性天气的强度较西行台风前期型明显减弱，但降雨持续时间长、累计雨量大。24 h 累计出现大于 50 mm 以上的降水 23 站，其中有 9 站超过 100 mm，达到大暴雨量级，大暴雨区主要分布在流域的下游地区和上游的令牌山站(图 2.47b)。

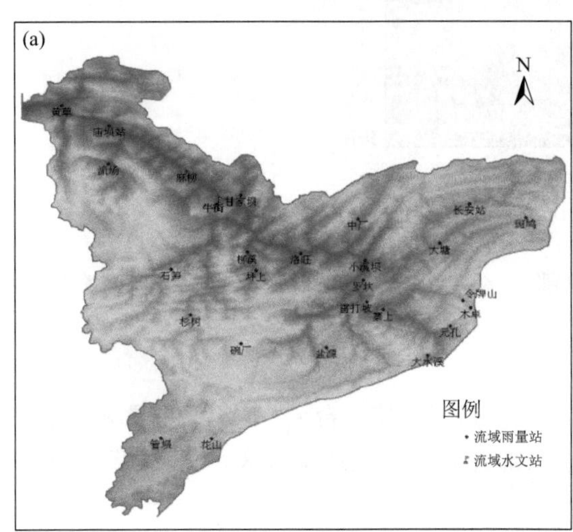

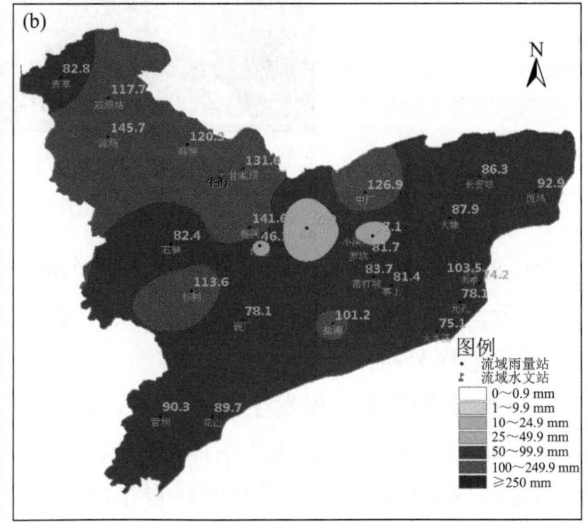

图 2.47 白水江流域空间分布和累计降水量分布

(a)流域空间分布；(b)8 月 24 日 08 时至 25 日 08 时降水量(mm)分布

分析流域内令牌山测站的逐小时降雨情况可以看出，该测站从 24 日中午开始出现降水，15 时降水逐渐加强并持续。24 日 16 时至 25 日 04 时持续出现较强降雨，有 8 h 出现 5 mm 以上降雨量，最强降雨出现在 24 日 19 时达 20.4 mm，其次是 21 时达 19.6 mm(图 2.48a)。该测站总体反映了白水江流域在 24 日傍晚至 25 日凌晨持续出现较强降雨的这一特征。从牛街的流量和水位观测可以看出，从24日14时开始，白水江流域流量明显增加、水位快速上涨，24日22时出现超警戒水位，随后水位不断上涨并在25日02时达到峰值，超警戒水位3.27 m，洪峰最大流量为198 $m^3 \cdot s^{-1}$。25日03—14时水位有所回落，但一直持续超警戒水位(图2.48b)。这是一次单峰型暴雨洪水过程，流域内降雨强度大、持续时间长，导致白水江连续17 h出现超警戒水位，因此，造成流域及其下游沿岸大量房屋倒塌、桥梁损毁及严重的人员伤亡。

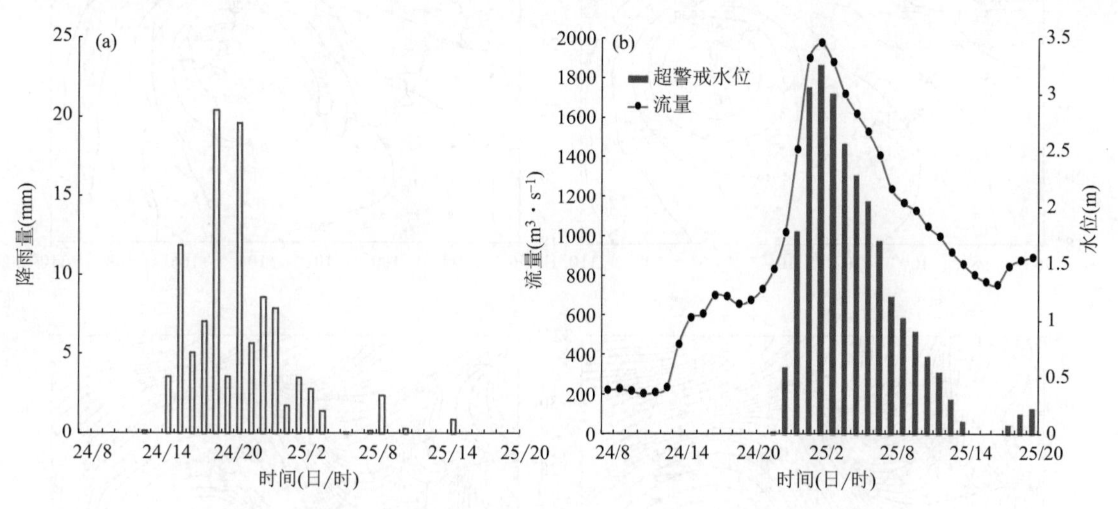

图2.48 白水江流域流域降雨及洪水演变情况

(a)令牌山降雨量逐时分布；(b)牛街流量、超警戒水位随时间分布

(2)天气形势分析

此次暴雨过程的主要影响系统是2017年第13号台风“天鸽”西行减弱后的热带低压及其北侧的倒槽。“天鸽”于2017年8月23日12时50分在广东珠海南部沿海登陆，登陆时为强台风级，随后向西移动经广东、广西后强度逐渐减弱为热带低压。从500 hPa上看，8月24日14时低压中心位于广西西南部，云南大部为低压北侧的偏东气流控制(图2.49a)。随后热带低压继续西移进入云南境内，到24日20时低压中心位于云南东南部的文山州，强度有所减弱。由于低压环流呈现东北—西南向的椭圆形结构，在低压北侧出现了东南风和东北风之间形成的倒槽，云南东部一带处于倒槽的影响之下，有利于强降水天气发生(图2.49b)。从700 hPa流场看，低压中心的位置及低压环流形势与500 hPa类似，但台风北侧的倒槽表现得更明显。从流场图上可以清晰地看出，白水江流域远离热带低压中心但一直处于低压北侧的偏东气流控制之下，24日20时左右为倒槽影响流域的主要时段(图2.49c、图2.49d)。此次过程中，北方的冷空气不明显，主要依靠热带低压外围的东南气流将南海的暖湿气流源源不断地向流域附近输送，为此次暴雨过程提供水汽和不稳定能量。白水江流域内的强降水出现时段与倒槽影响的主要时段同步，说明台风倒槽为暴雨区域提供了动力抬升及水汽辐合条件。

从环流形势分析结果看，在台风低压中心附近区域出现的暴雨以上量级降水相对容易预报。虽然云南东部区域受台风倒槽影响，也有利于强降水的出现，但由于倒槽影响区域内的雨强分布极不均匀，如曲靖东部部分区域降雨仅为中到大雨，要在远离低压中心的白水江流域预报出区域性的暴雨、大暴雨天气是此次过程预报的难点，其可能引发的长时间洪涝灾害也非常容易被低估。

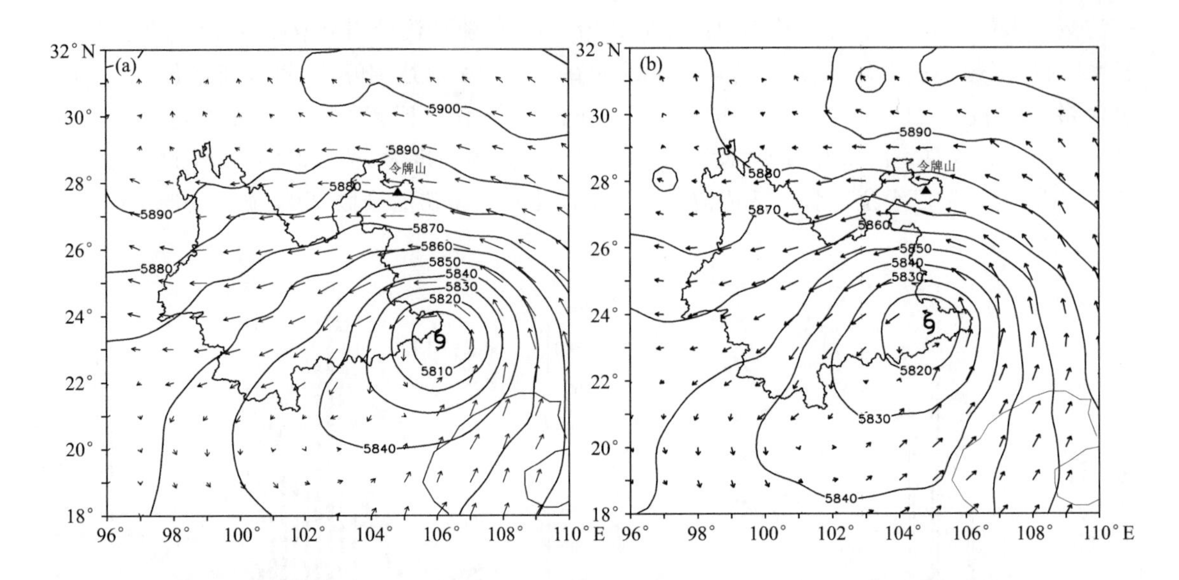

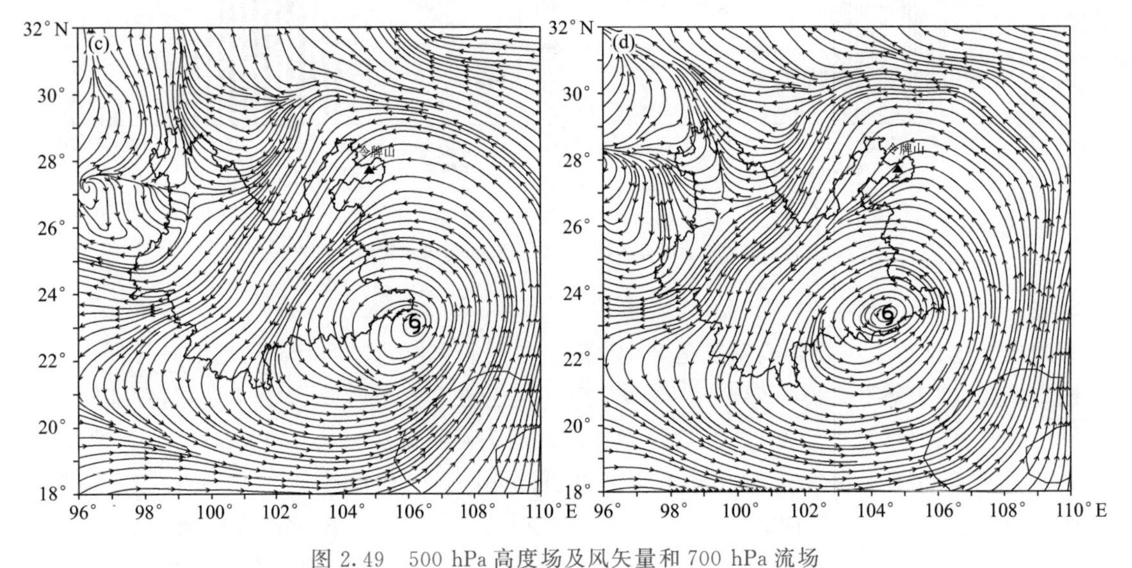

图 2.49 500 hPa 高度场及风矢量和 700 hPa 流场

(a)8 月 24 日 14 时的 500 hPa 高度场及风矢量;(b)8 月 24 日 20 时的 500 hPa 高度场及风矢量;
(c)8 月 24 日 14 时的 700 hPa 流场;(d)8 月 24 日 20 时的 700 hPa 流场

(3)物理量特征

分析白水江流域出现最强降水的时段(24 日傍晚至 25 日凌晨)的物理量特征发现,云南东部是水汽通量的大值中心,白水江流域处于中心北侧,水汽通量达到 12 $g \cdot cm^{-1} \cdot hPa^{-1} \cdot s^{-1}$,具有丰富的水汽供应,但不是极大值中心。从 700 hPa 上 24 日 20 时水汽通量散度图上同样可以看出,白水江流域处于辐合中心的北侧,为弱的水汽通量散度辐合,该物理量对于流域的暴雨指示性不好(图 2.50a)。但在 700 hPa 垂直速度图上,云南东部为明显的垂直速度上升区,有两个大值中心分别位于云南东南部的热带低压中心附近和东北部的白水江流域,其中白水江流域的垂直速度大值中心超过 -2 $Pa \cdot s^{-1}$,垂直速度对暴雨落区有很好的指示意义(图 2.50b)。流域内大值中心的出现一方面与台风低压北侧的倒槽辐合抬升有关(垂直速度上升区与东北西南向的倒槽分布基本一致),另一方面,由于地处青藏高原东南侧,云南东北部

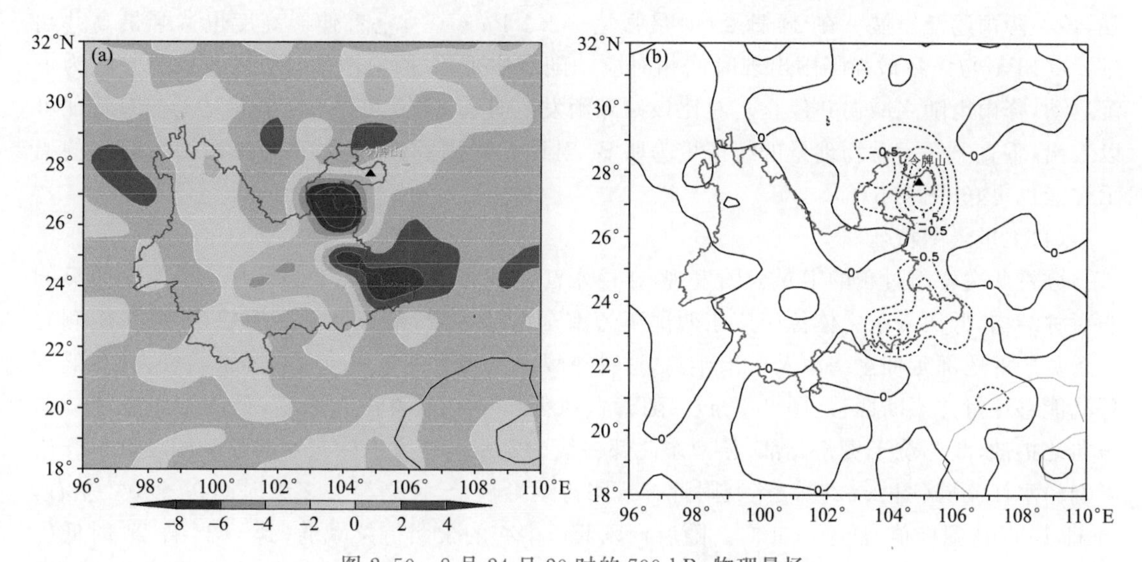

图 2.50　8 月 24 日 20 时的 700 hPa 物理量场

(a)水汽通量散度(单位:1×10^{-5} g・cm^{-2}・hPa^{-1}・s^{-1});(b)垂直速度(单位:Pa・s^{-1})

至贵州西部的地形高度整体呈下降趋势,此时流域受东南气流控制,流域附近自东向西逐级增加的地形对东南气流有一定的抬升作用,有利于增强白水江流域的上升运动。

从令牌山站水汽通量散度时间剖面图上看,此次暴雨过程发生时段与该站上空的水汽辐合维持时间、强度有较好的相关性。水汽通量辐合时段主要出现在 24 日傍晚至 25 日凌晨,与该站出现降雨的主要时段基本一致。暴雨过程前期(24 日 17 时至 25 日 02 时)水汽辐合主要出现在 700 hPa 以下的近地面层,降雨持续稳定。25 日 02 时以后近地面层水汽辐合明显减弱,但在 700～500 hPa 的中层出现弱的水汽辐合,水汽辐合强度减弱对应着降雨明显减弱(图 2.51a)。分析令牌山站垂直速度时间剖面图可以看出,此次暴雨过程持续时间与中低层长时间维持上升运动特征有更好的一致性。该站上空的垂直上升运动从 24 日下午 14 时逐渐增

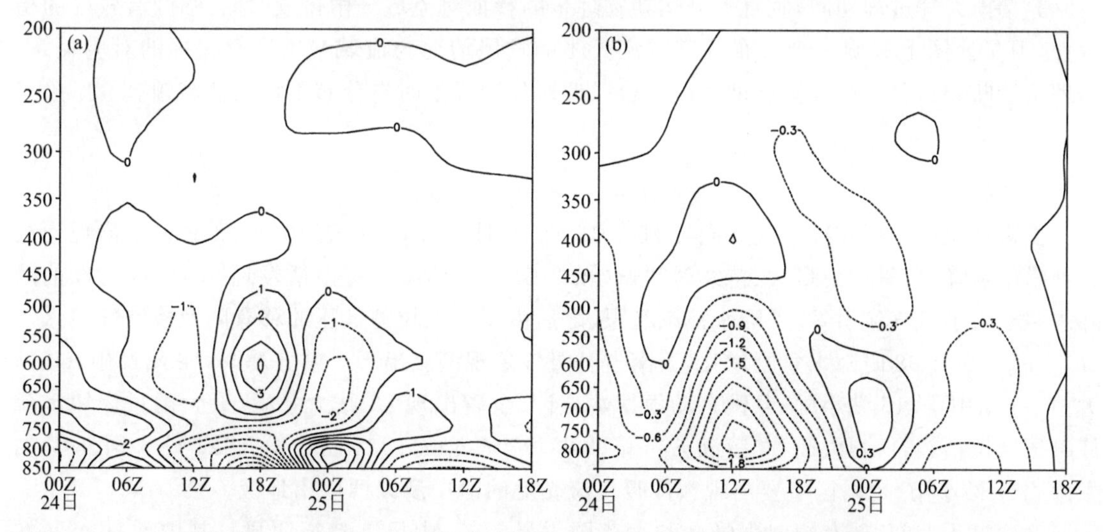

图 2.51　8 月 24—25 日令牌山站水汽通量散度和垂直速度时间剖面图

(a)水汽通量散度(单位:1×10^{-5} g・cm^{-2}・hPa^{-1}・s^{-1});(b)垂直速度(单位:Pa・s^{-1})

强，该站降雨逐渐发展。在24日20时最强达$-2.1\ Pa \cdot s^{-1}$，垂直伸展高度也达到最高并超过500 hPa，与该站最强降雨出现时间相对应。随后中低层垂直上升运动逐渐减弱并转为下沉运动，降雨也随之减弱并停止。对比该站降雨发生时段、强度和垂直上升运动的分布特征可以看出，垂直上升运动物理量的特征更为明显，对该站降雨的持续性、最强降雨出现时间的指示性能也更好(图2.51b)。

(4)卫星云图特征

分析此次暴雨过程的卫星云图发现，在白水江流域降雨开始前，台风低压云系呈现明显的非对称结构，低压云系主体位于广东西部至云南东南部一带，低压北侧云系较少，低压南侧有一条宽广的尾部延伸至南海及中南半岛，这种季风云系被大量卷入台风低压的特征，使得低压环流能够保持并不断西移(图2.52a)。随着台风低压中心西移进入云南，低压云团逐渐减弱并向北扩散，北侧位于贵州北部、云南东北部一线的螺旋云带上有中尺度对流云团发展并开始影响白水江流域(图2.52b)。流域附近有云团持续影响，云顶亮温大多数时间在$-40℃$左右，24日16时达到极值、低于$-60℃$。随后台风低压中心的云团持续减弱，到了24日20时低压中心的云团已明显消散，气旋特征消失，但在云南东北部至四川东南部仍有较强的对流云团维持，是低压南侧来自南海的东南气流为流域附近的对流云团提供了稳定的水汽和能量(图2.52d)。从云图上还可以发现，正是低压外围云系分布的不均匀性导致低压北侧同属于倒槽控制的区域降雨强度极不均匀，借助云图上螺旋云带分布及其对流云团的发展情况，可以进一步订正暴雨落区预报，为白水江流域的持续性暴雨和洪水预警提供基础支撑。

(5)天气过程分析结论

1)此次暴雨洪涝过程具有区域性降雨强度大、超警戒水位持续时间长、灾情超出预期，暴雨落区精准预报困难等特点。

2)台风“天鸽”减弱后的热带低压及其北侧的倒槽是此次暴雨洪涝过程的主要影响天气系统，由于影响天气系统深厚，低压外围来自南海的东南气流提供了充足的水汽和能量供应，导致流域内持续出现强降水并引发严重洪涝灾害。

3)暴雨天气过程期间，垂直上升运动物理量的特征对流域降雨持续时间、强度有较好的指示性，卫星云图上螺旋云带分布及其对流云团的发展情况与流域暴雨区有很好的对应关系。物理量诊断和卫星云图监测有助于解决台风低压外围暴雨时空分布不均匀性难题。

2.3.6 孟加拉湾风暴型

(1)降水实况

受孟加拉湾低压和冷空气共同影响，2015年10月8日08时至10日08时云南出现连续大到暴雨强降水，累计雨量大、持续时间长(图2.53a)。具体分析雨情发现，8日08时以前的降雨主要由季风气流引发，强降水范围有限，之后由于孟加拉湾低压北移登陆及冷空气侵入，8日08时至9日08时降水急剧增强，云南省县级气象观测站出现1站大暴雨，18站暴雨，50站大雨，41站中雨，15站小雨；乡镇自动雨量站统计，全省出现23站大暴雨(最大雨量为镇沅彝族哈尼族拉祜族自治县(简称“镇沅县”)和平站177.6 mm)、473站暴雨、1121站大雨、847站中雨、447站小雨，暴雨区主要出现在冷暖气流交汇的滇中及以西以南地区。

暴雨过程期间，伴有短时强降水和大范围雷暴天气，中尺度特征明显。其中8日08—20时，强对流天气以雷暴为主(图2.54a)，20时后强对流天气以短时强降水为主，滇中以西以南地区出现了大范围的短时强降水天气(图2.54b)。

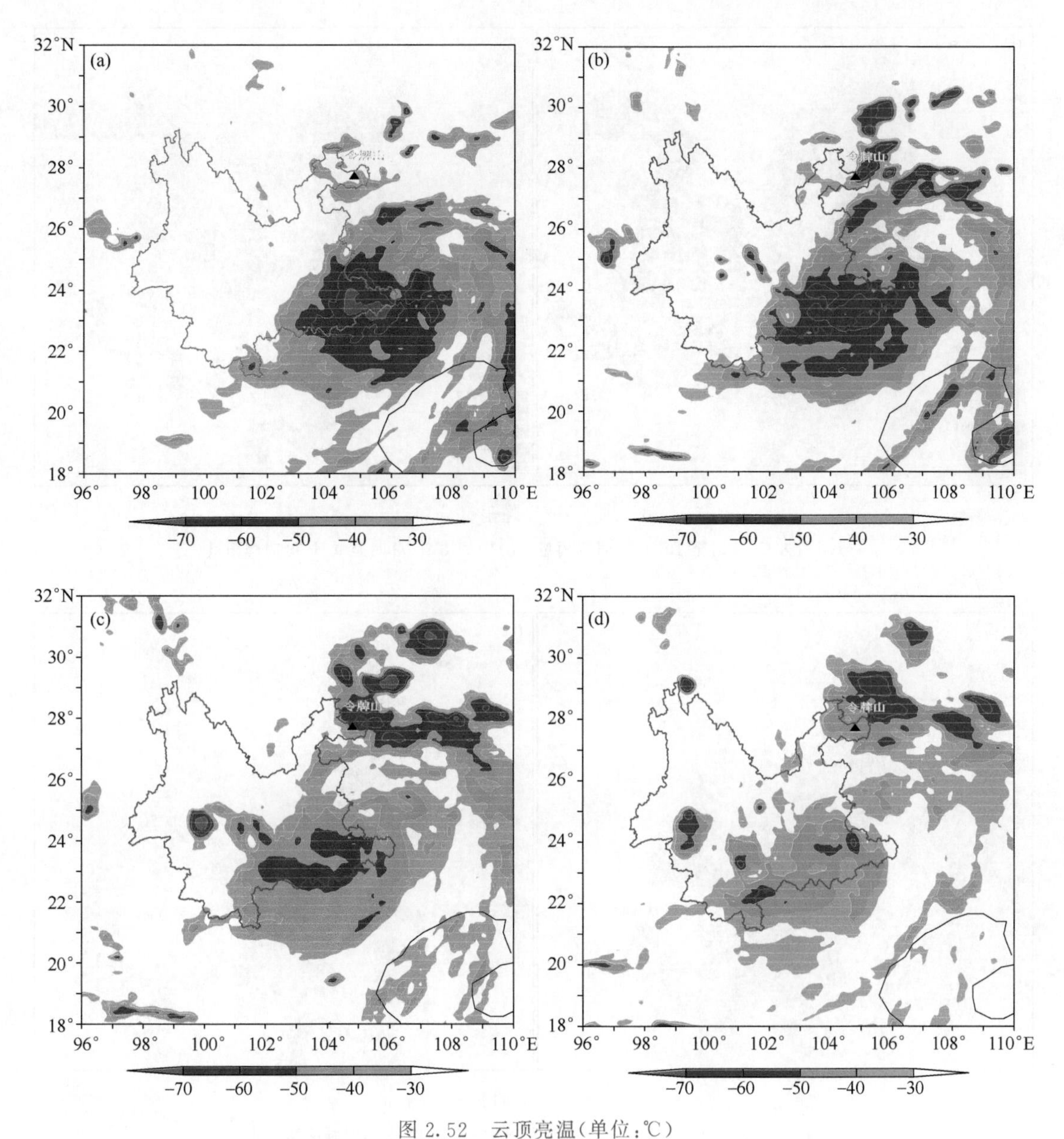

图 2.52　云顶亮温(单位:℃)

(a)8 月 24 日 14 时;(b)8 月 24 日 16 时;(c)8 月 24 日 18 时;(d)8 月 24 日 20 时

(2)天气形势分析

2015 年 10 月 5 日 08 时,在孟加拉湾中部(16.1°N,90.5°E)有一热带低压生成,随后以 15～20 km·h^{-1} 的速度向偏北方向移动,边移动边加强,过了 20°N 后移动方向逐步调整为东北向,直到 8 日 20 时在孟加拉国吉大港附近登陆。此孟加拉湾低压在孟加拉湾洋面上空活动过程中,其中心附近风速始终未超过 17 m·s^{-1}。该孟加拉湾低压登陆后继续向东北方向移动,强度减弱,低压环流维持了近 12 h,于 9 日 08 时环流解体并入西风槽。

8 日 08 时的 500 hPa 形势图上,内蒙古中东部到我国四川北部有一低槽,温度槽落后于高度槽,青藏高原东部为槽后脊前西北气流并有 −14℃的冷平流区,高空槽北段快速东移,南段由于副热带高压(简称“副高”)阻挡而移速缓慢,到 20 时移到四川南部(图 2.55a),9 日 08 时

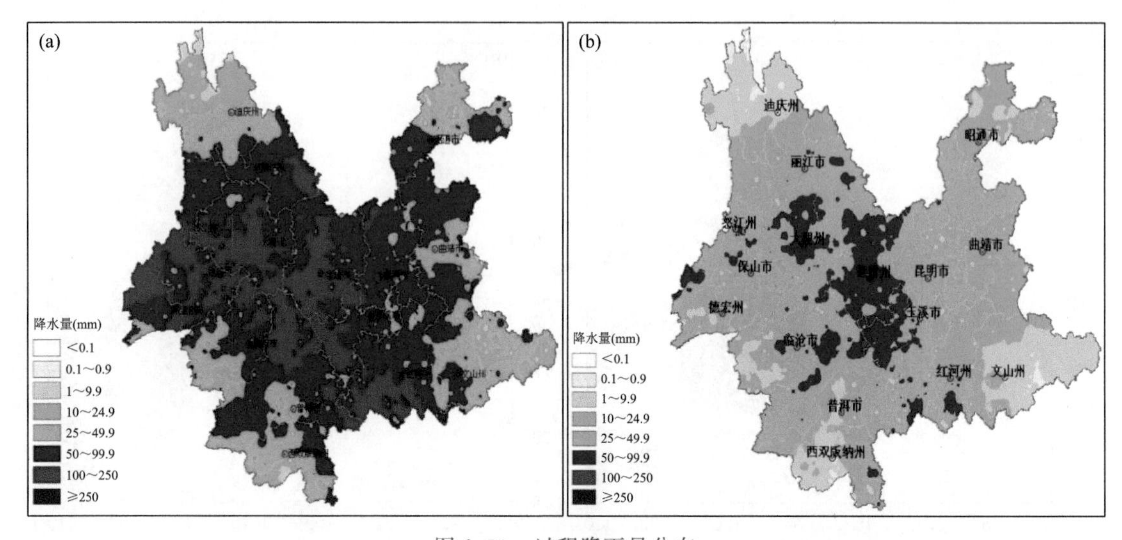

图 2.53 过程降雨量分布

(a)10 月 8 日 08 时至 10 日 08 时降雨量；(b)10 月 8 日 08 时至 9 日 08 时降雨量

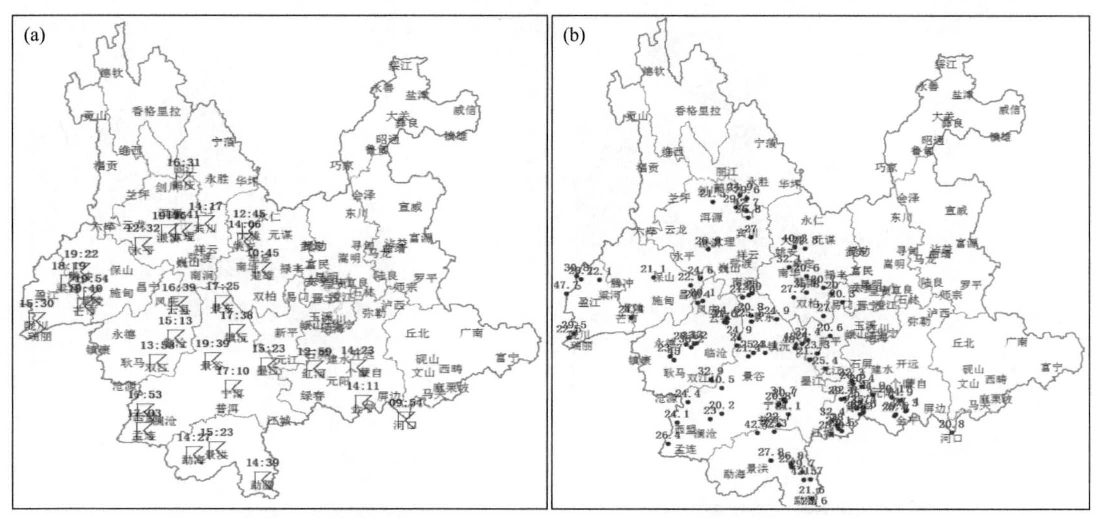

图 2.54 雷电和短时强降水分布

(a)8 日 08—20 时雷暴分布；(b)8 日 08 时—9 日 08 时短时强降水分布

移到川滇交界，这种形势有利于引导中低层冷空气南下。700 hPa 上，8 日 08 时川滇之间有一条西北—东南向切变线位于云南东北部，切变线后方盘踞 316～319 dagpm 的强冷高压，有利于推动切变线南压，并于 20 时切变线移到滇中(图 2.55b)。由于冷高压势力强大，切变线继续向西南方向移动，于 9 日 08 时越过哀牢山，影响到滇西南地区。此时切变线两侧有 4～8 ℃的温差，可见切变线仍维持较强势力。地面冷锋 8 日 08 时位于滇中东部，14 时移到滇中西部，17 时影响到哀牢山沿线，之后向西翻越哀牢山，9 日 08 时全面影响滇西南(图 2.55c)。

从过程期间的关键影响系统分析可以看出，在 500 hPa 青藏高原东部西北气流引导下，地面冷锋及 700 hPa 切变线南下影响云南，正好和登陆的孟加拉湾低压相遇，强冷空气和西南暖湿气流相互作用造成此次云南暴雨天气过程，强降水落区与 700 hPa 切变线和冷锋走向一致。此次暴雨过程中冷空气越过哀牢山，影响面积大、持续时间长，因而降水强度大、空间分布广。

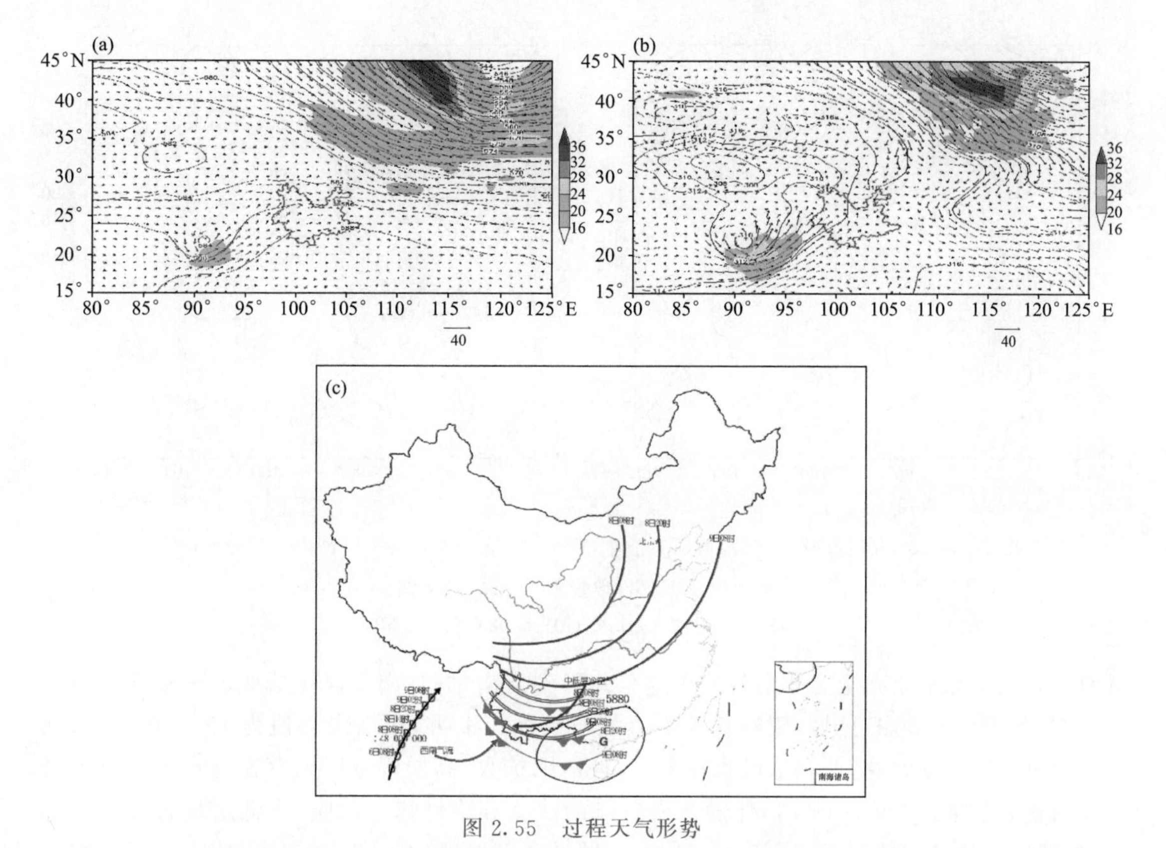

图 2.55 过程天气形势

(a)8日20时的500 hPa形势;(b)8日20时的700 hPa形势;(c)过程影响系统综合配置图

(3)物理量诊断分析

在水汽条件方面,由于孟加拉湾低压东部西南气流的水汽输送,云南水汽条件明显增加,10月8日08时云南区域的700 hPa上比湿达8～11 g·kg^{-1},850 hPa比湿高达13～17 g·kg^{-1},已经具备强降水的必要水汽条件。由于云南属于高原地区,对流层700 hPa水汽输送及辐合在降水机制上起着重要作用,通过计算水汽通量矢量和水汽通量散度分析发现,水汽通量矢量清楚地反映出水汽输送主要来自孟加拉湾低压东部的西南气流。从水汽通量散度时间演变看,8日08时切变线还没有大举南下,700 hPa上云南区域的水汽辐合很弱,只有-5×10^{-8}～-10×10^{-8} g· hPa^{-1}·cm^{-2}·s^{-1}的水汽辐合,随着下午切变线南下,水汽辐合在切变线附近明显增强,至20时暴雨及短时强降水逐渐发展(图2.56a),水汽通量散度快速增强至-30×10^{-8} g·hPa^{-1}·cm^{-2}·s^{-1}。综合看来,8日白天水汽辐合不算强,700 hPa西南气流达不到急流强度,这是10月8日白天以一般性对流降水及雷暴天气为主而短时强降水少的原因。

10月8日20时以后,随着700 hPa切变线加强南下,水汽辐合不断增强,同时随着孟加拉湾低压登陆后继续朝东北方向移动,其东南部的西南急流也随之移向云南。9日02时西南急流覆盖云南西南部,在切变线附近水汽通量散度猛增至-70×10^{-8} g·hPa^{-1}·cm^{-2}·s^{-1}(图2.56b),实况显示这期间暴雨全面发展,短时强降水明显增多。可见,伴随着西南低空急流建立,水汽输送猛增,水汽强辐合区与切变线密切相关,暴雨就发生在水汽通量散度辐合区内。

在垂直上升条件方面,10月上旬正值南亚高压季节性东退南移的过渡时期,10月8日08

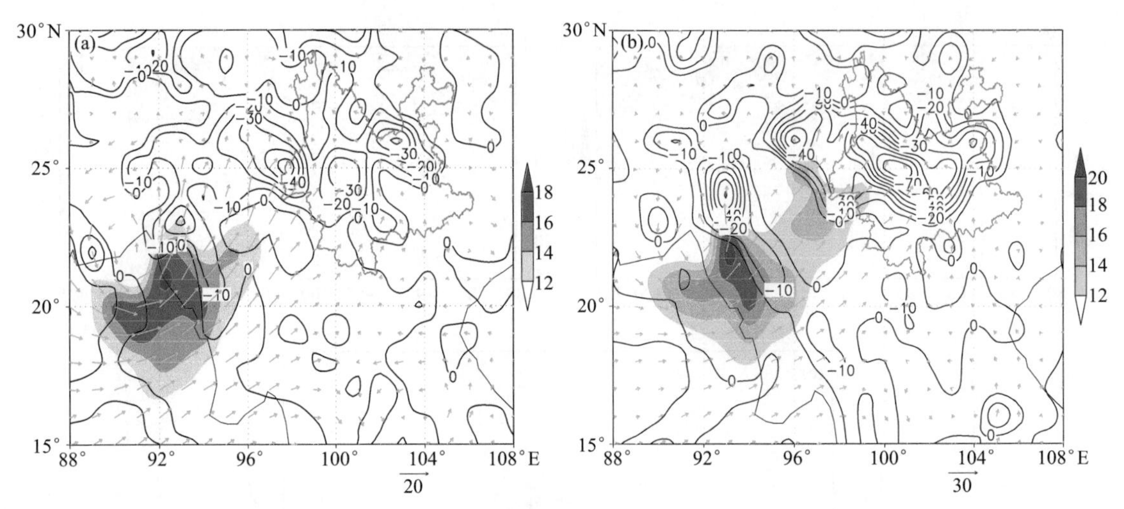

图 2.56 水汽通量(箭头)、水汽通量散度(等值线,单位:10^{-8} g·hPa^{-1}·s^{-1}·cm^{-2})及全风速(阴影,单位:m·s^{-1})合成图

(a)8 日 20 时的 700 hPa;(b)9 日 02 时的 700 hPa

时的 200 hPa 上南亚高压主体南落到印度东北部到云南之间,南亚高压形成的强辐散区位于 20°—28°N,90°—100°E 区域,正好叠置于孟加拉湾低压上方,辐散中心值为 25×10^{-6} s^{-1},随着孟加拉湾低压东北移,此辐散区也在东移,且范围扩大,高层辐散区的存在有利于垂直上升运动的建立和维持。9 日 02 时,伴随西南急流的建立和冷锋切变影响,中低层辐合进一步加强,强度达-20×10^{-6} s^{-1}～-60×10^{-6} s^{-1},暴雨全面发展(图 2.57a)。可见,南亚高压与孟加拉湾低压及冷锋切变高低层的有利配置,形成高层辐散低层辐合的结构,这种正反馈机制极有利于上升运动发展加强。从垂直流场可以看出,随着孟加拉湾低压与冷锋切变逐步结合,在云南暴雨区出现一致的上升气流,上升气流大值区集中在 500 hPa 以下,中心在 700 hPa 附近,垂直速度量值高达-150×10^{-3} hPa·s^{-1}(图 2.57b)。可见,强烈的上升运动为暴雨的发生发展提供了有利的动力条件,极有利于触发中尺度对流系统发生发展,实况显示暴雨区多个 MCS 发展。

在不稳定能量方面,尽管 8 日白天的雷暴天气释放了大量对流不稳定能量,大气垂直对流稳定度有所减弱,却存在对称不稳定层结。对称不稳定是大气在垂直方向上对流稳定和水平方向惯性稳定的情况下,作倾斜上升运动仍然可能发生的一种不稳定,潮湿大气中的对称不稳定,称为条件性对称不稳定(CSI)。由湿位涡理论可知,湿位涡 MPV<0 是大气发生 CSI 的充要条件,MPV 在等压面上的水平分布状况可以反映出 CSI 的区域和强弱。8 日 20 时西南急流进入云南,冷锋切变移到暴雨区,强降水明显加强。分析发现条件性对称不稳定得到发展,云南暴雨区上空有一带状 MPV 负值区发展,并对应负的大值中心(图 2.58a)。到了 9 日 02 时,MPV 负值区在垂直方向扩展,MPV 负值区分布在冷锋及切变线附近(图 2.58b)。孟加拉湾低压暖湿气流在移上云南高原地区的过程中作倾斜上升运动,受冷锋切变线抬升,CSI 不稳定能量得到释放,促使倾斜对流发生发展,CSI 是这次暴雨发生发展的一种重要机制,MPV 的负值区与暴雨区具有较好的对应关系。

(4)对流云团演变情况

在有利的天气环境条件下,强对流天气由中尺度天气系统造成。在业务实践中发现孟加

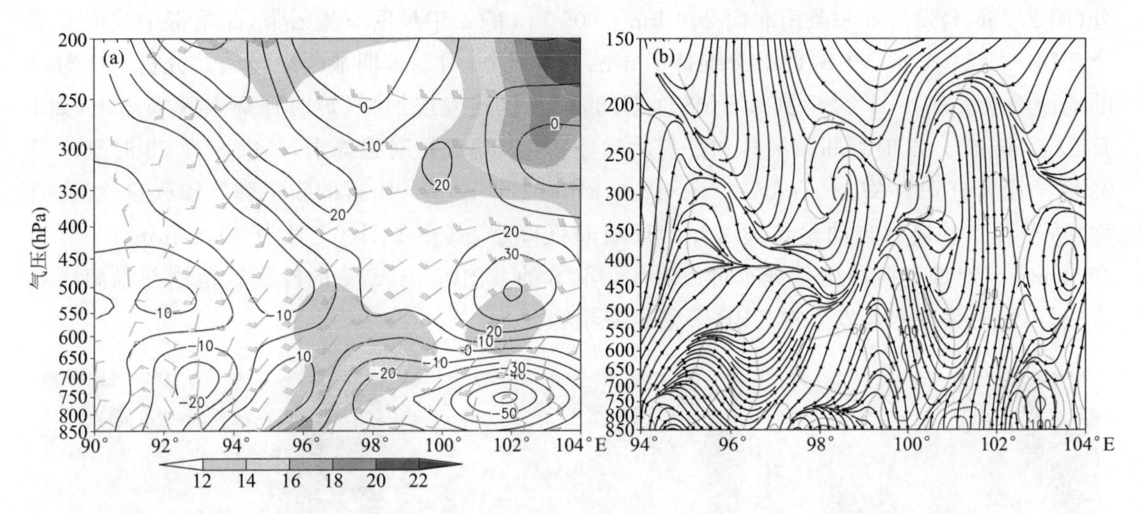

图 2.57　9 日 02 时沿 24°N 过暴雨区纬向垂直剖面合成图

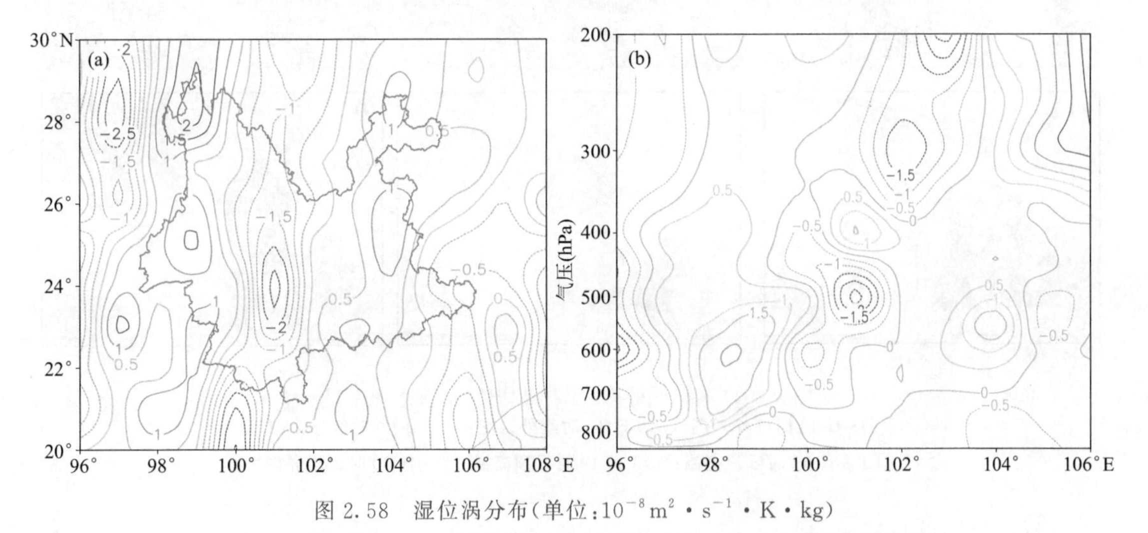

图 2.58　湿位涡分布(单位：10^{-8} m^2 · s^{-1} · K · kg)

(a)8 日 20 时的 500 hPa 湿位涡；(b)9 日 02 时沿 24°N 过暴雨区纬向垂直剖面图

拉湾风暴影响云南在其未登陆即可开始，往往随着孟加拉湾低压主体在孟加拉湾上空旋转，其外围的中尺度对流云带或云团卷出就会影响云南，当其登陆后是影响最强时期。在此次过程中，8 日上午随着孟加拉湾低压向东北方移动，主体云系顺时针旋转并朝东北方向移动，外围云团单体卷出后移向云南，午后孟加拉湾低压云系获得日照增温迅猛发展，20 时 30 分发展到最强，中心附近低于－80 ℃的面积约 3.2×10^4 km^2。午后至傍晚期间有大量对流单体从孟加拉湾低压外围卷出，散布在云南中西部，随后对流单体逐步发展，期间还伴随着对流单体的合并，TBB≤－32 ℃的冷云罩面积不断扩大，逐步发展成多个 β 中尺度的 MCS，这一时期云团最低云顶亮温尚未低于－52 ℃(图 2.59a、b、d、e)。此期间出现了对流性降水，小时雨量不大，但 TBB≤－32 ℃的冷云罩区域普遍出现了雷暴天气，以负地闪为主，逐小时地闪显示负地闪密度不大。

20 时以后，随西南急流增强及冷锋切变西移，在冷锋切变附近的 MCS 逐步合并加强，云顶亮温降低，出现了 TBB≤－52 ℃的冷云区，且 TBB 等值线越来越密集。到了 9 日 00 时 30

分(图 2.59c、f)发展成一条南北向 200 km×800 km 的 α 中尺度对流云带，此雨带中镶嵌着多个 TBB≤－52 ℃的 MCS，此雨带维持了 6 h，到 9 日 06 时后才明显断裂减弱。分析对应时段的地面降水发现，8 日 20 时到 9 日 08 时期间，降水迅速发展加强，短时强降水频繁出现，如 8 日 23 时到 9 日 02 时期间镇沅县和平自动站连续 4 h 出现短时强降水，其中 8 日 23 时至 9 日 02 时降雨量分别为 37.2 mm、48.1 mm、26.8 mm、20.8 mm，附近的新平彝族傣族自治县(简称"新平县")发启站自动站连续 2 h 出现短时强降水，其中 9 日 02 时为 20.1 mm，03 时为 32.4 mm。对照此阶段雨量分布可以看出，MCS 的 TBB≤－52 ℃的冷云区范围与暴雨区对应较好，短时强降水易发生在 TBB 等值线密集区。

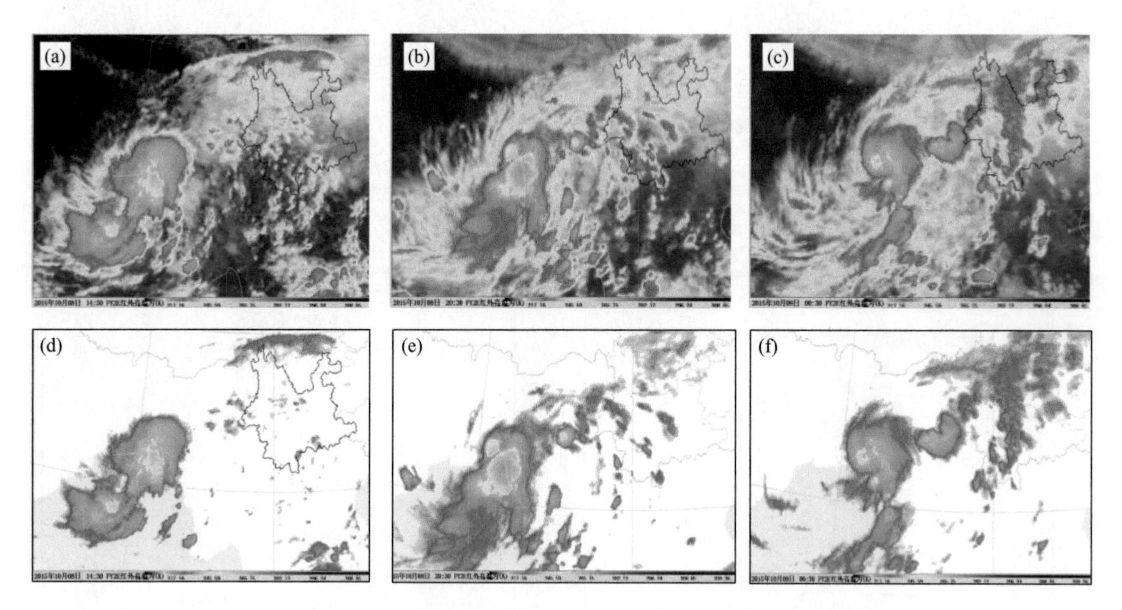

图 2.59　FY-2E 红外云图和 TBB≤－32 ℃分布图

(a)8 日 14 时红外云图；(b)8 日 19 时红外云图；(c)9 日 00 时红外云图；
(d)8 日 14 时云顶亮温；(e)8 日 19 时云顶亮温；(f)9 日 00 时云顶亮温

(5)雷达回波特征

分析云南多普勒天气雷达反射率因子拼图资料及单部雷达体扫资料看出，8 日上午云南境内回波较少，午后到傍晚云南中西部回波增多，多呈分散对流单体形式，强回波强度 25～40 dBz，速度图上零速度线杂乱不规则，径向速度普遍较小，多小于 10 m·s^{-1}，但显示出气旋式辐合形势，回波会不断发展，与强回波对应的回波顶高在 9～10 km，并有少量地闪出现。没有形成密集团状紧密结构，这是较少出现短时强降水的原因之一(图 2.60a、图 2.60b)。8 日下午，在伴随对流性降水的同时，出现了大片雷暴天气，但降水强度不算大，小时雨量一般在 5 mm 以内。到了 20 时，随孟加拉湾低压北上登陆，其前方的低空急流进入云南，德宏雷达站最先观测到偏南风急流(图 2.61a)，同时随着冷锋切变西移，回波进入快速发展期，最终形成大范围的积层混合型回波(图 2.60c)，强回波强度 30～40 dBz，与白天强回波不同的是，强回波顶高明显降低到 9 km 以下，地闪活动显著减少，这是没有出现雷暴而以强降水为主的重要原因。

限于云南多普勒雷达观测仍存在大量盲区，下面以昆明雷达观测资料重点分析滇中的暴雨区，进一步认识其间活动的中尺度系统。分析发现，随 20 时后孟加拉湾低压前方的低空急流不断深入云南并与冷锋切变相互作用，滇中西南部回波发展，先后出现强降水，径向速度场

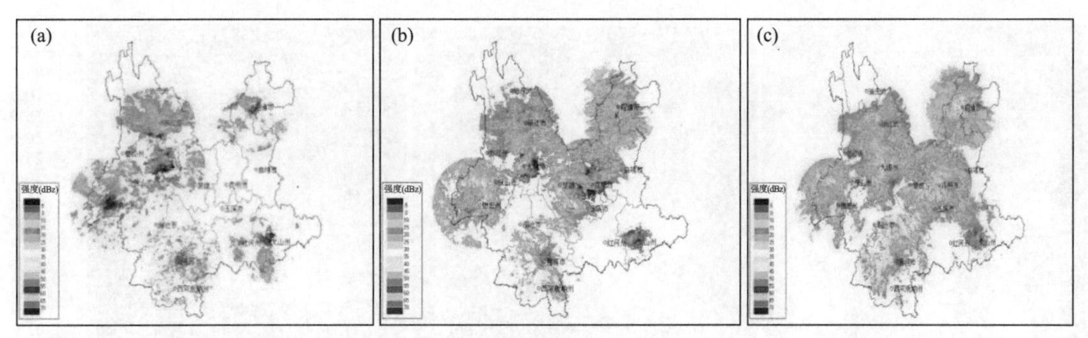

图 2.60　雷达组合反射率因子拼图

(a)8 日 14 时;(b)8 日 20 时;(c)9 日 00 时

演变显示出环境风场近地层在锋面附近出现偏东风急流,风速随高度增加而增强,在 2 km 高度出现西南风急流,可见环境风场存在强的垂直风切变,中高层有明显的暖湿平流输送,有利于对流回波发展。暴雨区出现大片负速度大值区,负速度在低仰角就出现大于 12 $m \cdot s^{-1}$ 的大风区,抬高仰角大风区呈更强势态(图 2.61b)。可见入流气流区上升运动强烈,另外零速度线有“S”型走向,表明暖平流加强,对应在负值大风区内回波发展迅速,回波范围增大,在 35～40 dBz 强回波区域对应有中尺度辐合线或逆风区,并伴有短时强降水出现。总体上看,过程期间降水以积层混合型回波为主,层状云回波为对流回波的发展提供了潮湿的环境,除了具有对流特征外,还具有典型的层状云降水特征,零度层亮带明显;最大回波强度一般出现在 3～5 km 高度上,回波结构质心低,强回波多处于 0 ℃层上下,以液态水粒子为主,因而降水效率高,这是此次暴雨过程多短时强降水发生的重要原因(图 2.62)。

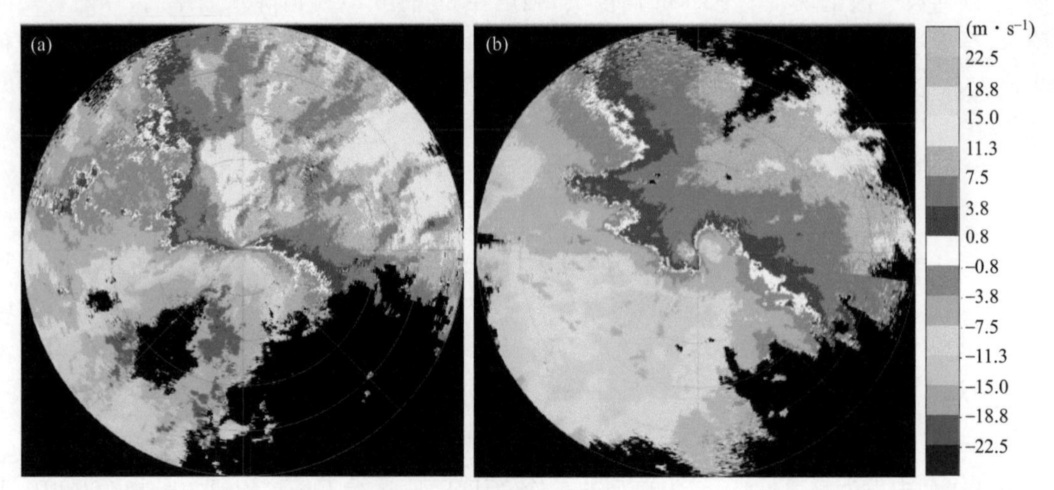

图 2.61　雷达径向速度观测

(a)8 日 20 时德宏雷达 1.5°仰角;(b)9 日 02 时昆明雷达 1.5°仰角

(6)过程分析结论

1)孟加拉湾低压与冷锋切变共同作用是引发此次云南暴雨过程的天气尺度影响系统,强降水主要落区与 700 hPa 切变线和冷锋走向一致。此次暴雨过程切变线与冷锋越过哀牢山,系统维持时间长,期间伴有低空急流影响,降水强度大、持续时间长。

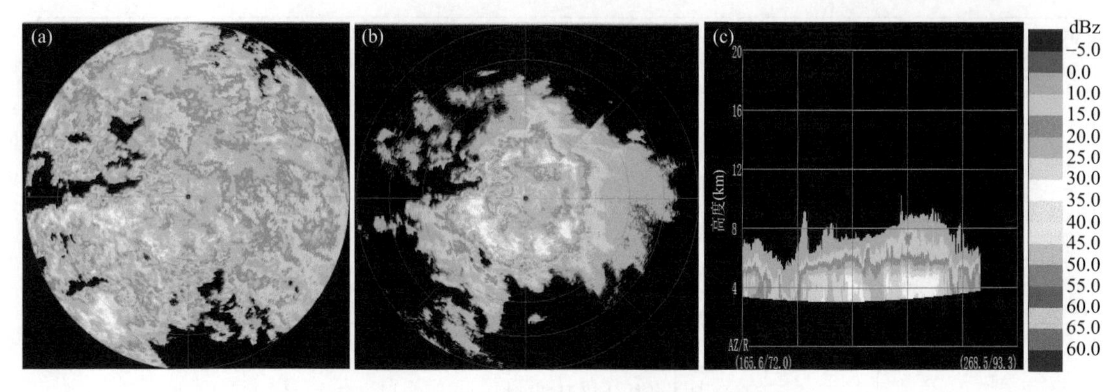

图 2.62 昆明雷达 9 日 02 时反射率因子观测

(a)0.5°仰角；(b)2.4°仰角；(c)垂直剖面图(方位角为 268°)

2)孟加拉湾低压为云南暴雨过程提供了充沛的水汽输送和不稳定能量，南亚高压与中低层冷锋切变及孟加拉湾低压的有利配置，为上升运动发展加强提供了有利背景，暖湿气流爬上云南高原作倾斜上升运动，又受冷锋切变抬升，强烈的条件性对称不稳定能量释放，是这次暴雨过程的有利因素，暴雨区与 700 hPa 水汽辐合区及 MPV 负值区对应较好。

3)卫星云图上孟加拉湾低压外围云系卷出的 MCS 午后进入云南后发展，造成云南午后到傍晚的雷暴天气，但降雨不强；夜间随冷暖气流的强烈交汇，MCS 发展最终被组织成中尺度对流雨带，TBB≤−52 ℃的冷云区范围与暴雨对应较好，暴雨易发生在 TBB 密实区。

4)多普勒雷达显示，孟加拉湾低压与冷锋切变相互作用，降水回波发展迅速，回波面积大，以积层混合型回波为主，在层状云中镶嵌着对流云，回波强度分布在空间上不均匀，零度层亮带明显，强回波一般出现在 3～5 km 高度上，强度在 30～40 dBz，但降水效率高，伴随有短时强降水，导致过程雨量大，其间锋面及反复交替出现的中尺度辐合线、低空急流、逆风区等多种中小尺度系统是本次暴雨过程的重要径向速度场特征。

2.4 典型类别的天气机理总结

从近 30 a 云南境内短时强降水天气过程关键天气系统分类统计可以看出，云南主要的短时强降水天气类型为切变线型(其中冷锋切变线型为主要类型)、两高辐合型、热带低值系统型(西行台风型)，三种类型占了总过程量的 98.3%。因此，这里主要结合天气系统配置、典型个例特征对这三类短时强降水类型进行机理总结。

2.4.1 切变线型

切变线型中发生频率最高、最为典型的是冷锋切变型，这类天气过程通常是指 500 hPa 上青海西部至云南为西北气流控制，有利于引导低层冷空气南下。700 hPa 上在青海至云南北部边缘为中心值为 3120 gpm 左右的高压控制，高压东侧的东北风与西太平洋副热带高压外围的西南风或偏西风在云南中部至贵州中部一线形成东北—西南向的切变线，在切变线的南侧有地面冷锋与其配合。由于西太平洋副热带高压偏南偏弱，而西北部的冷高压较强，于是在 700 hPa 切变线南北两侧的高度场形成了北高南低的形势，这样的天气形势将促使切变线和地面冷锋自北向南影响云南大部分地区(图 2.63)。

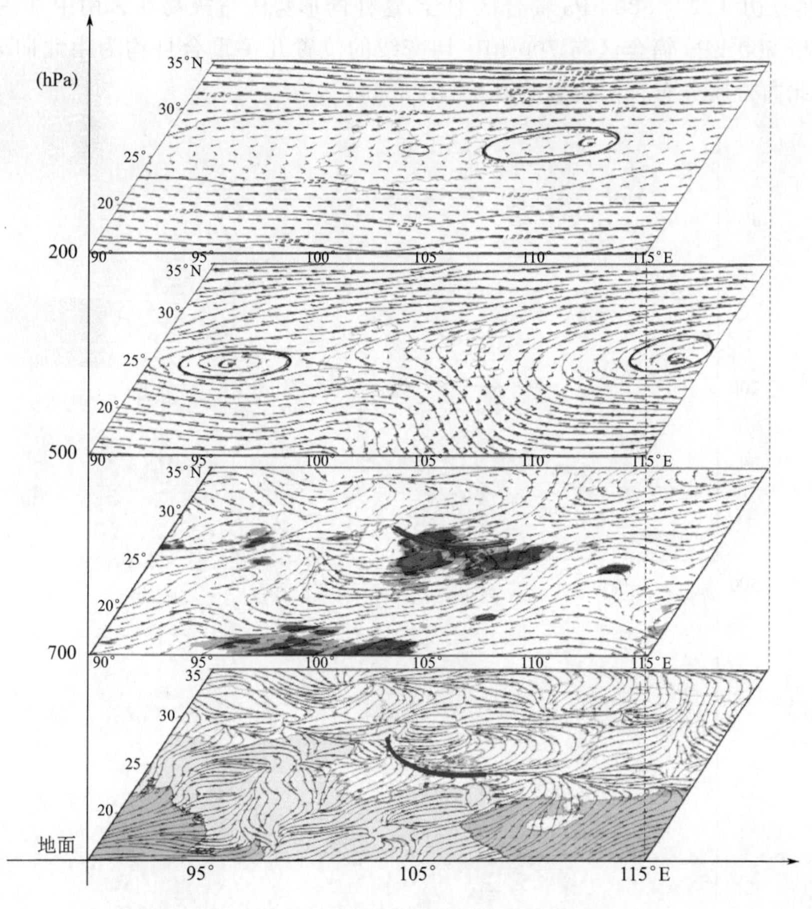

图 2.63　切变线型关键天气系统配置图

700 hPa 切变线和地面锋面是此类过程的关键影响系统，切变线一方面为短时强降水天气提供必要的水汽输送（水汽源地主要是孟加拉湾）。另一方面提供了中低层水汽辐合及对流抬升运动的维持机制，地面锋面（当冷暖气团势力相当时，锋面可能演变为辐合线）则为低层对流抬升运动提供了触发机制。短时强降水天气主要出现在切变线南侧至锋面附近的带状区域，并且短时强降水的落区随着关键天气系统的移动发生变化。

切变云系上中尺度对流云团的发展才是导致短时强降水的关键因素，短时强降水主要出现在对流云团中云顶亮温小于－50 ℃的区域，两者之间有较好的对应关系。对流云团的空间尺度和持续时间对短时强降水的分布区域和规模也有较好的指示意义，如果切变线附近的对流云团发展最为旺盛，空间尺度大、持续时间长（如 MCC），则对应时段的短时强降水分布范围广、频次多，相应地如果对流云团明显减弱，则短时强降水的规模减小、强度也明显减弱。

2.4.2　两高辐合型

两高辐合型中最典型的是准南北向的两高辐合型，一般指 500 hPa 上西太平洋副热带高压西脊点位置偏北偏西，并控制江南、华南及西南地区东部，5840 gpm 线位于云南东部。另外在我国西藏东南部至缅甸北部有一中心为 5840 gpm 以上的高压系统，此高压东侧的偏北气流与西太平洋副热带高压外围的偏南气流在云南中部一线形成一条准南北向的辐合区。

700 hPa 上面有切变线与500 hPa 辐合区配合，这样的形势配置极易在云南中部造成短时强降水天气。由于500 hPa 辐合区与700 hPa 切变线的位置几乎重合且均为南北向分布，强降水落区也呈南北向带状分布且雨带较为狭窄(图 2.64)。

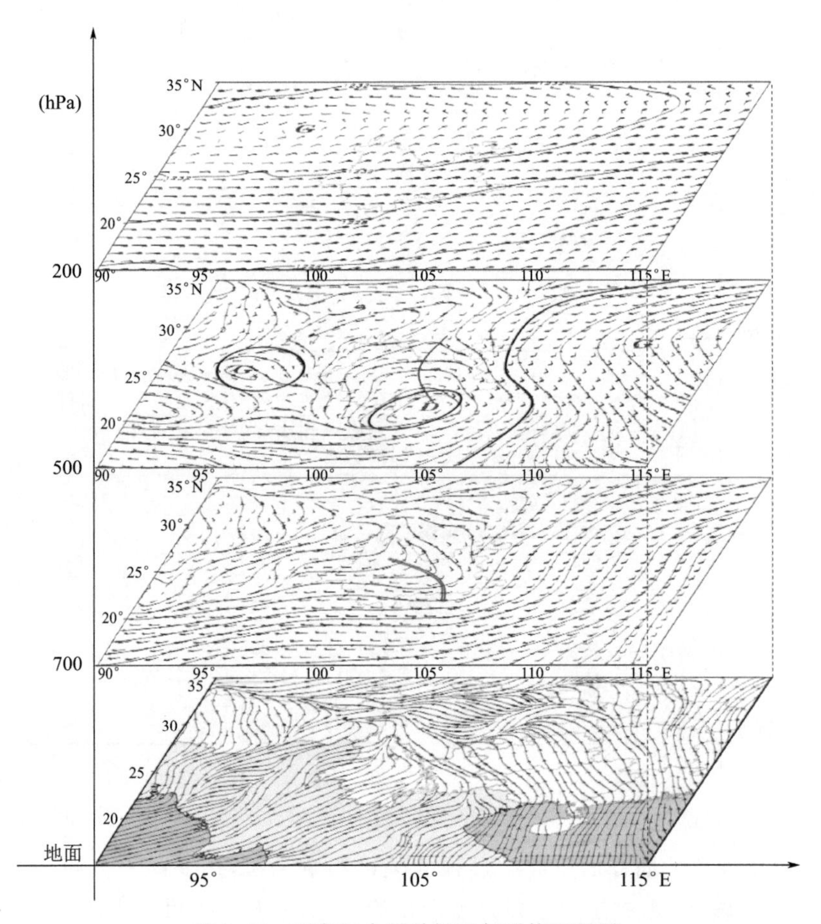

图 2.64　两高辐合型关键天气系统配置图

500 hPa 辐合区与700 hPa 切变线是此类过程的关键影响系统，共同提供了中低层水汽辐合及对流抬升运动的维持机制，如果地面有辐合线配合则过程降水强度更强。此类过程水汽湿层比较深厚，500 hPa 辐合区及其东侧高压外围的西南气流承担过程的水汽输送，水汽一部分来自孟加拉湾，一部分来自南海。

同样，这类过程在卫星云图上也会有明显的中尺度对流云团配合，对流云团的空间尺度和持续时间对短时强降水的分布区域和规模也有较好的指示意义，如果500 hPa 辐合区与700 hPa 切变线越接近，则辐合区内的对流云团发展越旺盛，短时强降水落区越集中、降水强度越大。

2.4.3　热带低值系统型

热带低值系统型中最典型的是由西行台风减弱后的热带低压引起的短时强降水天气，这种类型一般指500 hPa 的西太平洋副热带高压势力偏强且带状分布明显，西脊点到了105°E 甚至更加偏西的位置，在西太平洋上发展壮大的热带低压在副热带高压南侧偏东气流的引导下从南海经广东、广西一路西行到达云南境内。此类过程影响系统深厚，500 hPa 以下的低压都有明显反映，其中700 hPa的环流形势与500 hPa基本一致。由于系统空间尺度较大、生命史长，因此，影响范围广、持续时间较长，随着低压中心西移自西向东影响，短时强降水会在低压移入云南前开始出现一直持续到低压减弱消失。短时强降水的发生时间主要分为两个阶段：第一阶段是热带低压进入云南前，低压外围偏东气流西扩后与原有系统之间形成辐合区，在地形抬升共同作用下出现短时强降水，这类天气持续时间短但对流特征明显，雷达上常常伴有飑线等强对流特征。第二阶段是热带低压进入云南后，强度逐渐减弱并由对称结构发展为非对称结构，在低压中心北部形成倒槽，自东向西影响云南，在低压中心及倒槽附近出现短时强降水天气(图2.65)。

500 hPa低压中心、倒槽及其西侧辐合区是此类过程的关键影响系统，700 hPa同位相辐合区的存在进一步提供了垂直上升运动的发展和维持机制。此类过程的水汽主要来自南海，热带低压西侧偏东或东南气流源源不断向云南输送和补充水汽，有利于短时强降水的发生和长时间维持。

西行台风减弱后的热带低压引起的短时强降水天气过程持续时间长、影响范围广，但短时强降水天气的时空分布极不均匀。过程期间，垂直上升运动物理量的特征对各地区降雨持续时间、强度有很好的指示性，卫星云图上螺旋云带空间分布及螺旋云带上发展旺盛的中小尺度对流系统与短时强降水天气落区有较好的对应关系。物理量诊断、中小尺度对流云团监测有助于解决台风低压外围暴雨时空分布不均匀性难题。

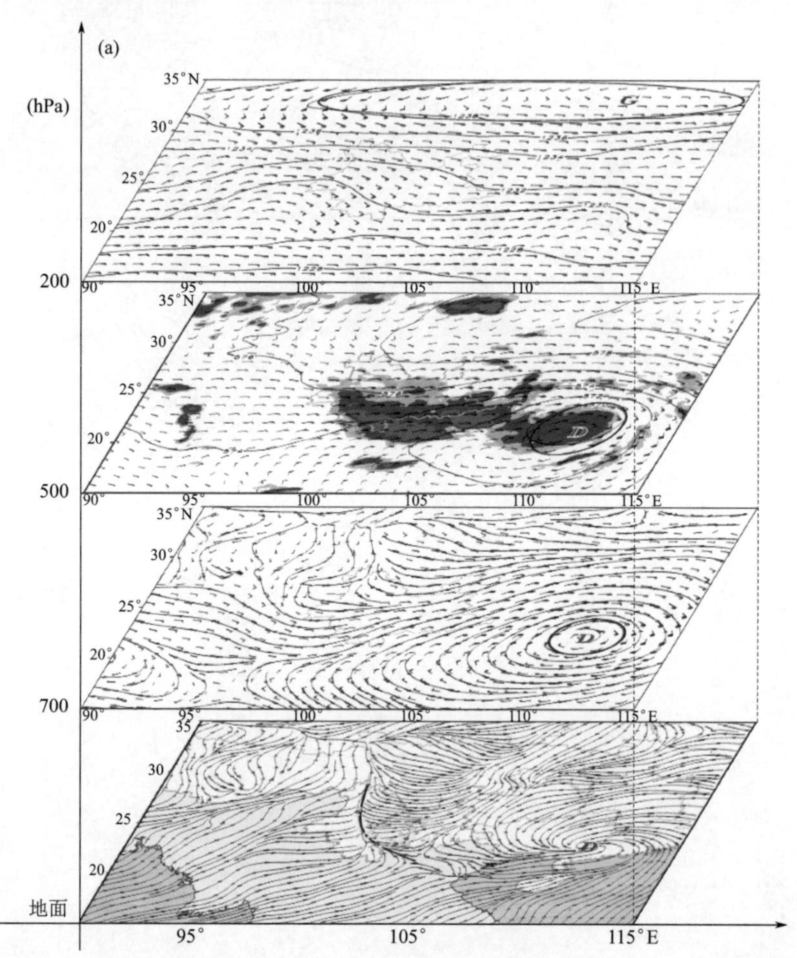

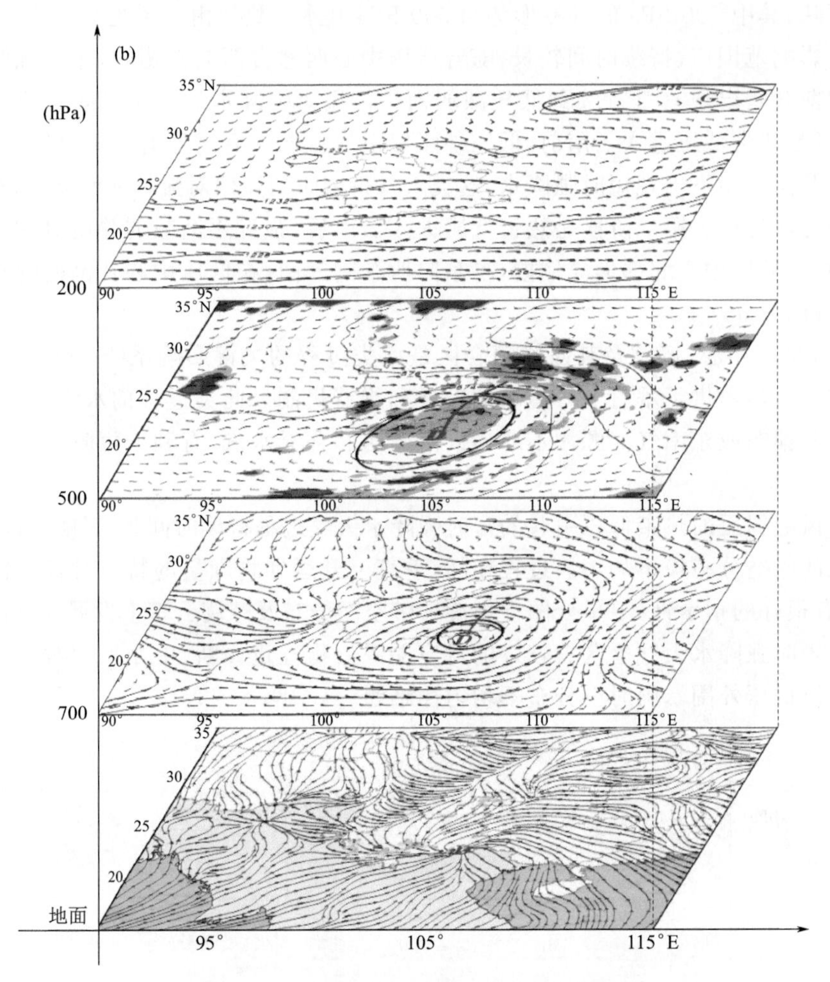

图 2.65 低值系统型关键天气系统配置图

(a)第一阶段;(b)第二阶段

第3章　昆明市短时强降水天气特征及预报指标

3.1　短时强降水天气特征分析

3.1.1　资料和方法

昆明市地处滇中地区，是中国内陆重要旅游城市、云南省建设面向南亚东南亚辐射中心的关键节点，近年来不断遭受短时强降水的侵袭，造成严重的城市内涝等灾害，曾遭受了网友们“到昆明来看海”的调侃，对短时强降水的预报技术研究有着迫切的需求。从第1章短时强降水频次的逐月分布研究中已经得出，滇中地区的短时强降水频次虽然不是全省最多，但是出现时段较为集中，大多数发生在5—10月期间(即雨季)。因此，本节利用1981—2015年昆明站地面逐时观测及短时强降水过程期间的探空、雷达观测资料等深入分析昆明市雨季短时强降水特征并探索短时强降水可能存在的预报指标，为该地区相关灾害的有效防范提供技术支撑。

本节所使用的资料为昆明站1981—2015年地面逐时观测资料、08时和20时次探空资料，物理量统计时选取与短时强降水事件最为接近且时间间隔小于3 h的探空观测时次进行统计。由于昆明雷达观测建设较晚、资料存储不规范等原因，短时强降水天气个例中雷达特征分析使用了2005—2015年期间昆明雷达站观测资料，雷达站天线海拔高度为2.515 km。对于少量观测资料缺测的个例则进行剔除，不参与雷达回波特征统计。

3.1.2　短时强降水频次时间分布特征

在1981—2015年雨季期间，昆明共计出现短时强降水113次。从短时强降水频次的逐月分布看，昆明在5月、9月、10月出现短时强降水次数较少，分别为6次、12次和2次。短时强降水主要出现在6月、7月和8月，这三个月出现的频次占全部事件的82.3%，其中在8月出现了40次，占全部次数的35.4%，达到了全年的峰值，其次是6月，共出现29次，占全部次数的25.7%。从年平均降雨量逐月分布看，则是在7月达到峰值，占雨季总降水量的23.2%；6月、8月次之，分别占雨季总降雨量的20.5%、22.7%。可见，短时强降水事件的逐月分布规律与降水量的逐月分布有着明显的差异(图3.1a)。

从短时强降水频次的逐时分布看，06—18时为短时强降水低谷期，其中06时、09时、11时、12时、16时出现的次数特别少。19时至次日05时为短时强降水高发期，峰值出现在02时。昆明的短时强降水日变化特征明显，与降水量逐时分布规律有一定相似性。但在具体时段上存在明显的差异，短时强降水在傍晚至前半夜发生的特征更为明显、峰值更加突出(图3.1b)。

3.1.3　关键影响系统及形势配置

按照第2章的分类统计方法，昆明市短时强降水大多数均为切变线型，在113次短时强降水过程中，有79次属于切变线型，占总数的60.2%，另外还有少量两高辐合型。对于有限区

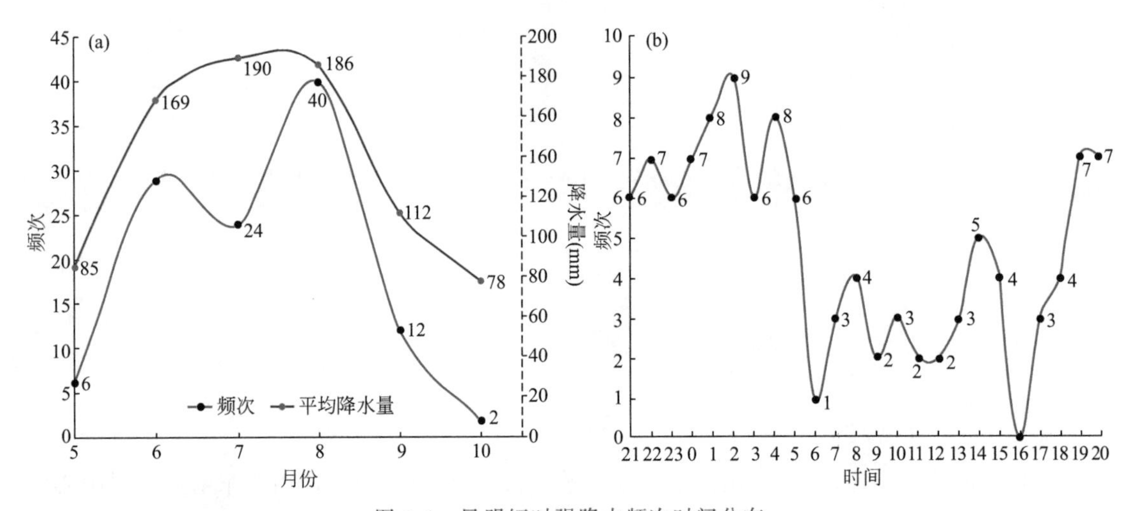

图 3.1 昆明短时强降水频次时间分布

(a)短时强降水频次和年平均降雨量逐月分布;(b)短时强降水频次逐时分布

域,这样的分类稍显粗糙,因此,本研究根据短时强降水天气过程中 500 hPa、700 hPa 和地面系统的差异及配置关系,将第 2 章定义的切变线型细分为低槽切变型、冷锋切变型、低涡切变型进行昆明市短时强降水天气特征分析。

从昆明市短时强降水过程的不同层次主要影响天气系统来看,500 hPa 上的影响系统主要有西风槽和两高压间的辐合区(简称"两高辐合"),在 113 次短时强降水过程中出现西风槽 23 次、两高辐合 16 次,除少量个例中昆明附近区域为热带低压北侧的偏东气流外,其余大部分个例均为西偏北气流控制。700 hPa 上的影响系统主要有切变线和低涡,在所有短时强降水过程中出现切变线 97 次,出现低涡 19 次,而且所有低涡系统过程均有切变线配合,其余少量个例为副热带高压外围西南气流控制,影响系统不明显。地面上,共计出现地面辐合线(含锋面)98 次,占全部过程的 86.7%,出现地面低压 6 次,其余少量个例天气尺度的影响系统不明显。综合分析昆明短时强降水天气个例中 500 hPa、700 hPa 和地面的影响系统及相互配置,发现非常典型的天气形势背景有如下四种:低槽切变型、两高辐合型、冷锋切变型、低涡切变型,在这几种天气形势影响下,更有利于短时强降水天气的出现(表 3.1)。

表 3.1 昆明站短时强降水主要影响天气系统分类统计

影响系统及典型类别	500 hPa 西风槽	500 hPa 两高辐合	700 hPa 切变线	700 hPa 低涡	地面辐合线	低槽切变型	两高辐合型	冷锋切变型	低涡切变型
出现次数	23	16	97	19	98	23	16	37	19

低槽切变型是指 500 hPa 有西风槽在低纬度地区自西向东传播并影响云南中部及以北地区,西太平洋副热带高压西脊点位置偏西、势力偏强,5880 gpm 线位于云南南部,非常有利于孟加拉湾水汽沿着西太平洋副热带高压外围向云南输送。700 hPa 上在贵州北部至云南中部有一条东北—西南向的切变线与西风槽对应并略超前于西风槽,切变线南侧的西南暖湿气流与北侧的西北干冷气流在昆明附近形成风向切变,为强降水天气提供水汽辐合及动力抬升条件。地面上在切变线南侧有准东西向的辐合线,极易触发对流抬升运动造成短时强降水天气。强降水落区主要位于 700 hPa 切变线与地面辐合线之间(图 3.2a)。

两高辐合型是指 500 hPa 上西太平洋副热带高压西脊点位置偏北偏西，并控制江南、华南及西南地区东部，5840 gpm 线位于云南东部。另外，在我国西藏东南部至缅甸北部有一中心为 5840 gpm 以上的高压系统，此高压东侧的偏北气流与西太平洋副热带高压外围的偏南气流在云南中部一线形成一条准南北向的辐合区。700 hPa 上有同样分布的切变线与 500 hPa 辐合区配合，地面上在昆明附近有辐合线活动，这样的形势配置极易在昆明及云南中部造成短时强降水天气。由于 500 hPa 辐合区与 700 hPa 切变线的位置几乎重合且均为南北向分布，强降水落区也呈南北向带状分布且雨带较为狭窄(图 3.2b)。

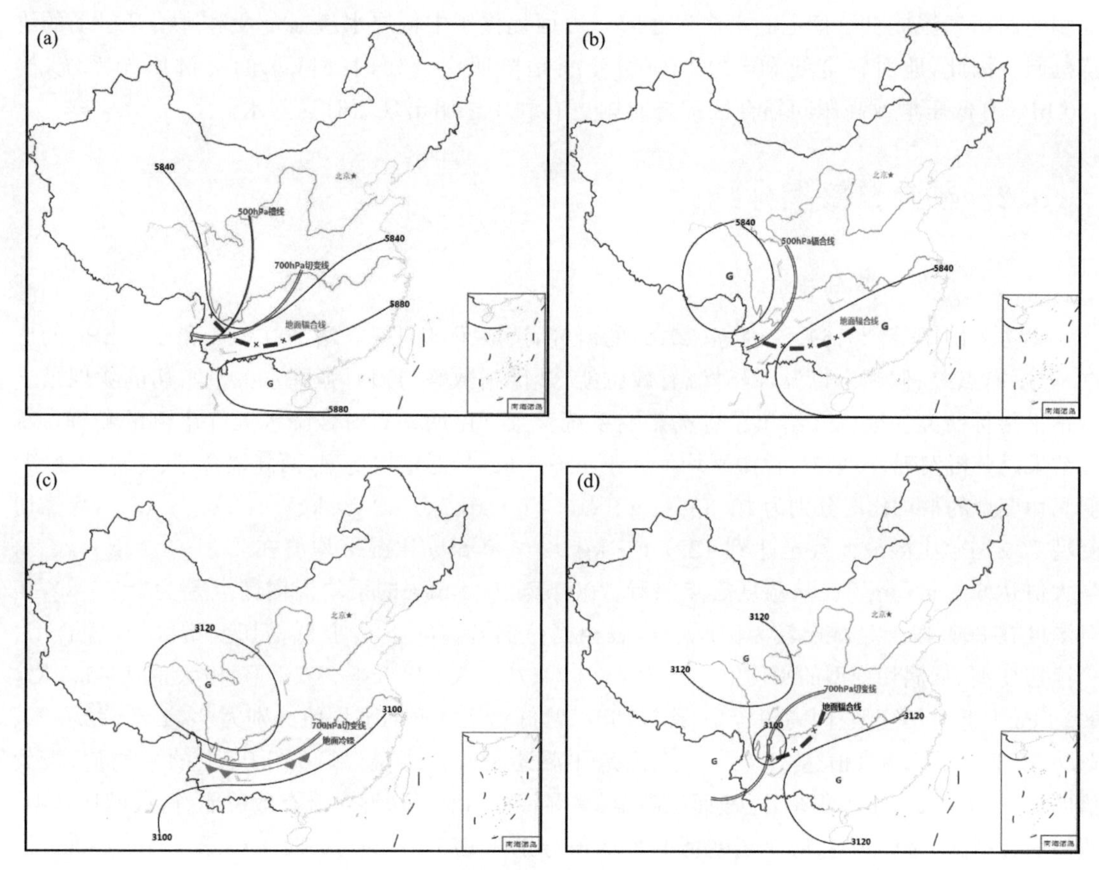

图 3.2 关键天气系统配置图

(a)低槽切变型；(b)两高辐合型；(c)冷锋切变型；(d)低涡切变型

冷锋切变型是指 500 hPa 上青海西部至云南为西北气流控制，有利于引导低层冷空气南下。700 hPa 上在青海至云南北部边缘为中心值为 3120 gpm 左右的高压控制，高压东侧的东北风与西太平洋副热带高压外围的西南风或偏西风在云南中部至贵州中部一线形成东北—西南向的切变线，在切变线的南侧有地面冷锋与其配合。由于西太平洋副热带高压偏南偏弱，而西北部的冷高压较强，于是在 700 hPa 切变线南北两侧的高度场形成了北高南低的形势，这样的天气形势将促使切变线和地面冷锋自北向南影响云南大部分地区。当昆明处于切变线和地面冷锋之间时，受到冷锋和切变线的共同影响，往往出现短时强降水天气(图 3.2c)。

低涡切变型是指 700 hPa 上西太平洋副热带高压西脊点位置偏北偏西，3120 gpm 位于云南东部边缘。在西太平洋副热带高压与大陆高压之间（可能有多个高压中心）形成明显的东北—西南向切变线而且有闭合低压环流配合。由于切变线南北两侧的高度场基本持平，在此类型天气系统配置形势下，系统移动缓慢、降雨持续时间比较长，经常在低涡及切变线附近形成强降雨，当昆明处于低涡切变的东南侧且地面有辐合线配合时便出现明显的短时强降水天气（图 3.2d）。

从关键影响系统及其典型系统配置统计分析可以看出，地面辐合线或锋面为低层对流抬升运动提供了触发机制。700 hPa 切变线一方面为短时强降水提供必要的水汽输送（切变线南侧的西南气流提供了稳定的水汽输送），一方面提供了中低层水汽辐合及对流抬升运动的维持机制。因此，地面辐合线和 700 hPa 切变线是昆明出现短时强降水的关键影响系统，当 500 hPa 有低压槽或高压间辐合区配合时则更有利于昆明出现短时强降水。

3.2 预报预警指标统计

3.2.1 物理量预报指标

参考王団団等（2016）、沈澄等（2016）的研究，选取了昆明探空站 700 hPa 和 500 hPa 的比湿、温度露点差、假相当位温，湿对流有效位能、沙氏指数等与短时强降水关系密切的物理量进行预报指标研究。表 3.2 给出了各类影响系统背景下昆明站短时强降水天气个例的物理量统计结果。分析发现，700 hPa 比湿平均值大于 10 $g \cdot kg^{-1}$，低槽切变型、两高辐合型、冷锋切变型、低涡切变型的平均比湿分别为 10.3 $g \cdot kg^{-1}$、10.7 $g \cdot kg^{-1}$、11.2 $g \cdot kg^{-1}$、11.0 $g \cdot kg^{-1}$，冷锋切变型 700 hPa 比湿最大甚至达到 12.7 $g \cdot kg^{-1}$。500 hPa 比湿平均值在 4.8～5.0 $g \cdot kg^{-1}$，最大值达 6.5 $g \cdot kg^{-1}$。从温度露点差看，700 hPa、500 hPa 的平均温度露点差为 2～3 ℃，相对湿度在 80%以上且湿层较为深厚。从假相当位温看，700 hPa 上低槽切变型、两高辐合型、冷锋切变型、低涡切变型的平均值分别为 73.8 ℃、75.3 ℃、78.3 ℃、77.7 ℃，极大值达 85.2 ℃，500 hPa 上低槽切变型、两高辐合型、冷锋切变型、低涡切变型的平均值分别为 72.1 ℃、72.0 ℃、73.6 ℃、73.1 ℃，极大值达 81.5 ℃。无论是比湿还是假相当位温，700 hPa 上的平均值、极大值明显比 500 hPa 上大很多，近地面层高温、高湿特征明显。从湿对流有效位能看，低槽切变型、两高辐合型、冷锋切变型、低涡切变型的平均值分别为 675 $J \cdot kg^{-1}$、664 $J \cdot kg^{-1}$、809 $J \cdot kg^{-1}$、704 $J \cdot kg^{-1}$，但该物理量的极大值和极小值相差很大，对短时强降水的指示性不明显。从沙氏指数看，低槽切变型、两高辐合型、冷锋切变型、低涡切变型的平均值分别为 0.75、0.09、−0.13、−0.23，冷锋切变型和低涡切变型的极小值达到 −3.00、−3.94，不稳定层结特征明显。

从昆明站短时强降水天气个例的物理量统计特征可以看出，700 hPa 高温高湿且接近饱和、垂直方向上不稳定层结大气分布更有利于短时强降水天气的发生。在有利天气系统影响背景下，700 hPa 比湿、温度露点差、假相当位温（θ_{se}）及沙氏指数对昆明短时强降水天气具有一定的指示意义。当 700 hPa 比湿大于 10.0 $g \cdot kg^{-1}$、温度露点差小于或等于 3 ℃、假相当位温大于或等于 75 ℃、沙氏指数小于 0.1 时，昆明站出现短时强降水天气的可能性较大。低槽切变型、两高辐合型、冷锋切变型、低涡切变型各类影响系统下出现短时强降水的物理量指标相差不大，仅冷锋切变型、低涡切变型的低层湿度略大，沙氏指数略小。

表3.2 昆明站短时强降水天气物理量统计结果

天气形势	量值	700 hPa 比湿($g \cdot kg^{-1}$)	700 hPa 温度露点差(℃)	700 hPa θ_{se}(℃)	500 hPa 比湿($g \cdot kg^{-1}$)	500 hPa 温度露点差(℃)	500 hPa 假相当位温(℃)	湿对流有效位能($J \cdot kg^{-1}$)	沙氏指数
低槽切变型	平均值	10.3	2	73.8	4.8	3	72.1	675	0.75
	最大值	12.6	6	83.9	6.5	8	80.2	2221	3.86
	最小值	7.9	0	65.6	3.2	0	65.6	0	−1.60
两高辐合型	平均值	10.7	2	75.3	4.8	2	72.0	664	0.09
	最大值	11.9	4	81.4	5.9	4	77.2	1352	1.75
	最小值	9.6	0	68.6	4.2	1	69.0	97	−1.43
冷锋切变型	平均值	11.2	3	78.3	5.0	2	73.6	809	−0.13
	最大值	12.7	7	85.2	6.5	6	81.5	2819	5.38
	最小值	9.0	0	67.9	3.9	0	67.9	0	−3.00
低涡切变型	平均值	11.0	3	77.7	5.0	3	73.1	704	−0.23
	最大值	12.6	6	85.2	6.5	5	79.8	1817	3.61
	最小值	8.4	0	61.3	3.6	0	66.8	0	−3.94

3.2.2 雷达预警指标

为了分析昆明站短时强降水天气的雷达特征，对2005年以来发生在昆明的18个短时强降水天气个例的雷达回波反射率因子强度及空间分布、回波顶高度、径向速度进行统计，表3.3给出了具体个例的统计结果。分析表明：当昆明站出现短时强降水天气时，雷达回波反射率因子强度最大值一般在40～45 dBz，大值区中心在4 km左右，低质心特征明显，回波顶高普遍低于8 km，大多数在7 km左右。从雷达回波水平分布来看，大多数个例中降水回波空间尺度较小，以积云、块状为主。对于降水范围较大的个例，比如低槽切变型影响系统下的降水过程，则为层积混合、带状或块状回波。从径向速度特征看，普遍存在中尺度辐合，有少量个例中尺度辐合特征不明显，但存在低空急流或近地层大风速区。

表3.3 昆明站短时强降水天气个例多普勒雷达特征

天气形势	日期 yyyy-mm-dd	时间	降水量(mm)	回波反射率因子最大值(dBz)	回波顶高/大值中心高度(km)	回波水平分布特征	径向速度特征
低槽切变型	2006-06-24	07—08时	27.5	40-45	7/3	层积混合，块状	近地层大风速区
低槽切变型	2006-06-24	08—09时	27.8	40-45	7/4	层积混合，块状	近地层大风速区
低槽切变型	2008-07-02	03—04时	51.3	45-50	7/3	层积混合，块状	低空急流
低槽切变型	2012-07-28	14—15时	29.1	45-50	7/4	层积混合，块状	低空急流
低槽切变型	2015-07-31	23—24时	25.4	40-45	7/4	层积混合，块状	中尺度辐合
两高辐合型	2008-08-13	03—04时	21.2	45-50	6/4	积云，块状	中尺度辐合
两高辐合型	2014-07-29	20—21时	33.2	35-40	7/4	积云，块状	中尺度辐合

续表

天气形势	日期 yyyy-mm-dd	时间	降水量(mm)	回波反射率因子最大值(dBz)	回波顶高/大值中心高度(km)	回波水平分布特征	径向速度特征
两高辐合型	2014-08-26	00—01 时	34.6	45-50	6/3	积云,块状	中尺度辐合
冷锋切变型	2005-06-14	03—04 时	25.3	40-45	7/4	积云为主,带状	中尺度辐合
冷锋切变型	2010-08-16	10—11 时	20.5	30-35	6/4	积云为主,块状	中尺度辐合
冷锋切变型	2010-08-16	11—12 时	25.0	45-50	7/4	积云为主,块状	中尺度辐合、垂直风切变
冷锋切变型	2010-08-16	12—13 时	22.7	40-45	7/3	积云为主,块状	中尺度辐合
冷锋切变型	2012-06-19	13—14 时	28.0	40-45	8/3	积云为主,块状	低空急流
冷锋切变型	2013-08-15	17—18 时	28.3	50-55	8/4	积云为主,块状	中尺度辐合
冷锋切变型	2014-06-09	02—03 时	23.5	35-40	7/4	积云,块状	中尺度辐合
冷锋切变型	2015-07-23	04—05 时	23.5	40-45	8/4	层积混合,带状	中尺度辐合、垂直风切变
低涡切变型	2007-08-26	08—09 时	20.2	35-40	7/4	层积混合,块状	中尺度辐合
低涡切变型	2008-05-28	23—24 时	20.7	40-45	6/4	积云为主,块状	不明显

例如 2013 年 8 月 15 日 17—18 时,昆明站出现了短时强降水,雨量为 28.3 mm,此次过程的主要影响天气系统是地面冷锋和 700 hPa 切变线。图 3.3 给出了短时强降水发生期间的雷达回波和径向速度图。从回波反射率因子图上看,昆明附近出现了明显的块状回波,在 2.4°仰角上回波强度达到 40～45 dBz(图 3.3a),在径向速度图上有明显的中尺度辐合特征(图 3.3b),回波强度大值区和径向速度辐合区与短时强降水落区有较好的对应关系。由于此次过程中强降水的落区较为分散,前期的强降水落区只能宽泛地预报切变线附近区域,借助雷达观测可以有效地弥补精细化预报的不足,提高短时强降水天气的精准预警及服务。

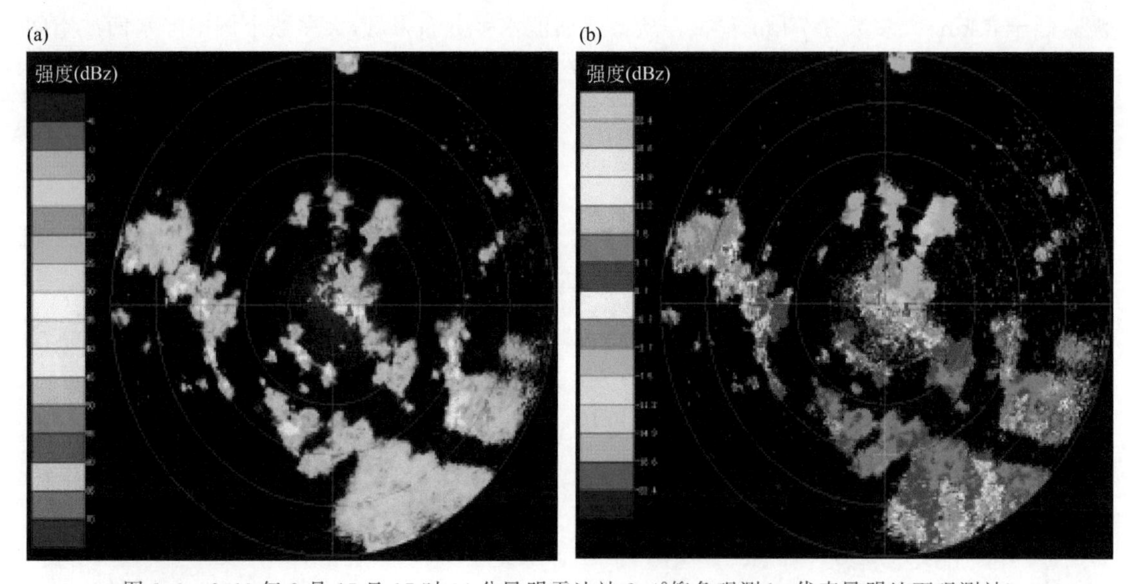

图 3.3 2013 年 8 月 15 日 17 时 34 分昆明雷达站 2.4°仰角观测(▲代表昆明地面观测站)
(a)回波反射率;(b)径向速度

3.3　天气个例分析

3.3.1　一次低涡切变型过程分析

(1)降水实况

2020年7月12日08时至13日08时(北京时,下同),受到低涡切变线的影响,云南中部及南部出现了大到暴雨天气过程,从该时段云南区域自动站24 h雨量分布图(图3.4a)可见,昆明地区普遍出现暴雨和大暴雨,区域内最强降水位于昆明龙翔站,24 h累计雨量高达132.9 mm,昆明观测站24 h累计雨量也达92 mm。从昆明站逐小时雨量时序图(图3.5)可见,强降水主要出现在12日夜间,小时最大雨量发生在12日20时,降水强度达40 mm·h^{-1}。从区域自动站短时强降水分布图(图3.4b)可见,短时强降水的落区与大雨以上量级的区域相对应,因此,本次强降水过程以对流性降水为主。

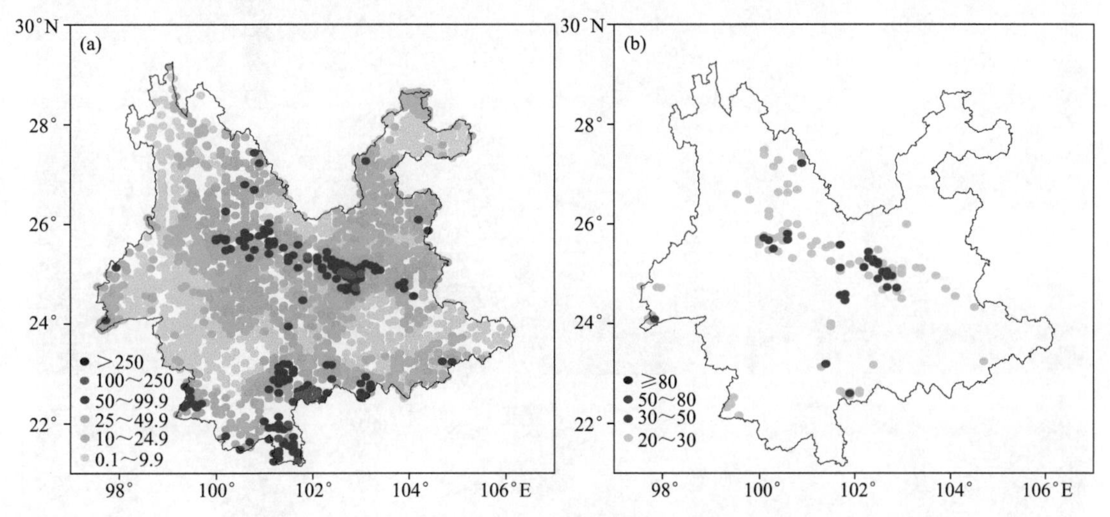

图3.4　2020年7月12日08时—13日08时降雨量和短时强降水分布(单位:mm)

(a)降雨量;(b)短时强降水

(2)卫星云图特征

从FY-2G红外卫星云图(图3.6)可见,昆明地区的强降水由中尺度对流系统引发。7月12日19时,昆明地区就已经形成一α中尺度的对流系统A,其右侧有γ中尺度的对流单体B,位于昆明东部。对流系统A从7月12日19—20时稳定维持在昆明南部(图3.6a、b 、c),12日21时A系统略向西移出昆明,但B单体持续作用于昆明(图3.6d),12日22时之后,对流系统A继续西移,B单体也逐渐减弱消失(图3.6e、f),昆明的降水由对流性降水转为稳定性降水,雨强明显减小(图3.5)。

为了揭示中尺度对流系统和短时强降水的成因,以下部分对本次过程的天气背景、热力机制和动力机制进行分析。

(3)天气背景

从500 hPa高度场和风场的综合图(图3.7)可见,昆明短时强降水发生前后,500 hPa副热带高压稳定维持,云南始终处于副热带高压西侧,其外围气流可向云南输送能量和水汽,滇

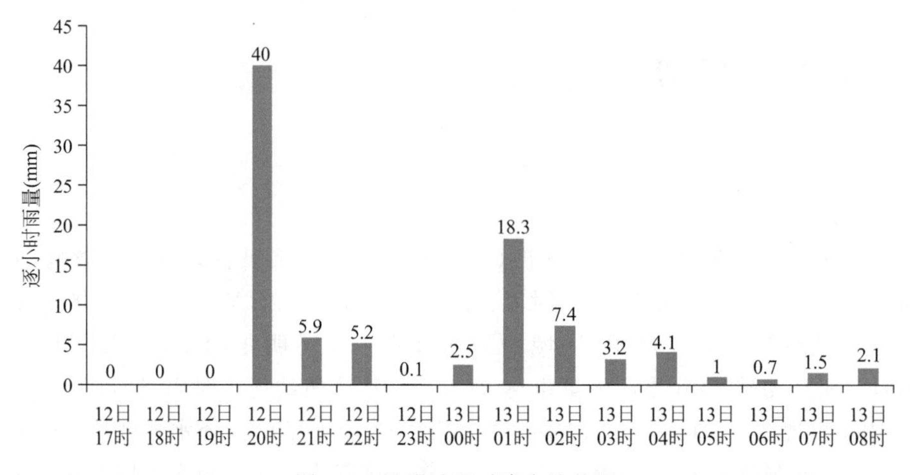

图 3.5 昆明站逐时降水柱状图

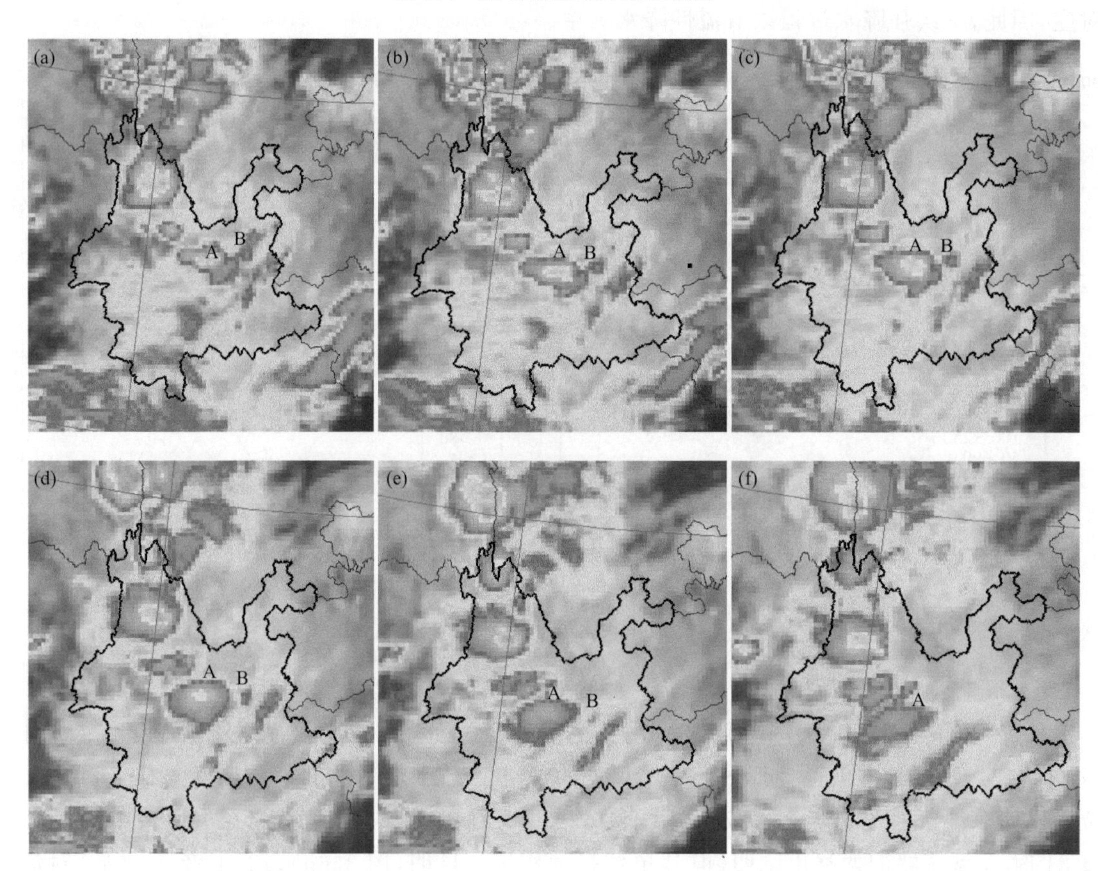

图 3.6 2020 年 7 月 12 日 FY-2G 红外卫星云图

(a)19 时;(b)19 时 30 分;(c)20 时;(d)21 时;(e)22 时;(f)23 时

缅之间为反气旋环流控制，滇缅高压和副热带高压在云南境内形成两高辐合区，辐合区内有低值系统活动。7 月 12 日 08 时云南东北部和四川交界处有一低涡生成(图 3.7a)，12 日 14 时副热带高压稳定维持，低涡中心仍位于云南东北部，其外围气流影响云南北部边缘地区(图 3.7b)。12 日 20 时，低涡中心南移至云南中北部(图 3.7c)，低涡中心南侧对流云团发展成熟(图 3.6c)，对应昆明出现短时强降水的区域。之后，副热带高压增强西伸，推动低涡向西移动，与卫星云图中对流云团的移动方位相对应（图 3.6），低涡中心于 13 日 08 时移动至云南西部（图 3.7d），其对昆明的影响结束。

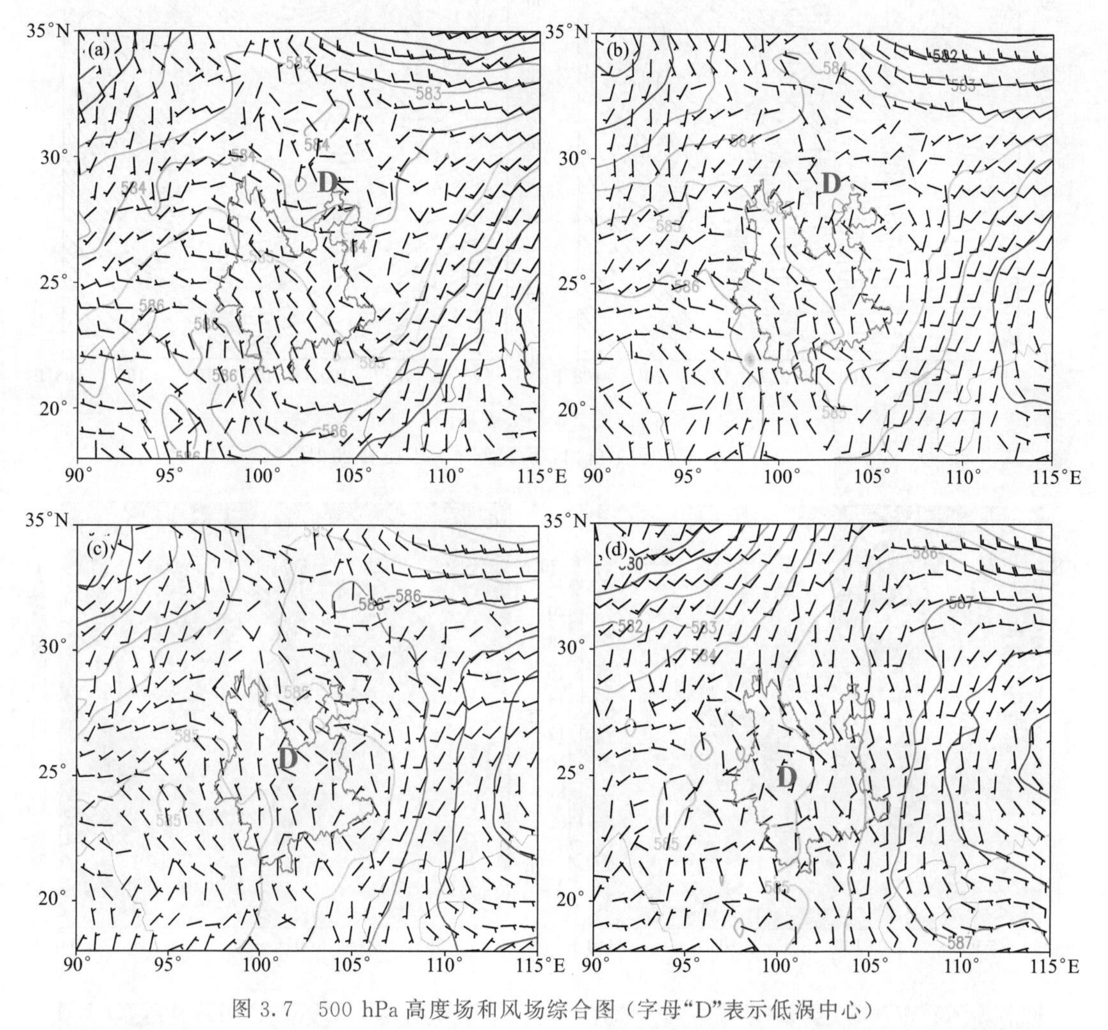

图 3.7　500 hPa 高度场和风场综合图（字母“D”表示低涡中心）

(a)2020 年 7 月 12 日 08 时；(b)2020 年 7 月 12 日 14 时；(c)2020 年 7 月 12 日 20 时；(d)2020 年 7 月 13 日 08 时

从 700 hPa 流场图（图 3.8）可见，在 500 hPa 低涡中心附近有明显的辐合中心和西北—东南向的切变与之配合，且随着低涡中心南移至云南中部，切变线也随之南移并逐渐发展。综合对比降雨落区分布和同时段卫星云图、中低层天气系统配置可以看出，500 hPa 两高辐合区为低涡的维系提供了有利的背景场，副热带高压的西进推动了低涡的移动。500 hPa 低涡和 700 hPa 切变线是本次昆明短时强降水的主要影响系统，短时强降水出现在低涡中心附近、切变线及其南侧区域。

(4)水汽条件

7 月 11 日夜间至 12 日凌晨，700 hPa 高度上从缅甸至我国云南中东部和南部为偏西低空急流区控制，低空急流将孟加拉湾水汽向云南境内输送，云南中部以南地区水汽通量均在 12×10^{-5} g·s^{-1}·hPa^{-1}·cm^{-1} 以上（图 3.9a）。12 日 14 时随着低空急流轴的南移，水汽通量大值区也南移至云南南部边缘地区，但云南中部及以南大部分地区的水汽通量值仍大于 8×10^{-5} g·s^{-1}·hPa^{-1}·cm^{-1}（图 3.9b），同样具备较好的水汽条件。12 日 20 时云南南部的低

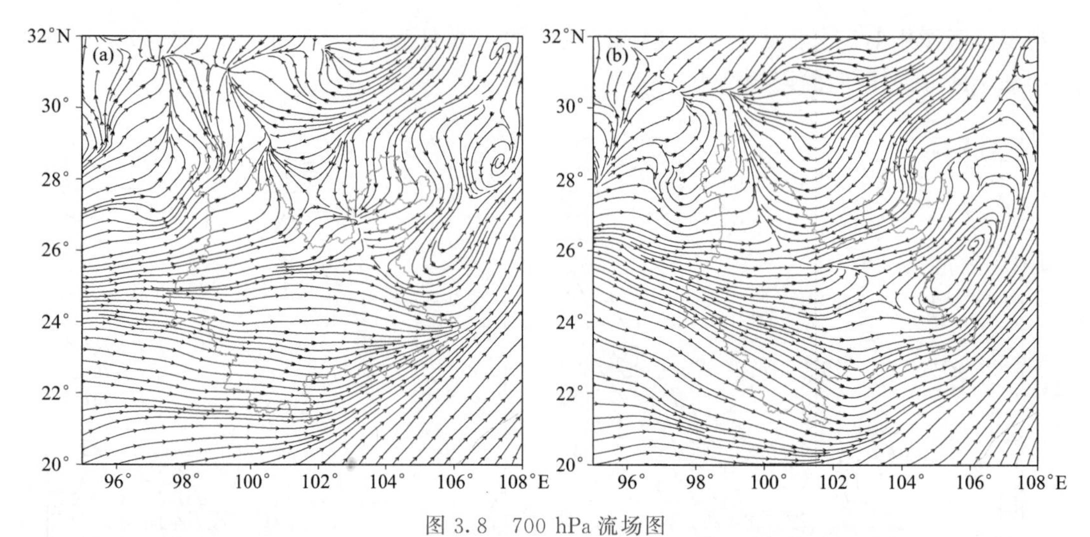

图 3.8 700 hPa 流场图

(a)2020 年 7 月 12 日 14 时；(b)2020 年 7 月 12 日 20 时

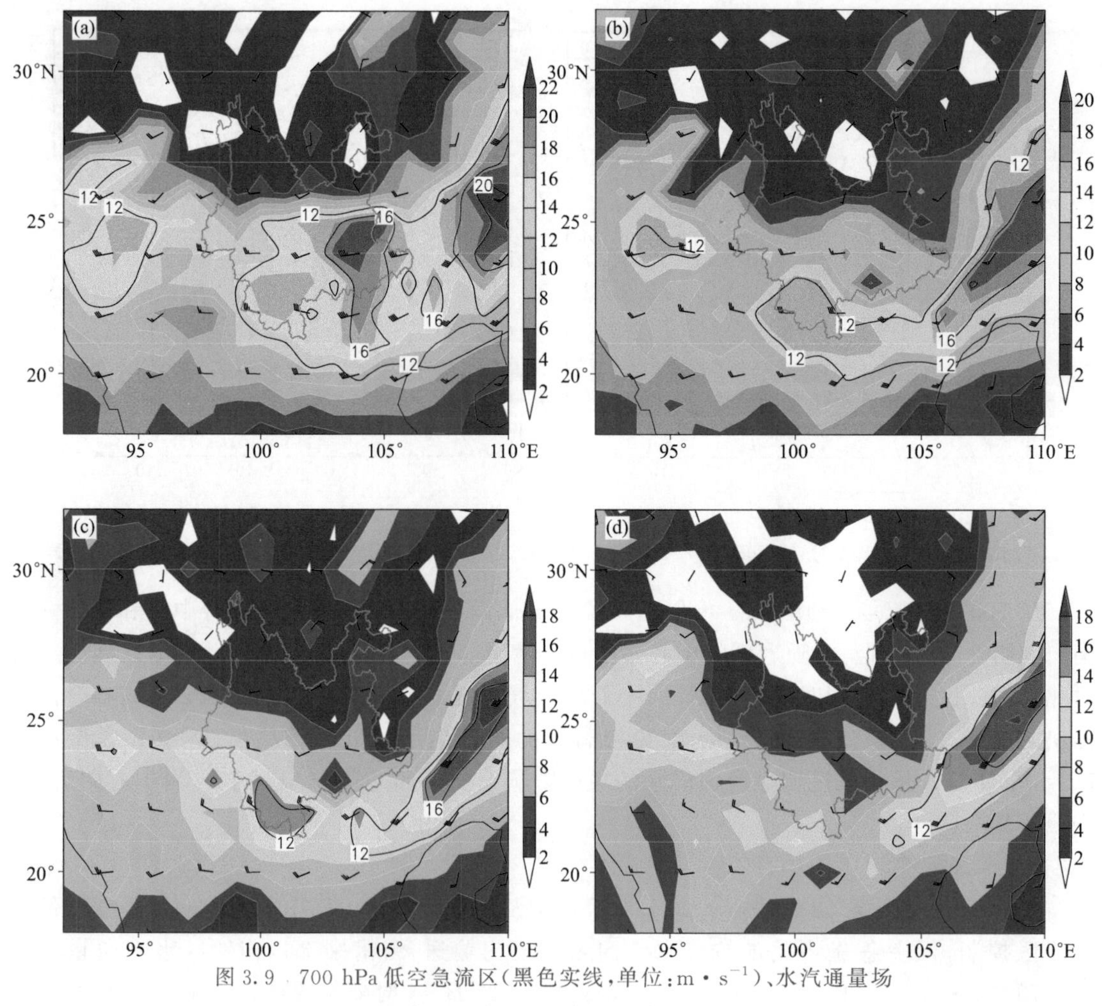

图 3.9 700 hPa 低空急流区(黑色实线，单位：$m \cdot s^{-1}$)、水汽通量场(阴影，单位：$10^{-5}\ g \cdot s^{-1} \cdot hPa^{-1} \cdot cm^{-1}$)和风场分布综合图

(a)2020 年 7 月 12 日 02 时；(b)2020 年 7 月 12 日 14 时；(c)2020 年 7 月 12 日 20 时；(d)2020 年 7 月 13 日 02 时

空急流轴断裂，水汽通量值也进一步减小，昆明市附近水汽通量值下降至 4×10^{-5} g·s^{-1}·hPa^{-1}·cm^{-1}(图 3.9c)，此时昆明观测站开始出现短时强降水。13 日 02 时云南南部的低空急流区消失，副热带高压外围的西南低空急流区维持，昆明附近由偏西风转为偏南风，水汽通量值增加至 6×10^{-5} g·s^{-1}· hPa^{-1}·cm^{-1}(图 3.9d)，降水得以维持。

从 700 hPa 水汽通量散度和风场分布图可见，昆明短时强降水发生之前，其附近水汽通量为辐散区，水汽通量辐合区位于云南东部和南部(图 3.10a、图 3.10b)。至 7 月 12 日 20 时，在昆明站附近出现了明显的水汽通量辐合区，最大值为 -5×10^{-5} g·s^{-1}· hPa^{-1}·cm^{-2}(图 3.10c)，此时昆明开始出现短时强降水。13 日 02 时水汽通量辐合区仍然维持在昆明地区，最大值略下降至 -4×10^{-5} g·s^{-1}· hPa^{-1}·cm^{-2}，对流性降水持续但强度有所减弱(图 3.10d)。之后，随着低涡切变线的西移，水汽通量辐合区也向西移动，昆明站的降水强度明显减小，直至降水结束。

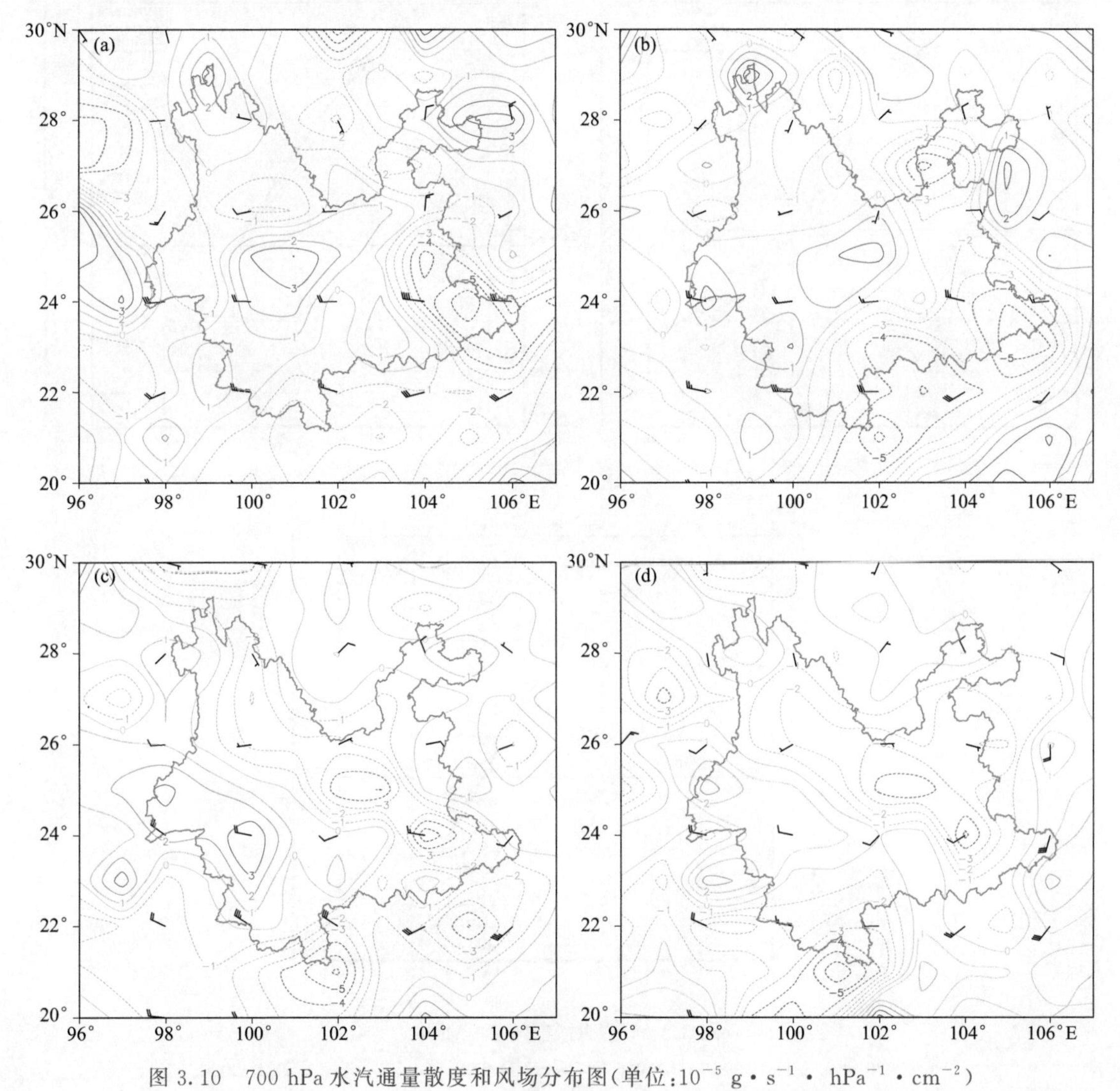

图 3.10 700 hPa 水汽通量散度和风场分布图(单位：10^{-5} g·s^{-1}· hPa^{-1}·cm^{-2})
(a)2020 年 7 月 12 日 08 时；(b)2020 年 7 月 12 日 14 时；(c)2020 年 7 月 12 日 20 时；(d)2020 年 7 月 13 日 02 时

从以上分析可见，偏西风低空急流为昆明短时强降水的发生输送水汽，短时强降水开始发生后，副高的稳定维持使区域内水汽得以源源不断地补充，降水持续，本次短时强降水的水汽来源为孟加拉湾和南海，短时强降水发生在 700 hPa 水汽通量辐合区附近。

（5）能量和不稳定条件

从昆明探空站的 T-ln$p$ 图可见，短时强降水发生前，昆明从近地面至对流层高层均为湿层，近地面至 400 hPa 高度为对流不稳定层结（图 3.11a、图 3.11b）。由常规探空资料计算的强对流指数（表 3.4）显示，7 月 11 日 20 时昆明探空站 CAPE 值为 144.5 J·kg^{-1}，有不稳定能量蓄积；沙氏指数 SI 和抬升指数 LI 均大于零，表明气层处于条件稳定性层结，不利于强对流天气的发生。12 日 08 时沙氏指数 SI 和抬升指数 LI 仍大于零，但其数值变小，大气层结有从稳定层结向不稳定层结变化的趋势。气层仍处于条件稳定性层结。

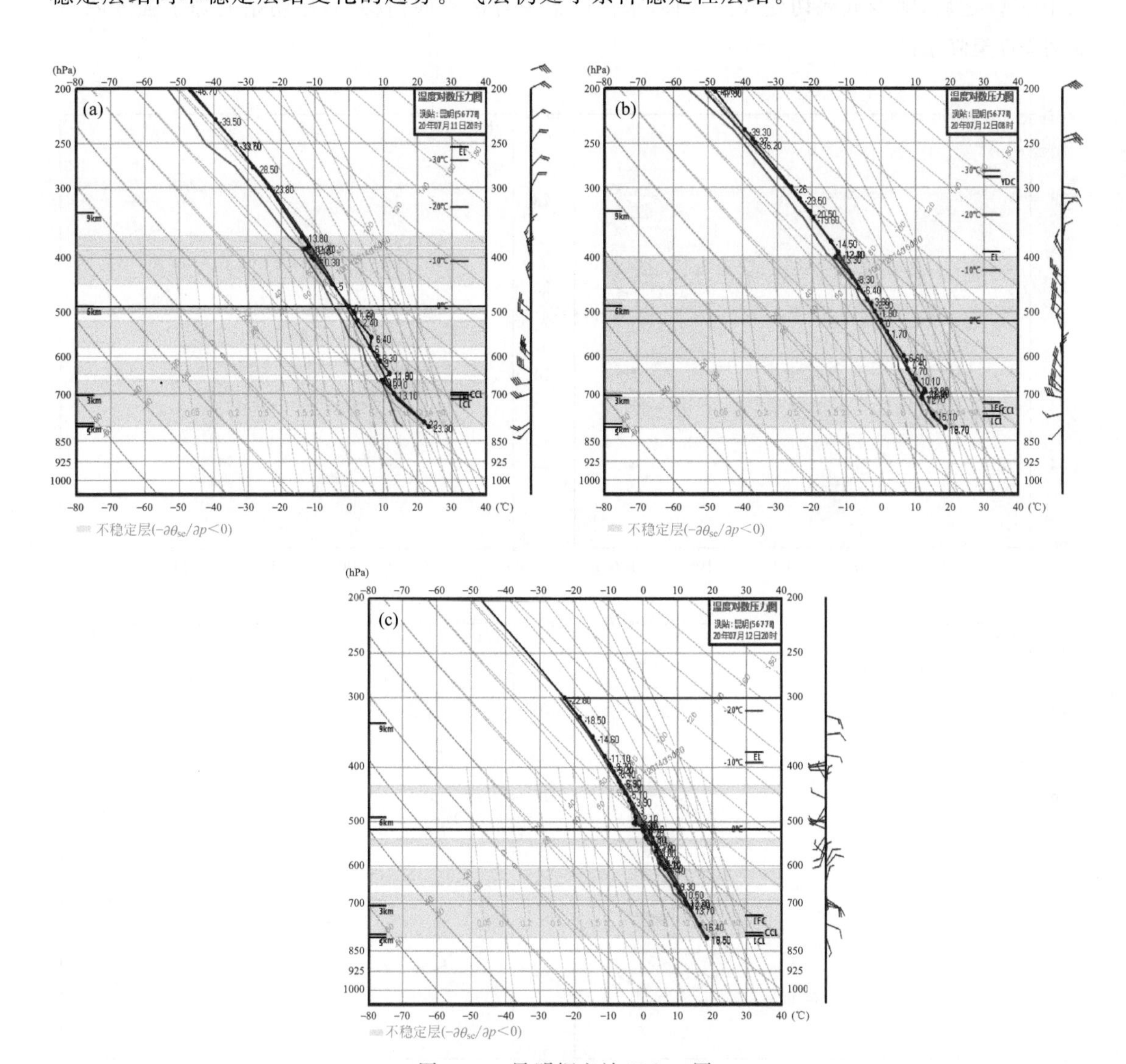

图 3.11　昆明探空站 T-ln$p$ 图

（a）2020 年 7 月 11 日 20 时；（b）2020 年 7 月 12 日 08 时；（c）2020 年 7 月 12 日 20 时

12 日 20 时昆明上空仍然为深厚的湿层控制，温度露点差小，湿度进一步增大，而对流不稳定层结开始变得浅薄(图3.11c),表示不稳定能量得到释放。此时昆明探空站的CAPE值增大至163.3 J·kg^{-1},沙氏指数SI和抬升指数LI小于零,表示气层转为条件不稳定层结,强对流参数ICC也增大至为−231.5,利于强对流天气的发生;0～6 km垂直风切变V_{ws}下降至0.57×10^{-3} s^{-1},中等强度的深层垂直风切变利于短时强降水的发生。

表3.4　昆明探空站强对流指数列表

时间	CAPE(J/kg)	SI(℃)	LI(℃)	ICC	V_{ws}(×10^{-3} s^{-1})
11日20时	144.5	2.78	1.17	−103.7	0.95
12日08时	36	1.77	0.22	−17.2	0.85
12日20时	163.3	−0.62	−2.26	−231.5	0.57

以上分析表明,对流有效位能的积累为昆明短时强降水的发生提供能量条件,短时强降水发生前湿层和对流不稳定层深厚,当气层由条件稳定转为条件不稳定层结时发生短时强降水,高低层有中等强度的垂直风切变。

(6)动力条件

从10 m流场分布图可见,7月12日14时云南东北部有近地面辐合线生成,其位置与700 hPa切变线的位置基本一致,昆明处于辐合线南部西南气流控制之下(图3.12a)。之后近地面辐合线向西南方向移动,12日20时辐合线南端位于昆明附近(图3.12b),辐合线位置与700 hPa切变线的位置也基本一致(图3.8b)。边界层辐合线触发了低层垂直上升运动的发展,中层切变线的存在使垂直上升运动维持并发展到更高层次,利于对流单体沿着辐合线发展,垂直上升运动触发对流不稳定能量的快速释放,引发对流性强降水。

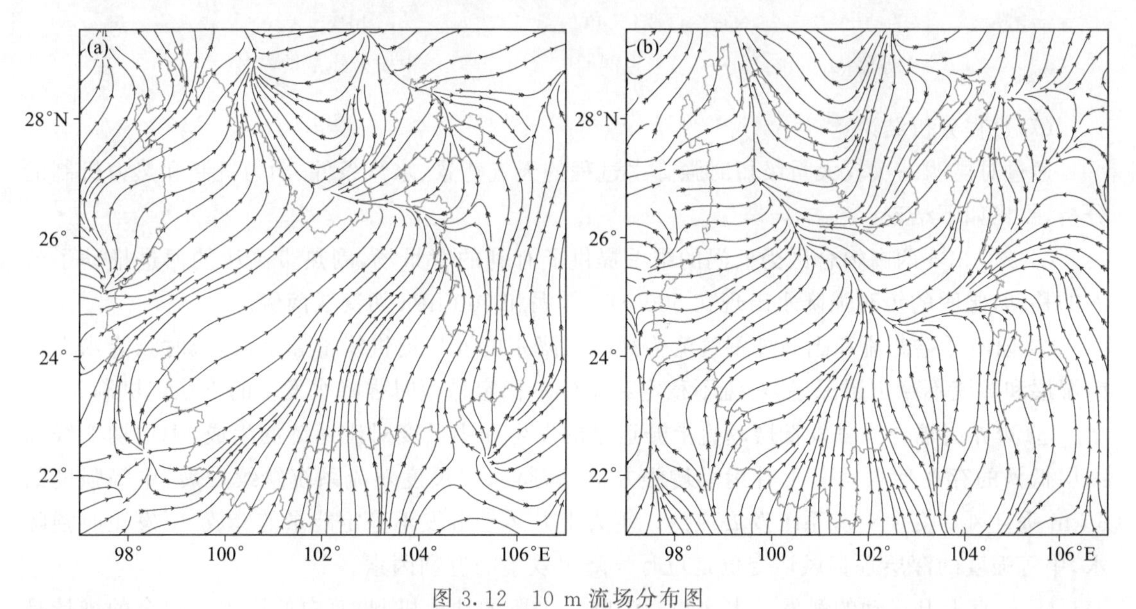

图3.12　10 m流场分布图

(a)2020年7月12日14时;(b)2020年7月12日20时

从昆明附近(102.6°E,25°N)散度和垂直速度剖面的时序分布图(图3.13)也可看出,水汽辐合与垂直速度随着辐合切变线南移的变化情况。7月12日08—14时,昆明近地面开始有垂直上升运动发展,且近地面至600 hPa高度有弱的水汽辐合。随着地面辐合线和中层切变线的南移，垂直上升运动逐渐增强且向高层发展，7 月 12 日 20 时垂直上升运动速度达最大，中心值为 $-0.6\ Pa \cdot s^{-1}$，水汽辐合强度也达最大值 $-4\times10^{-5}\ g \cdot cm^{-2} \cdot hPa^{-1} \cdot s^{-1}$。之后垂直上升运动柱高度降低，至 13 日 02 时昆明上空转为下沉运动，而水汽辐合柱在此时伸展至 450 hPa 高度，仍维持中低层辐合、高层辐散的配置。至 13 日 08 时昆明低层的水汽辐合才转为辐散，降水也随之结束。

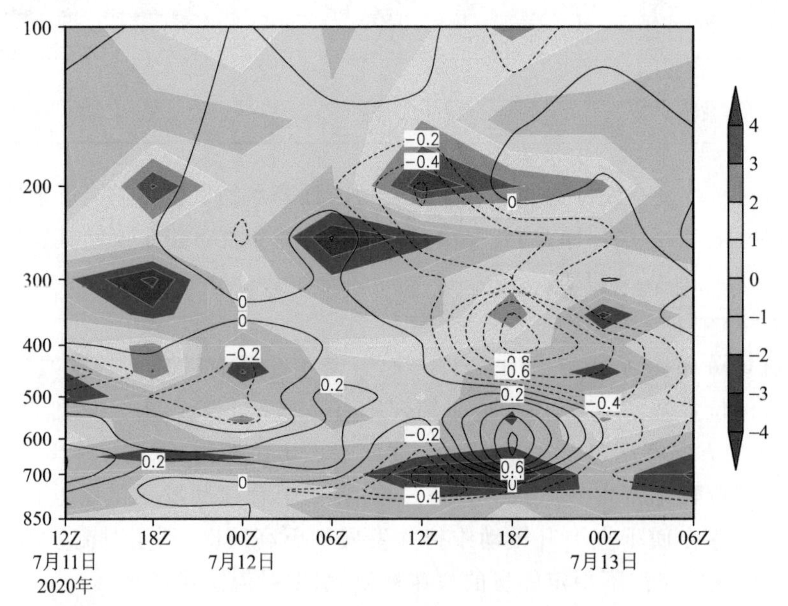

图 3.13　昆明(102.6°E,25°N)散度(阴影，单位：$\times10^{-5}\ g \cdot s^{-1} \cdot hPa^{-1} \cdot cm^{-2}$)和垂直速度(等值线，单位：$Pa \cdot s^{-1}$)垂直剖面时序分布图(图中横坐标是世界时)

(7)过程分析结论

通过对昆明一次较大量级短时强降水过程的天气背景、水汽条件、动力机制和热力机制的分析，得出如下结论。

① 500 hPa 两高辐合区为低涡的维系提供了有利的背景场，副热带高压的西进推动了低涡的移动，昆明的短时强降水出现在 500 hPa 低涡和 700 hPa 切变线南侧。

② 偏西低空急流和副高外围气流为短时强降水的发生提供能量和水汽，短时强降水发生前湿层和对流不稳定层深厚，对流不稳定和条件不稳定是短时强降水发生的不稳定机制。

③ 边界层辐合线触发低层垂直上升运动的发生和中尺度对流系统的生成，中层切变线和高层低涡的存在使得垂直上升运动增强并向上延伸，中尺度对流系统继续发展，中等强度的 6 km 垂直风切变使对流系统发展成熟。垂直上升运动触发不稳定能量的释放，引发短时强降水，中等强度的深层垂直风切变也是短时强降水发生的有利因素。

④ 垂直上升运动的触发是本次短时强降水主要的动力机制，而中低层水汽辐合的维持是昆明站对流性降水发生后稳定性降水得以继续的主要原因。

3.3.2　一次两高辐合型过程分析

(1)降水实况

2017 年 7 月 19 日 20 时至 20 日 20 时，县级观测站出现 1 站大暴雨、3 站暴雨、18 站大雨，达到全省性大雨强降水过程业务标准；全省乡镇自动气象观测站出现9站大暴雨，46站暴雨，105站大雨，强降水时段主要集中在19日20时至20日08时(图3.14a)。在强降水过程背景下，19日20时至20日08时，昆明主城区普降大到暴雨局地大暴雨，并伴有强烈雷电(图3.14b)和短时强降水天气(图3.14c)，统计昆明主城区91个自动站日雨量显示，大暴雨有9站，最大日雨量为东华站154.7 mm，暴雨有31站，大雨有27站，中雨有18站，最大小时雨强达79.9 mm，出现于7月20日00—01时的官渡区太和街道自动站，刷新昆明小时雨量61.4 mm的历史极值纪录，强对流天气特征突出。

此次过程期间，昆明市主城区发生罕见的大面积内涝，共出现87个淹水点，40余个路段断交，其中北市区与南市区为淹水重灾区。市政排水系统下游河道全线超出警戒水位，其中盘龙江水位20日03时达峰顶1891.61 m，超保证水位0.19 m，相应流量111 $m^3 \cdot s^{-1}$。强降水累计造成昆明市59条10 kV线跳闸，影响用户50737户；城市内涝造成4000余辆车被淹，牛街庄隧道内一对骑车母子被淹遇难。

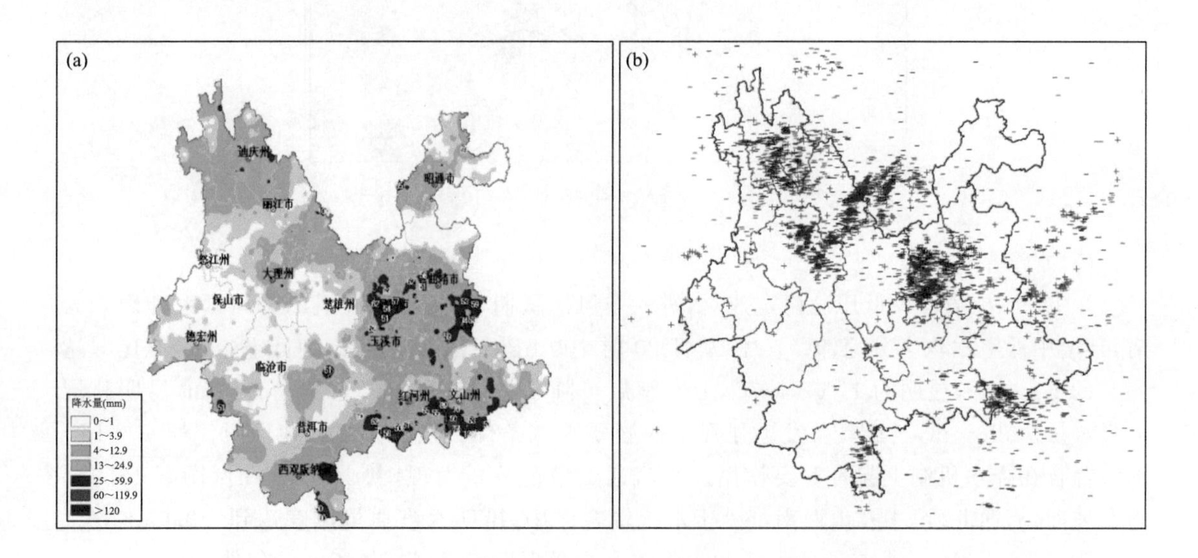

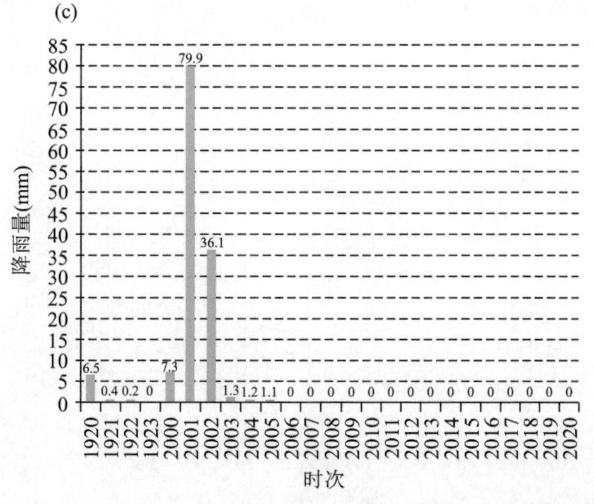

图3.14　2017年7月19日20时至20日08时降雨量和地闪分布图

(a)云南省降雨量空间分布；(b)云南省雷电空间分布；(c)昆明市太和站降雨量(mm)逐时分布

(2)强对流发展的环境条件

2017 年 7 月 19 日 20 时 500 hPa 形势图上(图 3.15),青藏高原为 588 dagpm 的高压环流,江南、华南及南海北部为西太平洋副热带高压控制,云南处于青藏高压与副高之间的辐合区内,这是有利于云南强降水发展的两高辐合区形势,昆明正好处于青藏高压前沿的偏北气流和副高外围的偏南气流构成的辐合区内。这一环流配置属于典型的两高辐合型强降水环流形势。南北两支不同属性的气流在昆明附近辐合,为强对流天气的发展和维持提供了有利的环境条件。

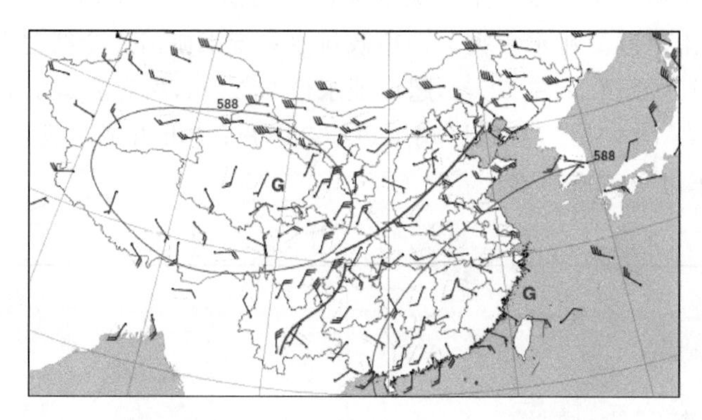

图 3.15 2017 年 7 月 19 日 20 时 500 hPa 天气形势

(3)水汽条件分析

7 月孟加拉湾季风低压已稳定建立,进入季风活跃期,持续出现强盛的季风云系并影响云南,云南中低空水汽十分充沛。7 月 19 日 20 时 700 hPa 上虽然没有出现低空急流,但比湿达 10～12 $g \cdot kg^{-1}$,昆明为 11 $g \cdot kg^{-1}$,云南整层可降水量(图 3.16a)达 25～50 mm,昆明整层可降水量达 35 mm,已经具备发生强降水的必要水汽条件。在云南高原地区对流层 700 hPa 水汽辐合在降水机制上起着重要作用。水汽通量散度分析发现,到 19 日 20 时(图 3.16b)暴雨发展前,滇西北、滇中及滇西南都处于水汽辐合区中,昆明水汽通量散度达到 -0.05×10^{-5} $g \cdot hPa^{-1} \cdot cm^{-2} \cdot s^{-1}$,充沛的水汽和水汽辐合为暴雨发生发展提供了必要条件。

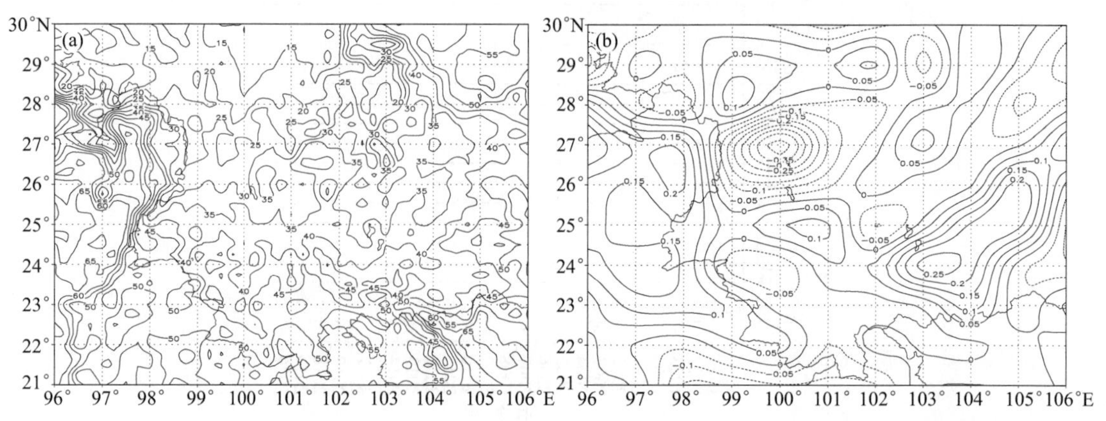

图 3.16 2017 年 7 月 19 日 20 时(a)整层可降水量(单位:mm)和(b)700 hPa 水汽通量散度(单位:10^{-5} $g \cdot hPa^{-1} \cdot cm^{-2} \cdot s^{-1}$)

(4)上升运动

已有研究表明,湿 $\boldsymbol{Q}$ 矢量散度对诊断中尺度垂直运动及暴雨有较好的物理意义,并取得较好效果。分析湿 $\boldsymbol{Q}$ 矢量散度看出,到19日20时(图3.17a)700 hPa 湿 $\boldsymbol{Q}$ 矢量散度场出现负值辐合区,滇中暴雨区湿 $\boldsymbol{Q}$ 矢量散度中心值达 -1.5×10^{-16} $hPa^{-1}\cdot s^{-3}$,$\boldsymbol{Q}$ 矢量散度激发次级环流,辐合区对应次级环流的上升气流区,可见滇中的昆明处于较强的气流上升区,强烈的上升运动为对流的发生发展提供了有利的动力条件,极有利于触发中尺度对流系统 MCS 发生发展,实况显示暴雨区内确实有 MCS 发生发展。

另外,从散度场分析也看出,云南大部低层 850 hPa 上为辐合区,而高层 200 hPa 为辐散区,高低层散度差为正值区,昆明处于中心区附近(图3.17b),散度差达 25×10^{-5} s^{-1},存在低层辐合高层辐散的抽吸结构,有利于对流系统发展增强,造成此次强降水过程。

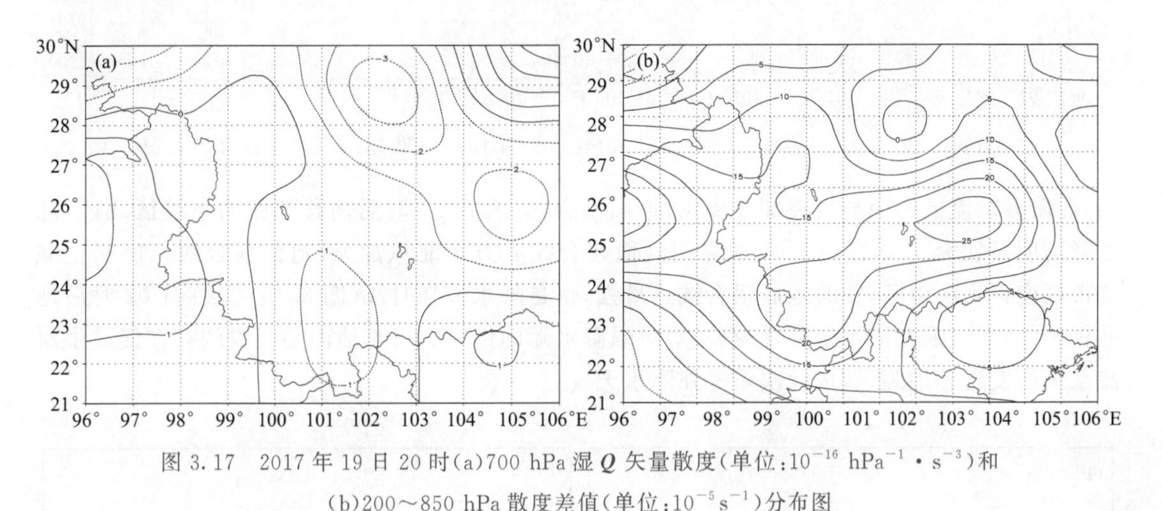

图3.17 2017年19日20时(a)700 hPa 湿 $\boldsymbol{Q}$ 矢量散度(单位:10^{-16} $hPa^{-1}\cdot s^{-3}$)和(b)200~850 hPa 散度差值(单位:$10^{-5}s^{-1}$)分布图

(5)能量条件

K 指数能表征大气稳定度及中低层水汽含量和饱和程度,*K* 指数高值区综合反映出该区域的气团较周围大气暖湿而不稳定,利于该区域产生较强对流及降水。分析 *K* 指数的演变情况,发现在此次强降水发生前的08时,云南 *K* 指数就高达38~40 ℃,昆明 *K* 指数为39 ℃,已达到成片雷雨指标($K>35$ ℃),20时达最强,昆明 *K* 指数高达40 ℃(图3.18a)。

分析昆明探空站 T-ln$p$ 图看出,在暴雨发生前,昆明探空站已转为对流性不稳定层结,CAPE 值达到 918 $J\cdot kg^{-1}$,且 $\theta_{se500}-\theta_{se800}$ 为 -5 ℃,已形成对流不稳定;风矢量图上,地面为静风,700~500 hPa 是西南风,地面到 500 hPa 为暖湿层,400 hPa 为偏北风表明有干冷平流入侵,中低层湿而高层干冷,400~250 hPa 风向顺转为西北风,风向垂直切变明显,这种配置结构十分有利于强对流发展加强,也是这次暴雨过程中短时强降水、雷暴特征突出的最重要原因(图3.18b)。

(6)地面辐合线

已有研究发现,地面辐合线在中尺度对流系统的触发和维持方面起着重要作用,此次强降雨过程中也有明显地面辐合线与高层两高辐合形势配合。7月19日20时,在昆明北部的东川区到禄劝彝族苗族自治县(简称“禄劝”)出现一条中尺度地面辐合线,这一中尺度地面辐合线触发新的对流系统发生,在其附近及后部有对流云团生成,21—23时,地面辐合线逐步南

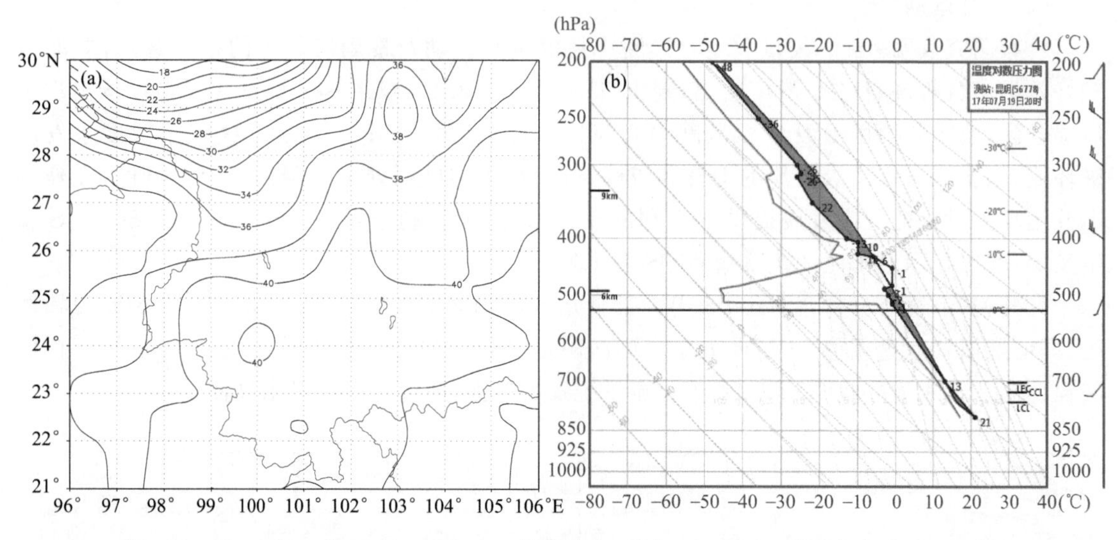

图 3.18　2017 年 7 月 19 日 20 时(a)K 指数分布(单位:℃)和(b)昆明探空站 T-ln$p$ 图

压,此阶段对流云团明显发展加强南压,地面辐合线 19 日 23 时后南移到昆明主城区北段,随之降雨明显加大。20 日 00—01 时昆明地面辐合线后方东北风加大,地面辐合线从昆明主城北市区南移到南市区,此时地面辐合线达最强,也是降水最强时段(图 3.19)。20 日 02 时后地面辐合线减弱,强对流系统随之减弱,短时强降水随即停止。可见地面辐合线的存在促进了对流系统的发展和加强,造成此次短时强降水天气。

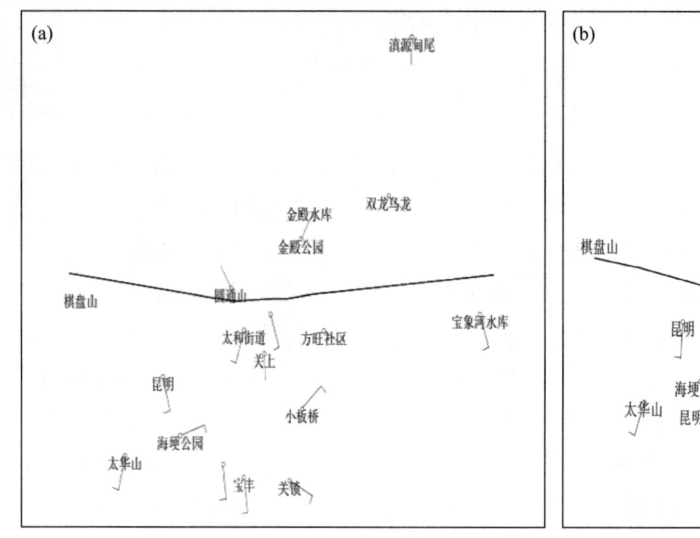

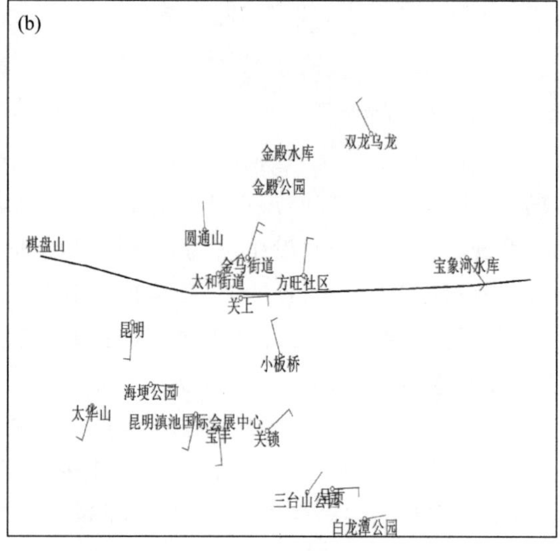

图 3.19　昆明主城区部分自动站地面实测风场(图中实线为地面辐合线)

(a)2017 年 7 月 19 日 23 时;(b)2017 年 7 月 20 日 00 时

(7)卫星云图特征

在有利的天气环境条件下,短时强降水天气是中尺度天气系统造成的。为此通过云图跟踪中尺度对流系统演变情况。参照杨舒楠等(2017)的分析方法,定义 TBB≤−32 ℃为冷云罩,TBB≤−52 ℃为冷云区,应用 FY-2E 卫星逐时红外云图及反演的 TBB 资料,认识这次暴雨天气的中尺度对流系统。

2017年7月19日下午，随着两高辐合区向东南移动，在辐合区内有一条东北—西南向云带，与辐合区走向一致，内有多个对流单体，相应出现了雷雨天气，但午后到傍晚这一时段降水还不强。20时左右由于受地面辐合线触发，在昆明北部出现一个对流云团，到22时云团发展迅速，云顶辐射亮温(TBB)下降，对流云团发展成 $M_\beta CS$，TBB≤－32 ℃的冷云罩面积约 1.8×10^4 km^2，并与辐合区云带的冷云罩趋于合并连成一片，TBB≤－52 ℃的冷云区面积约 1.3×10^4 km^2，云团最低云顶亮温－64 ℃，并且逐步向南移动发展(图3.20a)。到23时，TBB≤－52 ℃的冷云区面积进一步增大，对流云团云顶辐射亮温最低下降到－67 ℃(图3.20b)，此时段在昆明北部的 $M_\beta CS$ 南移方向的前沿TBB等值线密集区梯度最大处产生了短时强降水。20日00时，随地面辐合线进一步南移到昆明城区，中尺度对流系统随之南移并发展到最强，云顶辐射亮温进一步下降到－71 ℃，TBB≤－52 ℃的冷云区覆盖了昆明主城区，冷云区前沿的TBB密集区南移扫过主城区，$M_\beta CS$ 对流云团边缘整齐呈椭圆状(图3.20c、图3.21a)。到了20日01时，$M_\beta CS$ 稍有减弱，最低云顶辐射亮温升高到－68 ℃(图3.20d、图3.21b)。在20日00—01时期间，冷云区面积增大，TBB梯度加大，$M_\beta CS$ 发展到成熟阶段并维持近2 h，此期间强降水全面发展，强降水区域增大，其中太和街道办事处出现了79.9 mm·h^{-1} 的强降水。对比分析此阶段强降水落区和卫星云图分布可以看出，$M_\beta CS$ 的TBB≤－52 ℃的冷云区范围与短时强降水区域对应较好。20日02时以后(图3.20e、图3.20f)地面辐合线减弱，$M_\beta CS$ 云顶辐射亮温升高到－62 ℃，昆明主城区TBB密集区梯度减小并变成均匀区，降雨减弱。

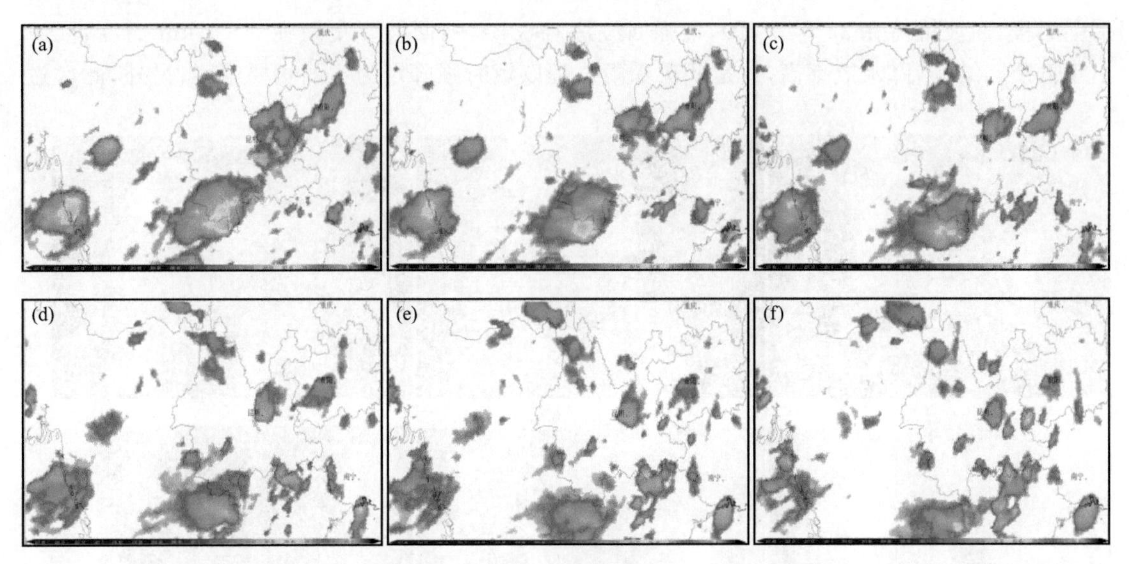

图3.20　FY-2E红外云图TBB≤－32 ℃云区图

(a)7月19日22时；(b)7月19日23时；(c)7月20日00时；

(d)7月20日01时；(e)7月20日02时；(f)7月20日03时

综上分析，在两高辐合型天气形势下，地面辐合线触发 $M_\beta CS$ 发生发展，$M_\beta CS$ 的TBB≤－52 ℃的冷云区范围与短时强水落区对应较好。该类强对流天气易发生在TBB等值线密集区梯度最大处，对流云团最低云顶亮温越靠近云团边缘，TBB等值线梯度越大，其移动发展方向前沿的区域与短时强降水对应较好，雨强变化与TBB等值线梯度变化密切相关。

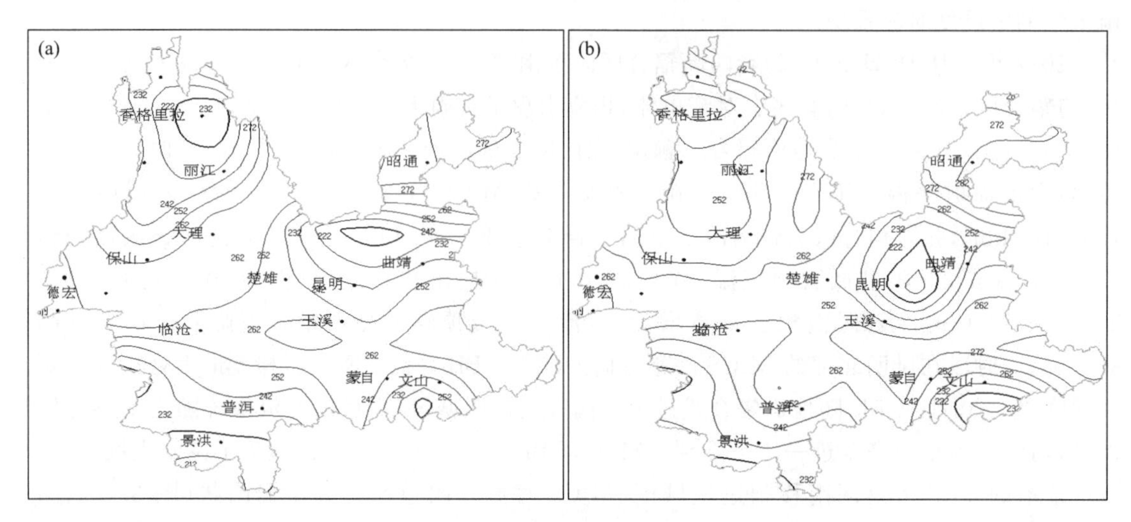

图 3.21　FY-2E 红外云图 TBB 等值线分布图

(a)7 月 20 日 00 时;(b)7 月 20 日 01 时

(8)多普勒雷达回波特征

跟踪昆明多普勒雷达回波发现,7 月 19 日 20 时(图 3.22a)在昆明北部出现分散的对流单体,21 时(图 3.22b)对流单体聚合成块状,以 30 km·h^{-1} 的速度向南移动发展。23 时对流回波持续发展加强,最终被组织成带状多单体群(图 3.22c),前缘移入昆明主城北市区。7 月 20 日 00 时后,昆明市区受此东西向带状对流降水回波影响,降水迅速发展增强,00—01 时降水最强时段,回波维持在 35～45 dBz,最强回波达 49 dBz,强回波多集中在 3～4 km 高度,回波呈现低质心结构,降水效率高,这是此次暴雨过程以短时强降水为主的重要原因;另外,此次过

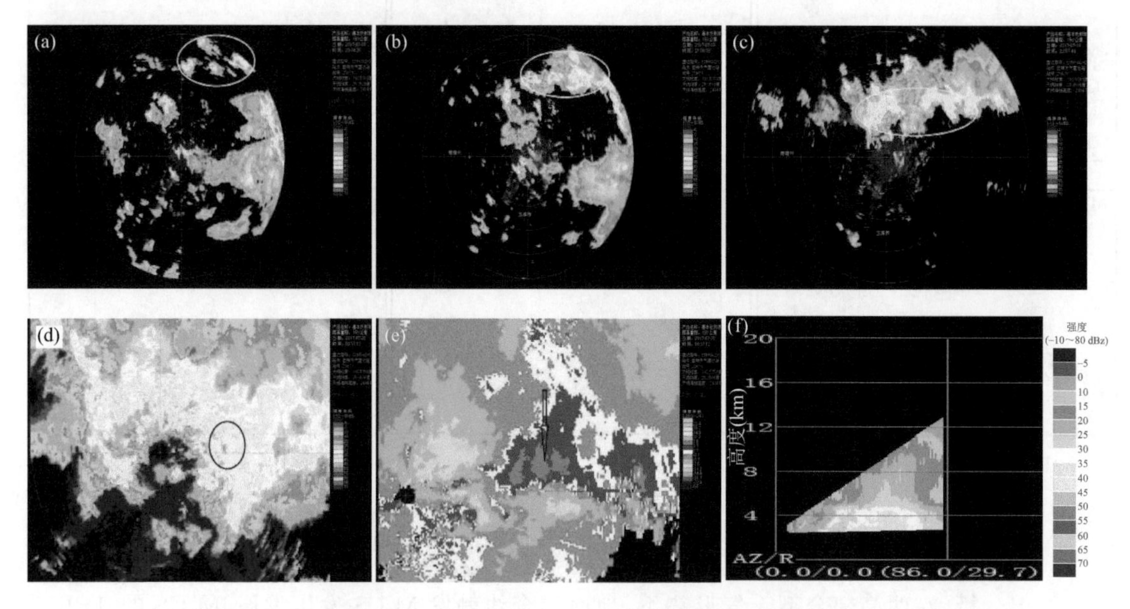

图 3.22　昆明雷达观测反射率因子图(单位:dBz)、径向速度图(单位:m·s^{-1})和 RHI 剖面图

(图中白色圈为昆明北部范围,黑色圈为昆明主城区,黑色箭头所指为主城区内的逆风区)

(a)7 月 19 日 20 时 04 分反射率因子;(b)7 月 19 日 21 时 09 分反射率因子;(c)7 月 19 日 22 时 57 分反射率因子;(d)7 月 20 日 00 时 37 分反射率因子;(e)7 月 20 日 00 时 37 分径向速度;(f)过昆明主城区 RHI 剖面图

程对流发展旺盛，强回波顶高普遍在10～12 km，因而过程期间出现了强雷暴，速度图上中尺度辐合系统主要是昆明市区有逆风区活动（图3.22d、图3.22e、图3.22f）。02时后，逆风区减弱消散，昆明主城区回波强度减弱为35 dBz以下，降水明显减弱。

分析发现，这次过程期间的中尺度强对流系统相对单一，主要是逆风区活动造成的强降水，回波强度在35～45 dBz，最强49 dBz，回波顶高超过10 km，强回波区域质心低，空间分布与短时强降水落区对应关系较好。

(9)过程分析结论

通过对此次昆明对流性暴雨天气过程的天气背景、水汽条件、动力机制及雷达回波特征等分析，得出如下结论。

① 500 hPa两高辐合形势下，强的高能高湿环境及有利的动力抬升条件促成强烈的对流不稳定层结，地面辐合线触发不稳定能量释放形成强降水，水汽通量散度及湿$\boldsymbol{Q}$矢量散度辐合区与暴雨区对应较好。此次降雨过程没有低空急流参与，虽然降水强度大但持续时间较短。

② 卫星云图上昆明北部南移的$M_{\beta}CS$造成强降水天气，$M_{\beta}CS$中TBB≤－52 ℃的冷云区范围与暴雨对应较好。短时强降水易发生在$M_{\beta}CS$移动方前沿的对流活跃的TBB等值线密集区，其移动发展方向前沿的区域与短时强降水区域对应较好，雨强变化与TBB等值线梯度变化密切相关。

③ 多普勒雷达速度图上活跃的逆风区是暴雨产生的直接影响系统，回波强度普遍在35～45 dBz，回波顶高超过10 km，强回波集中在中低层，逆风区对应短时强降水和雷暴天气。

第4章　云南省短时强降水天气预报模型

4.1　预报指标研究

4.1.1　预报方法介绍

本研究中的短时强降水预报技术是基于业务中使用的区域高分辨率数值模式产品建立的数值释用方法。其主要原理是针对区域高分辨率数值模式对中低层物理量有较好的预报能力，但对地面层短时强降水天气预报误差较大这样一个现状，开展短时强降水天气与各物理量的相关性研究，统计关联度较高的物理量并确定其阈值，最终建立预报模型，并在预报业务中应用。

在云南当前可以获取的数值模式业务产品中，云南本地化的 WRF（Weather Research Forecast）中尺度数值模式自运行以来，由于其稳定性较好、时空分辨率较高、中间产品丰富，段旭等(2011)、王曼等(2011，2015)研究表明其具有优良的预报性能，对云南降水过程的预报有较高参考价值。因此，本研究使用本地化中尺度 WRF 模式(V3.4.1)对发生在云南境内的2016年6月10日、6月11日、6月15日、7月5日、7月14日五次短时强降水过程分别进行数值模拟，五次过程实况短时强降水均发生在当日20时至次日08时。为了保证物理量分析的提前量，模式从每日的08时(北京时，下同)开始积分36 h，1 h输出一次模拟结果。模拟方案与业务化 WRF 模式所用方案相同，使用水平分辨率1°×1°，3 h间隔的 NCEP/GFS(Globe Forecast System)资料的分析场作为模式初始场，采用两重嵌套，最外重的区域中心经纬度分别为99°E和26°N，两重区域格距分别为27 km和9 km，格点数分别为：238×190，220×220。第一重区域范围：56.4922°—141.384°E，0.63469°—50.2563°N；第二重区域范围：92.4822°—114.901°E，16.2587°—35.1911°N(图4.1)。垂直方向为35层，模式地形数据第一重选为10′×10′，相当于18.5 km，第二重数据为2′×2′，相当于3.7 km。微物理过程为 Morrison (2 moments)方案，长波辐射方案为 RRTM 方案，短波辐射方案为 Duhia 方案，地面方案为 Monin-Obukhov 方案，陆面方案为 Thermal Diffusion 方案，边界层方案为 YSU 方案，积云参数化方案为 Betts Miller Janjic 方案。本研究分析的数据为模式第二重区域输出的数值模拟结果。

挑选模拟效果最好的模式输出结果作为分析数据，计算5次过程中共85个短时强降水样本格点在短时强降水发生前6 h的物理量。所计算的表征水汽条件的物理量有整层可降水量 PW，700 hPa 相对湿度 RH，700 hPa 比湿 Q，700 hPa 水汽通量散度 VADIV；表征动力类的物理量特征有抬升指数 LI，6 km 垂直风切变 6KMSH；表征能量类的物理量特征有 K 指数，沙氏指数 SI，700 hPa 假相当位温 THETA，对流有效位能 CAPE。使用箱线图和经验累积分布函数图分析短时强降水发生前各物理量的变化特征，总结出各物理量的阈值。

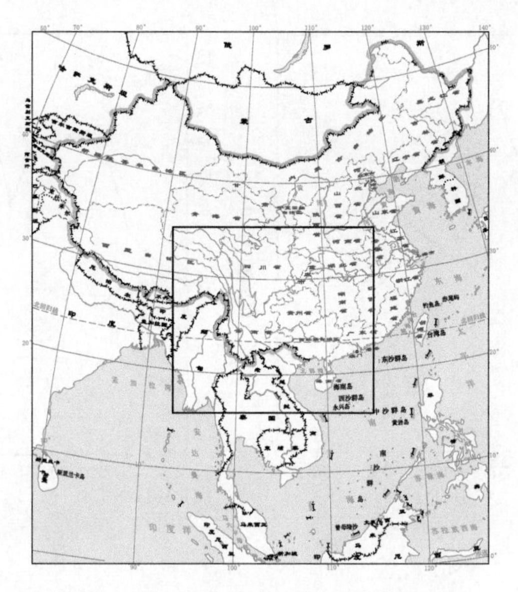

图 4.1　WRF 模式预报区域示意图

图 4.2 为 WRF 模拟的 2016 年 6 月 10 日 20 时至 6 月 11 日 08 时短时强降水过程在点(103.647°E,26.5979°N)处的逐小时降水图,短时强降水(1 h 降水大于或等于 20 mm)出现在 6 月 10 日 22 时。确定短时强降水发生时间后计算之前 6 h 的物理量值,图 4.3—图 4.12 为各物理量值逐时变化曲线。

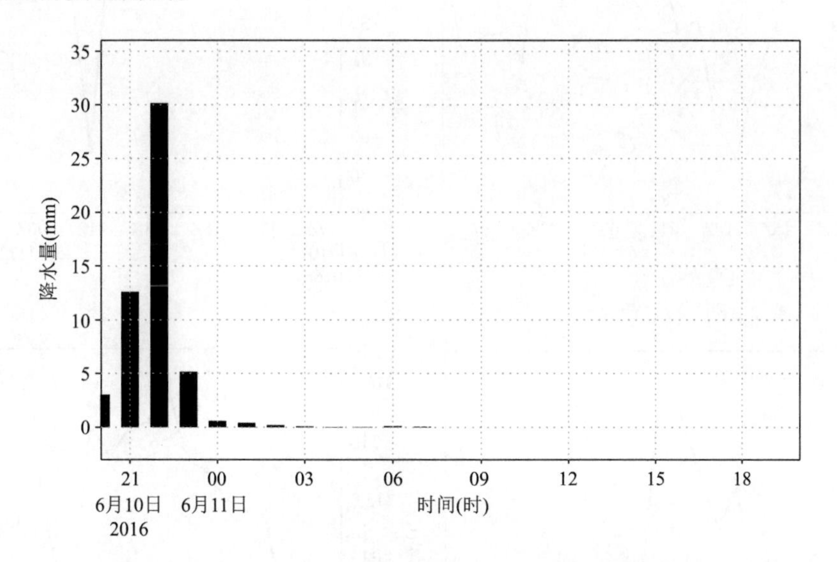

图 4.2　(103.647°E,26.5979°N)格点处逐时降水量

本研究中使用箱线图分析各物理量的分布特征及其与短时强降水的关系。箱线图是描述统计的一个简便工具,其功能主要是识别数据中的异常值,比较不同数据批分布特征等。在天气气候研究方面,常利用“箱线图”来表示气象资料的统计结果,箱线图能直观地显示样本数据的分布特征以及极值、平均值、中位数值和异常值,被气象研究者广泛使用(杨贵明 等,2005;杨波 等,2016;陈元昭 等,2016),但对于批量较大的数据,箱线图反映的形状信息精确度低,需结合分布函数等其他统计工具来描述批量数据的分布形状(庄作钦,2003)。

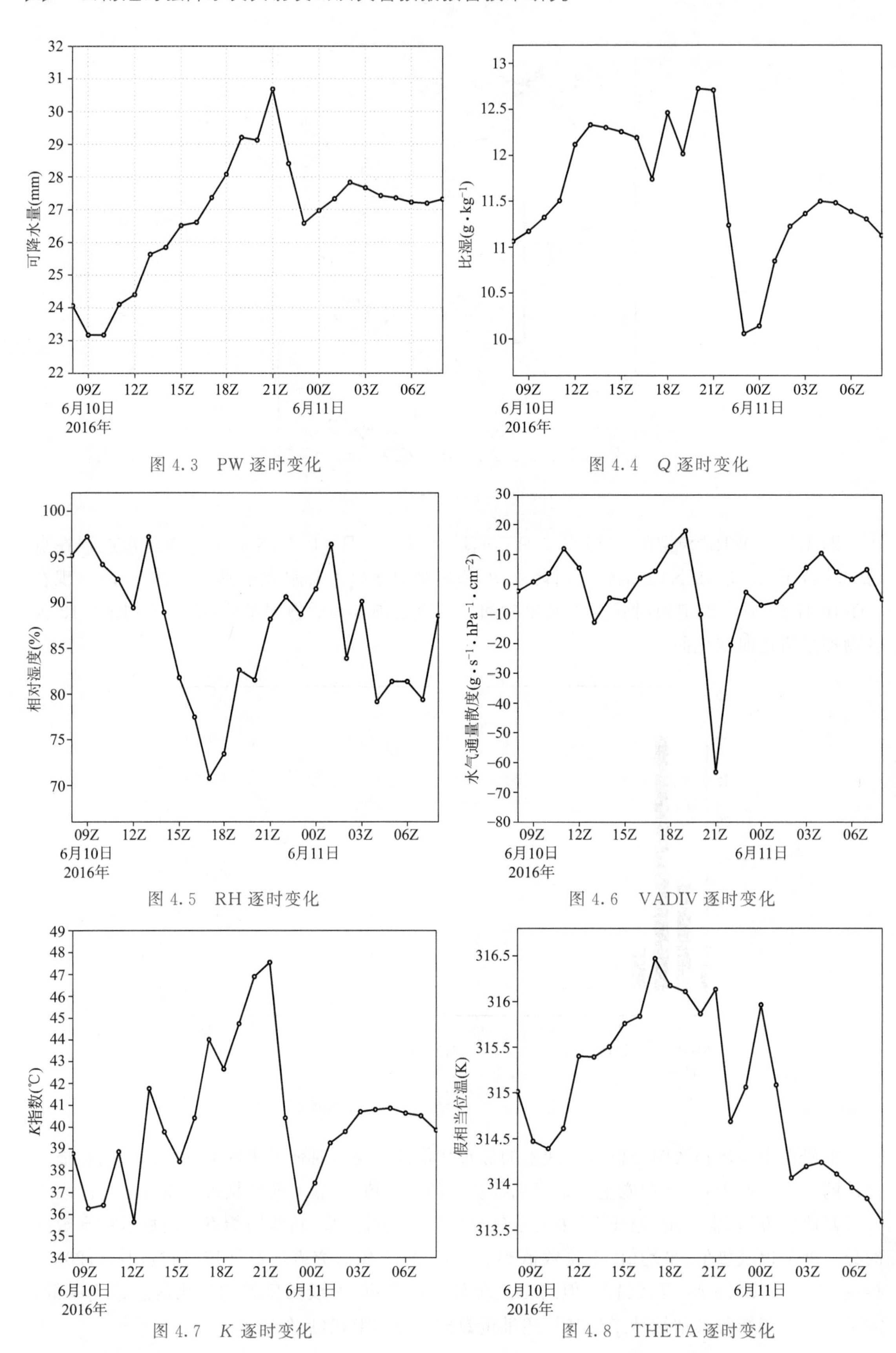

图 4.3　PW 逐时变化

图 4.4　*Q* 逐时变化

图 4.5　RH 逐时变化

图 4.6　VADIV 逐时变化

图 4.7　*K* 逐时变化

图 4.8　THETA 逐时变化

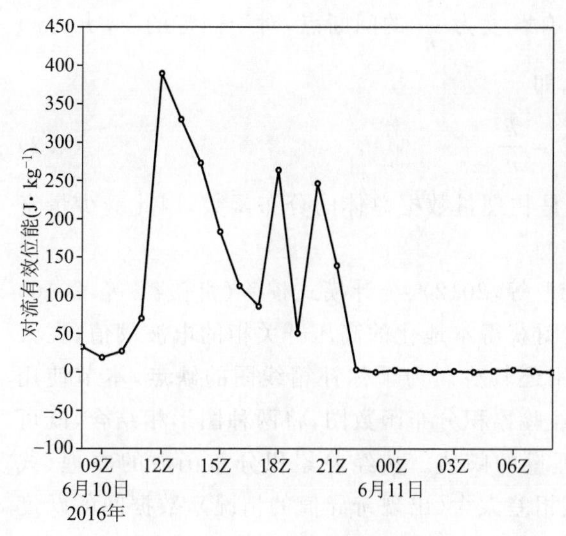

图 4.9　CAPE 逐时变化

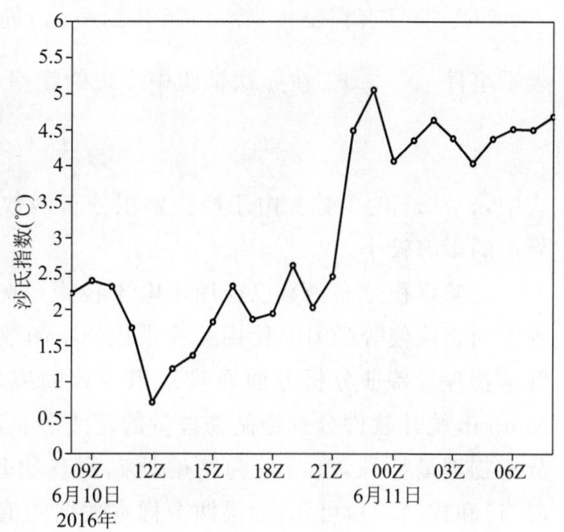

图 4.10　*SI* 逐时变化

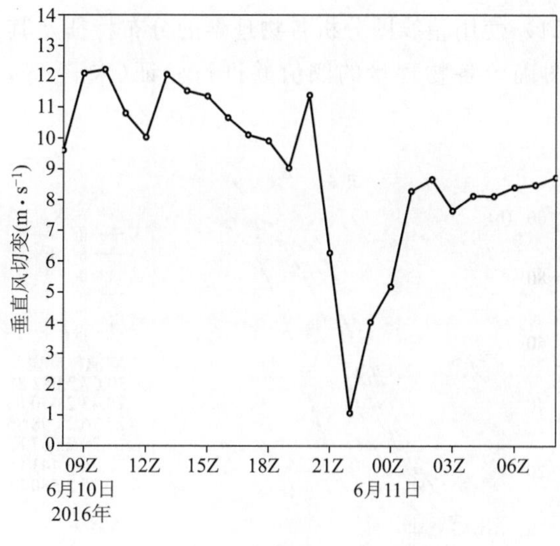

图 4.11　6KMSH 逐时变化

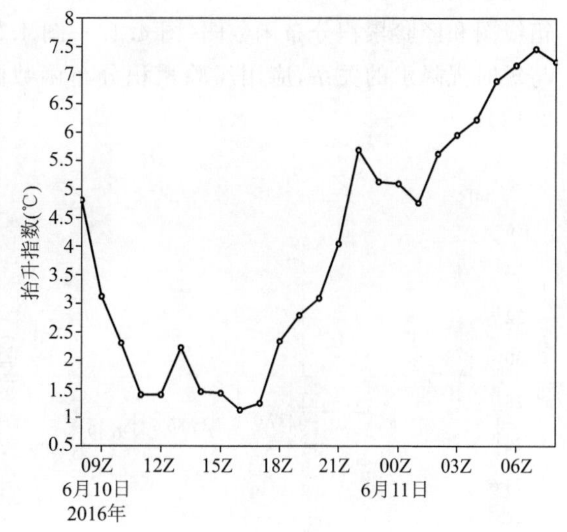

图 4.12　*LI* 逐时变化

经验累积分布函数是与样本经验测度相关的分布函数，其原理如下：

设各个物理量的整体为 X，组成物理量整体的个体为 x_i $(i=1,2,3,\cdots,n)$，$n=85$。为了解各物理量的总体特征，根据样本观测值 $x_1,x_2,\cdots,x_n$ 构造函数 $F_n(x)$ 来近似各物理量总体 X 的分布函数，函数 $F_n(x)$ 称为经验累积函数。将计算出来的物理量样本数据 $x_1,x_2,\cdots,x_n$ 按从小到大的顺序排列成 $x_{(1)}\leqslant x_{(2)}\leqslant\cdots\leqslant x_{(n)}$，定义

$$F_n(x)=\begin{cases}0, x<x_{(1)}; \\ \dfrac{k}{n}, x_{(k)}\leqslant x<x_{(k+1)}, k=1,2,\cdots,n-1; \\ 1, x\geqslant x_n。\end{cases} \tag{4.1}$$

$F_n(x)$ 只有在 $x=x_{(k)}$ $(x=1,2,\cdots,n)$ 处有跃度为 $\frac{1}{n}$ 的间断点，对于固定的 x，$F_n(x)$ 表示事件 $\{X \leqslant x\}$ 在 n 次试验中出现的频率，即

$$F_n(x)=\frac{k}{n} \tag{4.2}$$

式中，k 为 x_i 的个数。由于经验累积分布函数是物理量数据总体的分布函数，因此受少量奇异值的影响较小。

经验累积分布函数已应用于电子技术（郭建 等，2012）、统计模式校验（肖薇薇 等，2016）等方面。熊俊等（2016）使用经验累积分布函数图获得本地化的高压开关柜的电波阈值，在天气学物理量特征分析方面经验累积函数的应用还较少。为了弥补箱线图的缺点，本节使用 Minitab 统计软件分别绘制物理量的箱线图和经验累积分布函数图，将两种图形相结合，既可分析物理量特征，又可较为精确地确定各物理量的阈值。从经验累积分布函数的原理（式(4.1)和式(4.2)）可知，如果两个样本数据的值相差太大（出现奇异值的情况），数据间的跃度就小，函数曲线的斜率就小。为了排除奇异值对物理量阈值的影响，在使用经验累积分布函数图确定物理量阈值时，选择函数曲线斜率大处的百分位数对应的数据值作为物理量阈值。本研究应用此方法计算出 85 个短时强降水样本短时强降水发生前 6 h 所有的物理量值后，绘制箱线图和经验累积分布函数图（图 4.13—图 4.21），使用箱线图分析各物理量的分布特征及其与短时强降水的关系，应用经验累积分布函数图确定各物理量的阈值并进行验证（朱莉 等，2019）。

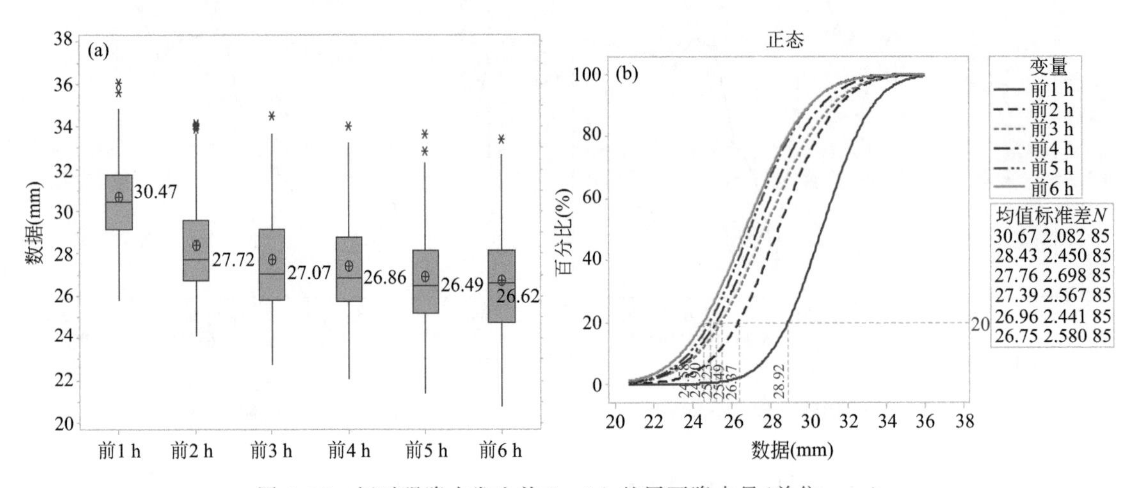

图 4.13　短时强降水发生前 1～6 h 整层可降水量（单位：mm）

(a)箱线图；(b)累积经验分布函数图

（箱线图中黑色横线为中位数，圆圈为平均值，* 为异常值，下同）

4.1.2　水汽类物理量特征分析

(1)整层可降水量（PW）

从短时强降水发生前 1～6 h 的 PW 箱线图（图 4.13a）可以看出，所有分析时次箱体宽度较一致。PW 数值分布集中，短时强降水发生前 1 h PW 值为最大，PW 中位数值为 30.47 mm，平均值为 30.67 mm，从前 1 h 到前 2 h，PW 值降幅较大，中位数值降为 27.72 mm，从前 2 h 至前 6 h PW 数值变化不明显，中位数值维持在 26～27 mm，但 PW 平均值随着时效的延长

逐渐下降。综合箱线图及经验累积分布函数图(图 4.13b)特征，确定短时强降水发生前 1 h PW 阈值为 $PW \geqslant 28.92$ mm，前 2 h 阈值为 $PW \geqslant 26.37$ mm，前 3 h 阈值为 $PW \geqslant 25.49$ mm，前 4 h 阈值为 $PW \geqslant 25.23$ mm，前 5 h 阈值为 $PW \geqslant 24.9$ mm，前 6 h 阈值为 $PW \geqslant 24.58$。

(2)700 hPa 水汽通量散度(VADIV)

短时强降水发生前 6 h 至发生前 2 h，700 hPa 水汽通量散度箱线图的箱体均较窄，样本值较为集中，中位数值在 $-1.7\times10^{-5}\sim2.11\times$ g · s^{-1} · cm^{-2} · hPa^{-1} 之间，强降水发生前 1 h 的 700 hPa 水汽通量散度值明显下降，中位数值下降至 $-32.8\times$ g · s^{-1} · cm^{-2} · hPa^{-1}，箱体显著加宽，约 85%左右的样本个例 700 hPa 水汽通量散度值小于零(图 4.14a)，表明短时强降水发生前 1 h 中低层基本为水汽辐合，短时强降水发生前 2 h 至 6 h 期间 75%以上的个例为水汽弱辐合或水汽弱辐散，因此，700 hPa 水汽通量散度阈值应为一区间值。

经验累积分布函数图中，物理量曲线斜率大的区间为样本值分布均匀的区间，斜率小的区间为个别奇异值样本分布区间。为了得到合适的阈值，选取样本值分布均匀的区间值作为各时次 700 hPa 水汽通量散度的阈值，从 700 hPa 水汽通量散度经验累积分布函数图中(图 4.14b)可见，短时强降水发生前 1 h，5%分位数至 90%分位数之间的物理量曲线斜率较大，之间的物理量值大于或等于 -84.6×10^{-5} g · s^{-1} · cm^{-2} · hPa^{-1}，且小于或等于 0.8×10^{-5} g · s^{-1} · cm^{-2} · hPa^{-1}。同理，通过水汽通量散度经验累积分布函数图可以得出短时强降水发生前 2 h 的700 hPa 水汽通量散度的阈值为 -36.1×10^{-5} g · s^{-1} · cm^{-2} · $hPa^{-1} \leqslant VADIV \leqslant 22.1\times10^{-5}$ g · s^{-1} · cm^{-2} · hPa^{-1}，前 3 h 阈值为 -20.7×10^{-5} g · s^{-1} · cm^{-2} · $hPa^{-1} \leqslant VADIV \leqslant 17.5\times10^{-5}$ g · s^{-1} · cm^{-2} · hPa^{-1}，前 4 h 阈值为 -21.4×10^{-5} g · s^{-1} · cm^{-2} · $hPa^{-1} \leqslant VADIV \leqslant 10^{-5}$ g · s^{-1} · cm^{-2} · hPa^{-1}，前 5 h 阈值为 -22.7×10^{-5} g · s^{-1} · cm^{-2} · $hPa^{-1} \leqslant VADIV \leqslant 10^{-5}$ g · s^{-1} · cm^{-2} · hPa^{-1}，前 6 h 阈值为 -22.7×10^{-5} g · s^{-1} · cm^{-2} · $hPa^{-1} \leqslant VADIV \leqslant 10^{-5}$ g · s^{-1} · cm^{-2} · hPa^{-1}。

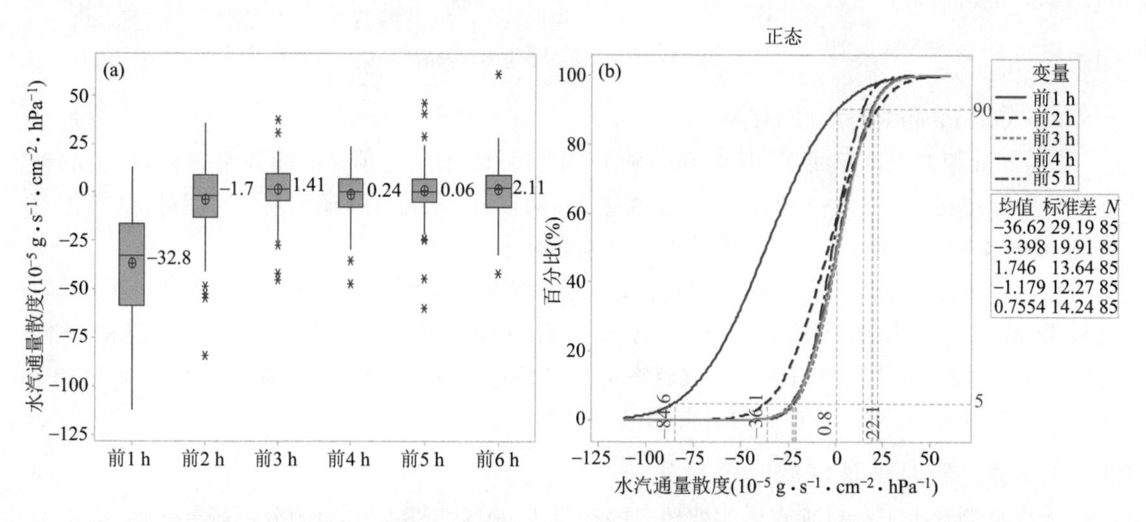

图 4.14　短时强降水发生前 1～6 h 700 hPa 水汽通量散度

(a)箱线图；(b)累积经验分布函数图

(3)700 hPa 比湿(Q)

从短时强降水发生前 1～6 h 700 hPa 比湿的箱线图(图 4.15a)可见，各时次箱体均较宽，所有样本个例的比湿均在 10 g · kg^{-1} 以上，短时强降水发生前 1 h 的中位数值达最大(12.62 g · kg^{-1})，前

2 h 至前 5 h 中位数值逐渐下降，到前 6 h 略有增加，但平均值呈逐渐下降的特征，虽然越临近短时强降水的发生平均数值逐渐增加，但各时次中位数值及平均值均在 12 g · kg^{-1} 左右。

水汽含量对短时强降水的发生起到重要作用，对于某一地点而言，大气水汽含量越多，该点出现短时强降水的概率也越大（田付友 等，2015）。比湿作为表征水汽含量的一个物理量，其数值越大，表明发生短时强降水的可能性越大，因此，可将 700 hPa 比湿经验累积函数分布图（图 4.15b）中物理量曲线下端斜率明显增大的百分位数对应的比湿值作为阈值的下限。各时次函数曲线走向基本一致，10%分位数开始曲线斜率增大，因此，统一将 10%分位数对应的数值作为 700 hPa 比湿阈值的下限，短时强降水发生前 1 h 阈值为 $Q \geqslant 11.85$ g · kg^{-1}，前 2 h 阈值为 $Q \geqslant 11.39$ g · kg^{-1}，前 3 h 阈值为 $Q \geqslant 10.99$ g · kg^{-1}，前 4 h 阈值为 $Q \geqslant 10.95$ g · kg^{-1}，前 5 h 阈值为 $Q \geqslant 10.86$ g · kg^{-1}，前 6 h 阈值为 $Q \geqslant 10.65$ g · kg^{-1}。

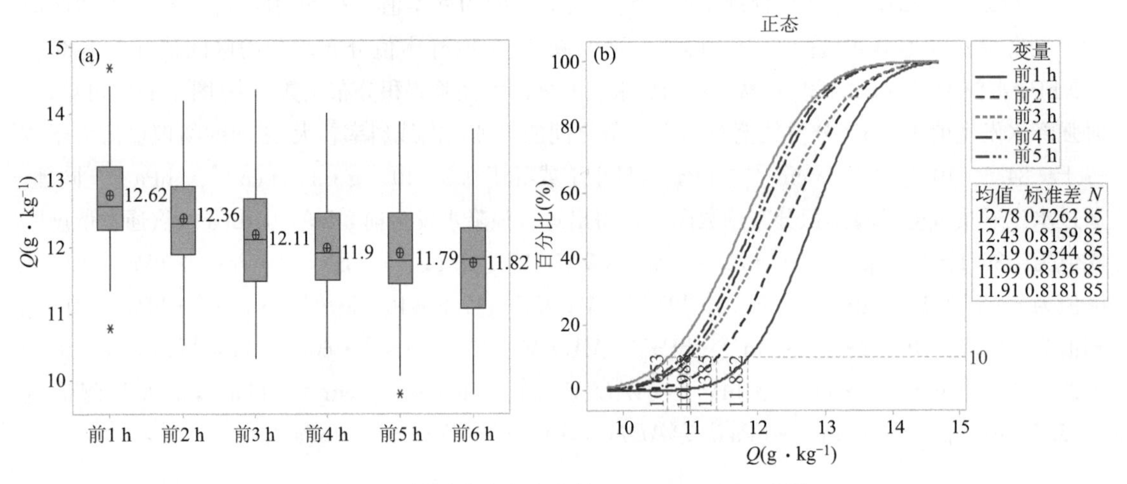

图 4.15 短时强降水发生前 1～6 h 700 hPa 比湿

(a)箱线图；(b)累积经验分布函数图

（4）700 hPa 相对湿度（RH）

700 hPa 相对湿度箱线图（图 4.16a）显示，短时强降水发生前 1 h 箱体窄，75%以上的样本值集中分布在 97.5%～100%，中位数值达 98.84%，距离短时强降水发生时间越远，箱体宽度越宽，样本值越分散，且中位数值及平均值逐渐减小。

相对湿度作为水汽含量的一个物理量，同样是越大越有利于短时强降水的发生。同理，取经验累积分布函数图曲线斜率明显增大的百分位数对应的 RH 值作为阈值的下限（图 4.16b），10%分位数左右函数曲线斜率增大，10%分位数对应的短时强降水发生前 1～6 h RH 数值分别为 93.38%、88.94%、84.34%、82.34%、80.45%、78.9%。

4.1.3 动力类物理量特征分析

强降水常发生于深层垂直风切变较弱的环境下，陈元昭等（2016）的分析研究表明，大多数短时强降水过程处在弱到中等垂直风切变环境中。从 6 km 垂直风切变箱线图（图 4.17a）可见，大多数样本垂直风切变值都低于 12 m · s^{-1}，属于弱垂直风切变，并且数值随时间变化很小，短时强降水发生之前 1～6 h 期间 6 km 垂直风切变的平均值在 5～7 m · s^{-1} 之间。

根据 6 km 垂直风切变值经验累积分布函数曲线的走向（图 4.17b），选择 10%分位数至 85%分位数之间的数值作为短时强降水发生前 6 km 垂直风切变的阈值。由图可见，短时强

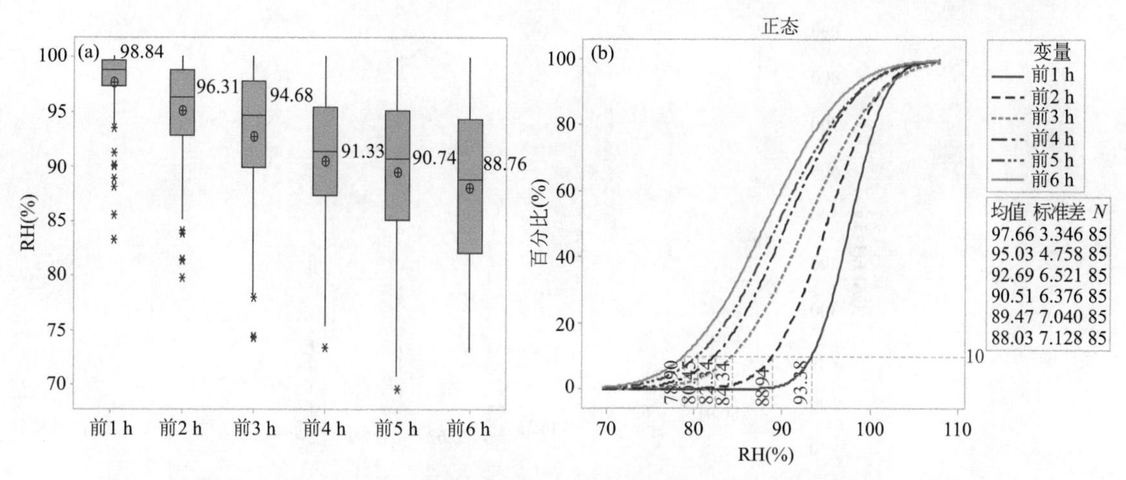

图 4.16 短时强降水发生前 1～6 h 700 hPa 相对湿度

(a)箱线图;(b)累积经验分布函数图

降水发生前 1 h 阈值为 2.77 m·s^{-1}≤SHEAR≤10.35 m·s^{-1},前 2 h 阈值为 2.23 m·s^{-1}≤SHEAR≤10.25 m·s^{-1},前 3 h 阈值为 1.49 m·s^{-1}≤SHEAR≤9.97 m·s^{-1},前 4 h 阈值为 1.8 m·s^{-1}≤SHEAR≤9.54 m·s^{-1},前 5 h 阈值为 1.83 m·s^{-1}≤SHEAR≤10.1 m·s^{-1},前 6 h 阈值为 1.43 m·s^{-1}≤SHEAR≤10.57 m·s^{-1}。

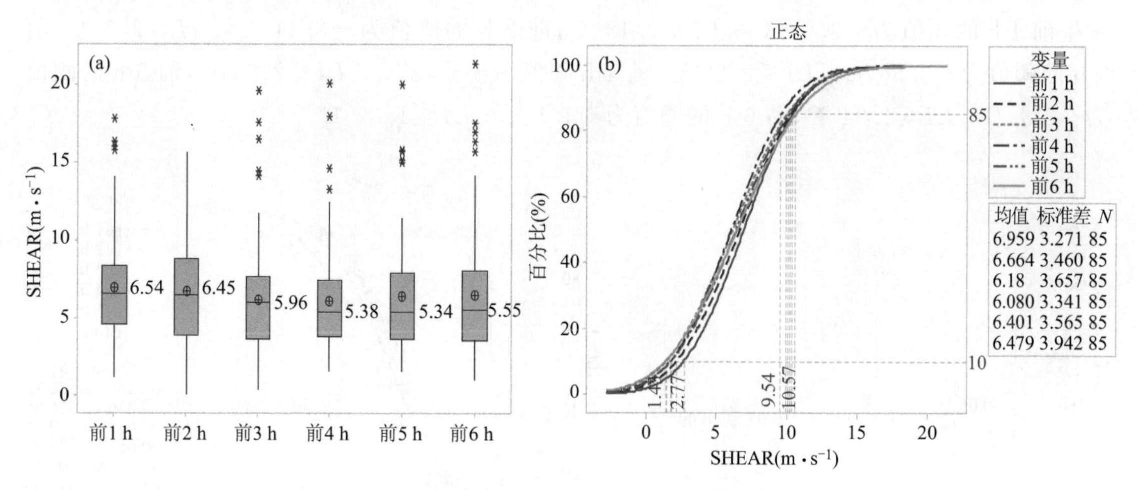

图 4.17 短时强降水发生前 1～6 h 垂直风切变 SHEAR

(a)箱线图;(b)累积经验分布函数图

4.1.4 不稳定条件类物理量特征分析

(1)对流有效位能(CAPE)

对流有效位能 CAPE 是判断深厚湿对流潜势的重要参数,适当大小的 CAPE 比极端的 CAPE 更有利于高降水效率的形成(孙继松 等,2014)。从 CAPE 箱线图(图 4.18)可见,短时强降水发生前 1～3 h 箱体的宽度相对较宽,箱体值在 200 J·kg^{-1} 以下,前 4～6 h 的箱体宽度较窄,箱体值在 100 J·kg^{-1} 以下,并且随着短时强降水的临近,CAPE 的平均值有小幅增加。但是短时强降水发生前各时次模拟的 CAPE 值从 0 至 800 J·kg^{-1} 均有出现,数据离散度大,因此,无法对其进行阈值判断。

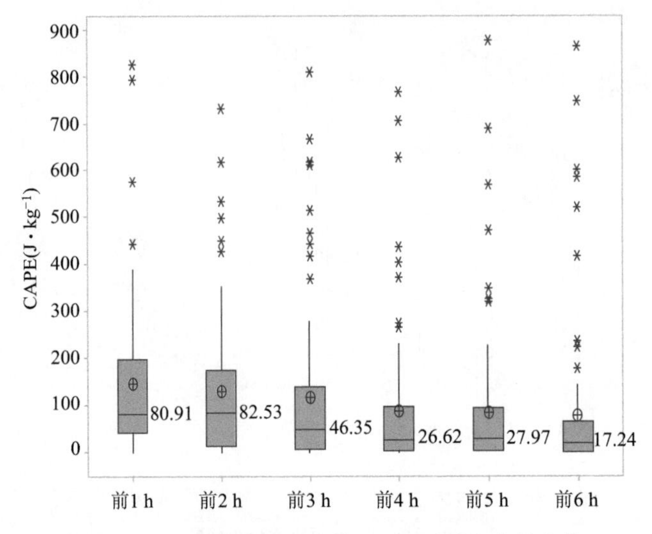

图 4.18 短时强降水发生前 1 6 小时对流有效位能

(2)抬升指数(*LI*)

从 *LI* 各时次的箱线图(图 4.19a)可见,样本数据较为集中,离散程度小,随着短时强降水的临近,*LI* 中位数值及平均值都逐渐增加,但增加的幅度较小。根据样本数据的分布,在 *LI* 经验累积分布函数图中(图 4.19b)选取 10%～90%之间的值为 *LI* 的阈值,*LI* 在短时强降水发生前 1 h 的阈值为－3.02 ℃≤*LI*≤3.48 ℃,前 2 h 的阈值为－3.44 ℃≤*LI*≤2.6 ℃,前 3 h 的阈值为－3.56 ℃≤*LI*≤2.23 ℃,前 4 h 阈值为－3.43 ℃≤*LI*≤2.06 ℃,前 5 h 的阈值为－3.7 ℃≤*LI*≤1.94 ℃,前 6 h 的阈值为－4.1 ℃≤*LI*≤1.89 ℃。

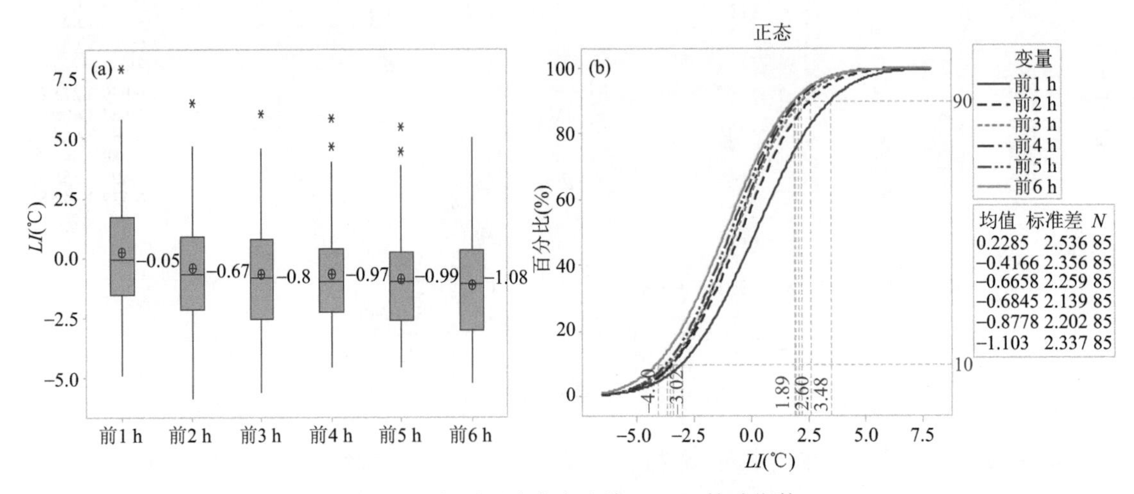

图 4.19 短时强降水发生前 1～6 h 抬升指数

(a)箱线图;(b)累积经验分布函数图

(3)*K* 指数

从 *K* 指数各时次的箱线图(图 4.20a)可见,*K* 指数样本数据的离散度较小,中位数值及平均值随着短时强降水的临近逐渐增大,从前 6～3 h 期间 *K* 指数的中位数值及平均值增幅较小,前 2～1 h 增幅较大,到前 1 h 增加为 46.24 ℃,并且箱线图的箱体变窄,数据集中度达到最高,表明在短时强降水发生前 1 h,*K* 指数有显著增大的特征。

同理，选择 K 指数经验累积分布函数图(图 4.20b)中 10%～90%分位数的样本个例值作为阈值。K 指数在短时强降水发生前 1 h 的阈值为 42.64 ℃≤K≤51.05 ℃，前 2 h 的阈值为 37.54 ℃≤K≤49.6 ℃，前 3 h 的阈值为 35.39 ℃≤K≤48.96 ℃，前 4 h 的阈值为 34.91 ℃≤K≤47.66 ℃，前 5 h 的阈值为 33.82 ℃≤K≤46.8 ℃，前 6 h 的阈值为 33.11 ℃≤K≤46.82 ℃。

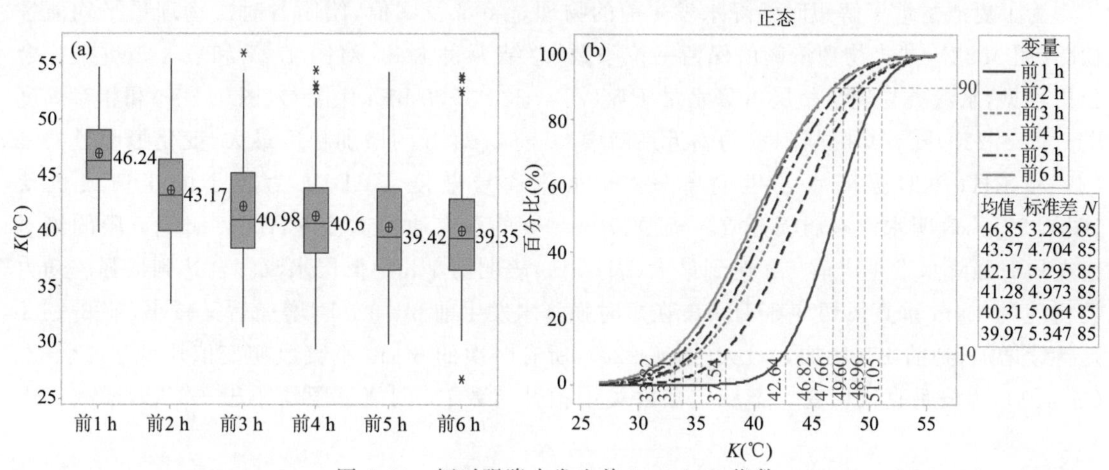

图 4.20　短时强降水发生前 1～6 h K 指数

(a)箱线图；(b)累积经验分布函数图

(4)700 hPa 假相当位温(THETA)

700 hPa 假相当位温样本个例离散度也较小，中位数值及平均值都约为 316 K，随短时强降水的临近中位数值及平均值逐渐减小，但变化幅度不大(图 4.21a)，表明 700 hPa 假相当位温对短时强降水的指示作用较小。在经验累积函数图中选取 10%与 85%分位数之间的数值作为 700 hPa 假相当位温的阈值，由图 4.21b 可见，短时强降水发生前 1 h 的阈值为 315.21 K≤THETA≤317.29 K，前 2 h 的阈值为 315.03 K≤THETA≤317.46 K，前 3 h 的阈值为 315 K≤THETA≤317.73 K，前 4 h 的阈值为 314.97 K≤THETA≤317.96 K，前 5 h 的阈值为 314.97 K≤THETA≤318.12 K，前 6 h 的阈值为 315.09 K≤THETA≤318.15 K。

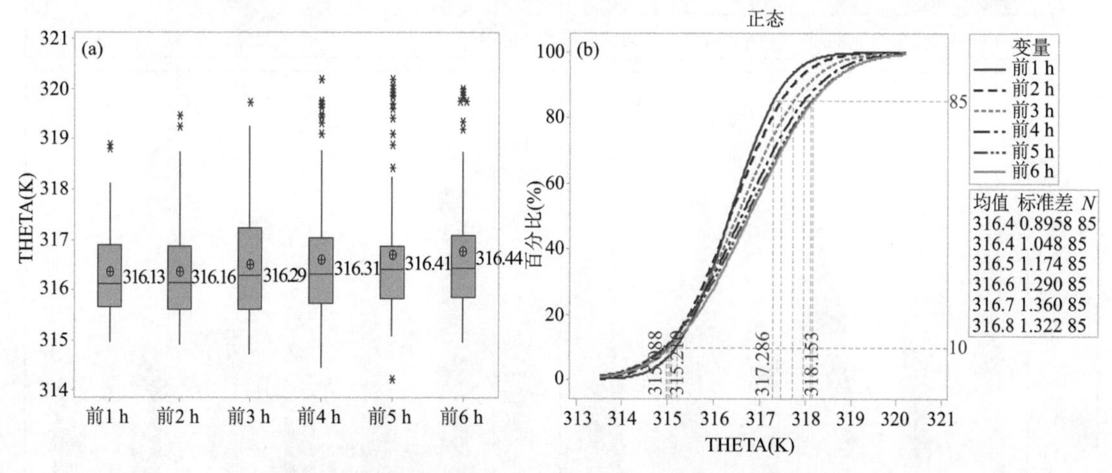

图 4.21　短时强降水发生前 1～6 h 700 hPa 假相当位温

(a)箱线图；(b)累积经验分布函数图

4.2 预报指标的验证

4.2.1 物理量特征及其阈值

为了更清楚地了解短时强降水发生前的物理量特征及阈值，绘制各时次物理量平均值柱状图(图 4.22)，并将物理量阈值保留一位小数，总结为表 4.1。对图 4.22 和表 4.1 进行综合分析可见，水汽类物理量整层可降水量 *PW*(图 4.22a)、700 hPa 比湿 *Q*(图 4.22c)和相对湿度 RH(图 4.22d)随着短时强降水的临近逐渐增大，前 2～1 h 的增加幅度最大，变化最明显的是 *PW* 和 RH；短时强降水发生前 6～2 h 水汽通量散度 VADIV 为较小的正值或负值(图 4.22b)，表明水汽有弱辐合或弱辐散，700 hPa 的水汽通量散度 VADIV 阈值下限的绝对值在短时强降水发生之前 1 h 达到最大(表 4.1)，表明前 1 h 中低层水汽辐合达到最强。动力类物理量 6 km 垂直风切变 SHEAR 在短时强降水发生前 6～3 h 时增加后又减小，前 3～1 h 则持续增加，到前 1 h 增加至最大(图 4.22e)，所有时次的 6 km 垂直风切变值均低于 12 m/s (表 4.1)，为弱垂直风切变。不稳定条件类中抬升指数 *LI* 阈值下限均小于－3 ℃，增减不连

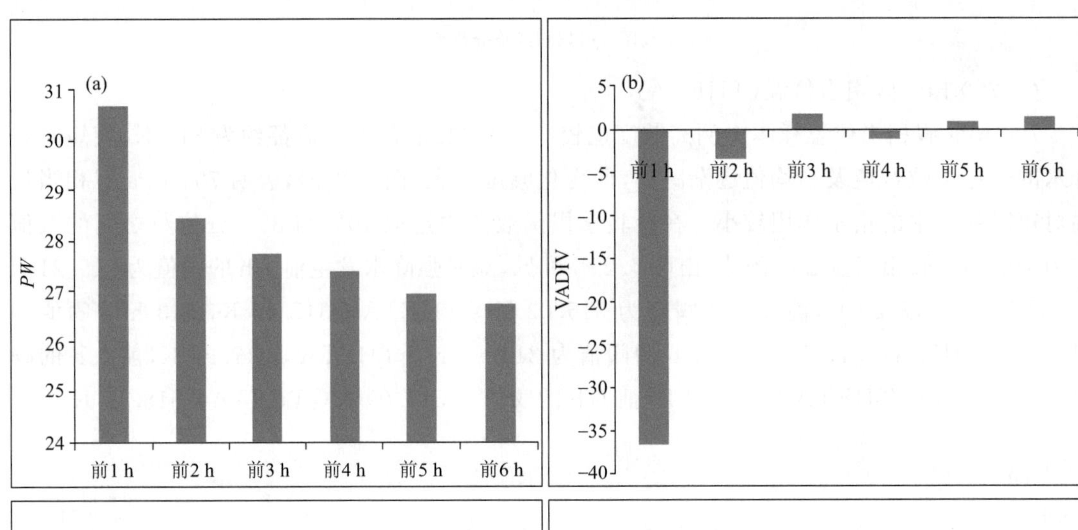

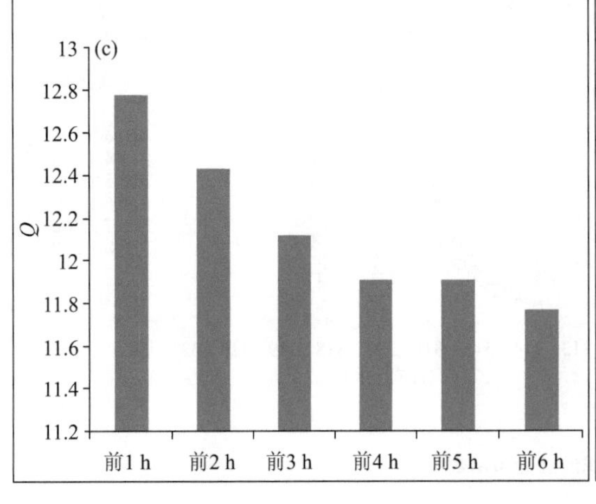

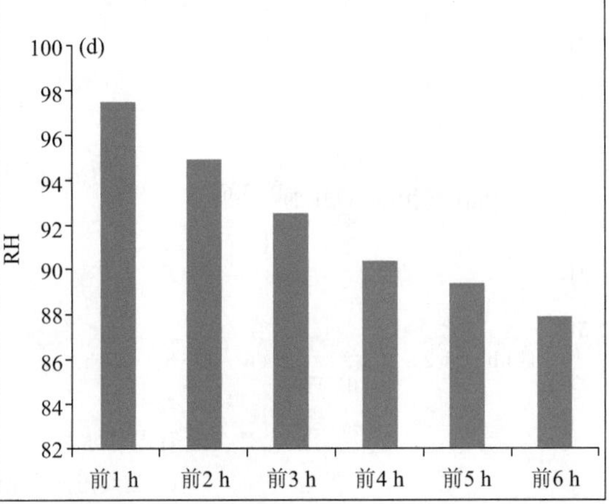

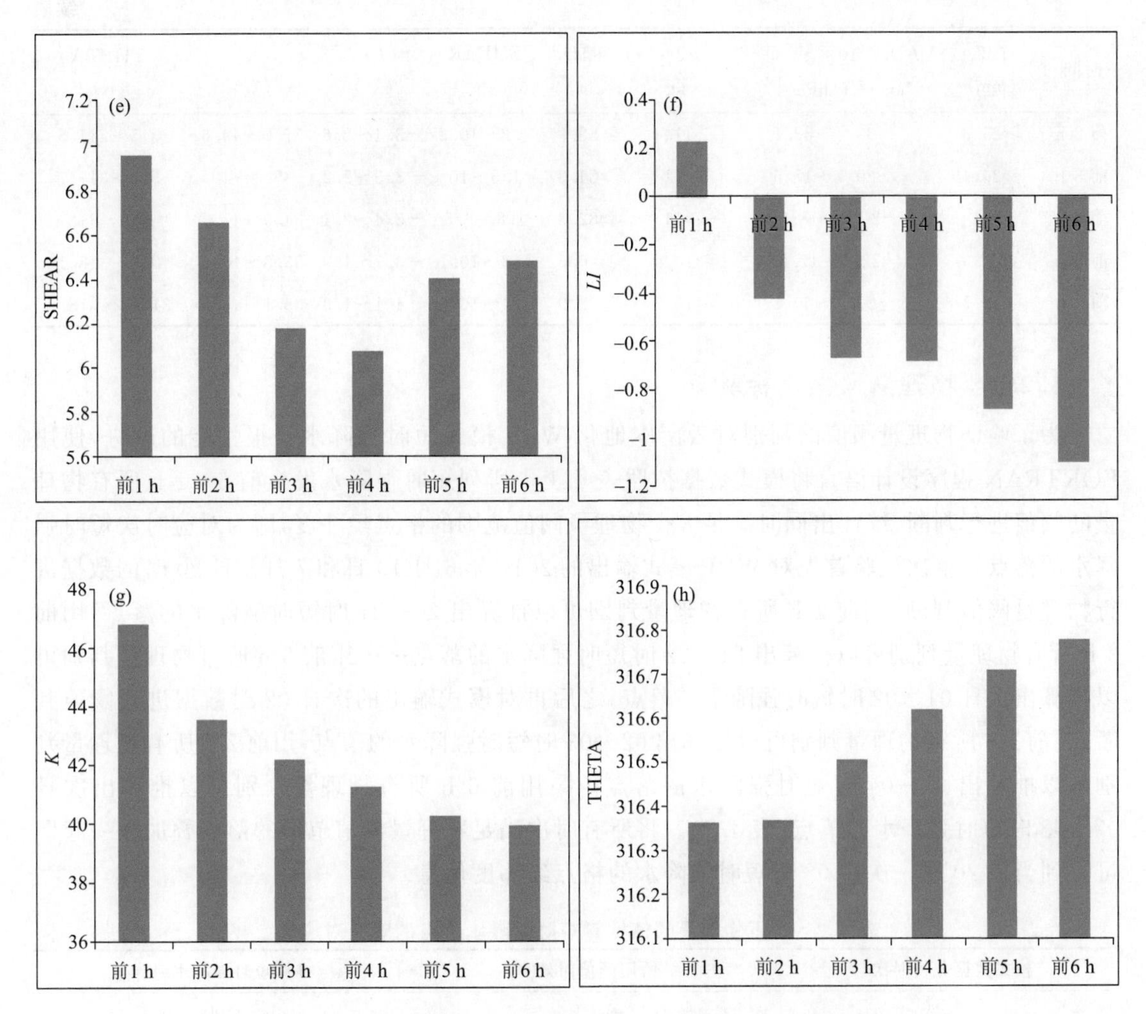

图 4.22　短时强降水发生前 1～6 h 主要物理量平均值柱状图

(a)整层可降水量(mm)；(b)700 hPa 水汽通量散度(10^{-5}g・s^{-1}・cm^{-2}・hPa^{-1})；(c)700 hPa 比湿(g・kg^{-1})；(d)700 hPa 相对湿度(%)；(e)垂直风切变(m・s^{-1})；(f)抬升指数(℃)；(g)*K* 指数(℃)；(h)700 hPa 假相当位温(K)

续，*LI* 阈值上限均大于 0 ℃，数值随着短时强降水的临近逐渐增加(图 4.22f)，表明气层条件不稳定及稳定状况均有可能发生短时强降水；*K* 指数阈值上下限以及平均值随时间临近均逐渐增加，从前 2～1 h 增加幅度最大(图 4.22g)，表明大的 *K* 指数对短时强降水有较好的指示作用；700 hPa 假相当位温 THETA 各时次的平均值随短时强降水的临近小幅下降(图 4.22h)，上下限数值变化不明显(表 4.1)，上限均在 318 K 左右，下限均在 315 K 左右，与短时强降水的关系不大。

表 4.1　主要物理量参数阈值表

时间	*PW* (mm)	VADIV(10^{-5}g・s^{-1}・cm^{-2}・hPa^{-1})	*Q* (g・kg^{-1})	RH (%)	SHEAR (m・s^{-1})	*LI* (℃)	*K* (℃)	THETA (K)
前 1 h	≥28	−84.6～0.8	≥11.9	≥93.4	2.7～10.4	−3～3.5	42.6～51.1	315.2～317.3

续表

时间	PW (mm)	VADIV(10^{-5}g·s^{-1}·cm^{-2}·hPa^{-1})	Q (g·kg^{-1})	RH (%)	SHEAR (m·s^{-1})	LI (℃)	K (℃)	THETA (K)
前 2 h	≥25.3	−36.1～22.1	≥11.4	≥88.9	2.2～10.3	−3.4～2.6	37.5～49.6	315～317.5
前 3 h	≥24.4	−20.7～17.5	≥11	≥84.3	1.5～10	−3.5～2.2	35.4～49	315～317.7
前 4 h	≥24	−21.4～18.29	≥11	≥82.3	1.8～9.5	−3.4～2.1	34.9～47.7	315～318
前 5 h	≥23.9	−22.7～17.85	≥10.9	≥80.5	1.8～10.1	−3.7～1.9	33.8～46.8	315～318.1
前 6 h	≥23.7	−22.7～20.4	≥10.7	≥78.9	1.4～10.6	−4.1～1.9	33.1～46.8	315.1～318.2

4.2.2 物理量预报指标验证

为了验证物理量阈值的判别对云南本地化 WRF 模式短时强降水预报性能的改进，使用 FORTRAN 程序设计语言将模式数据按照表 4.1 中所列短时强降水发生前 6～1 h 所有物理量的阈值进行判断，统计出同时满足 8 个物理量阈值范围的格点经纬度，即为对应时次短时强降水的落点。本次试验首先对 WRF 模式输出的 2016 年 6 月 10 日和 7 月 5 日 20 时的数据进行物理量阈值判断，用前 1 h 所有物理量判别可以推算出 20—21 时短时强降水的落点，用前 2 h 所有物理量判别可以推算出 21—22 时短时强降水的落点……用前 6 h 所有物理量判别可以推算出次日 01—02 时短时强降水的落点；之后再对模式输出的次日 02 时数据进行阈值判断，用前 1 h 所有物理量判别可以推算出 02—03 时短时强降水的落点，用前 2 h 所有物理量判别可以推算出 03—04 时短时强降水的落点……用前 6 h 所有物理量判别可以推算出次日 07—08 时短时强降水的落点（表 4.2）。将所有时次满足物理量阈值范围的落点叠加在一起即可得到当日 20 时—次日 08 时短时强降水的格点经纬度信息。

表 4.2 使用物理量阈值推算短时强降水落点的时次对应表

模式数据分析时次	所用阈值时效	推算短时强降水时次
20 时	前 1 h	21 时
	前 2 h	22 时
	前 3 h	23 时
	前 4 h	00 时
	前 5 h	01 时
	前 6 h	02 时
02 时	前 1 h	03 时
	前 2 h	04 时
	前 3 h	05 时
	前 4 h	06 时
	前 5 h	07 时
	前 6 h	08 时

图 4.23 给出了 2016 年 6 月 10 日 20 时—11 日 08 时发生的短时强降水过程实况、WRF 模式模拟及基于物理量指标模拟的结果。此次过程中短时强降水主要出现在云南东部、中部一带和南部边缘地区，从东至西的带状分布特征比较明显（图 4.23a）。从 WRF 模式直接输出

的短时强降水的落区分布看，WRF模式仅模拟出了云南中部、东南部的个别点，并且位置与实况相比略有偏差，WRF模式对这次短时强降水过程的模拟出现了明显的漏报(图4.23b)。使用物理量指标方法得出的短时强降水落区较好地反映了此次过程在云南中部呈东西向带状分布的特征，弥补了WRF模式在云南中部、东部地区的漏报(图4.23c)。但在西部地区出现了小范围的空报，南部边缘地区存在与WRF直接输出的结果一样有少量漏报。

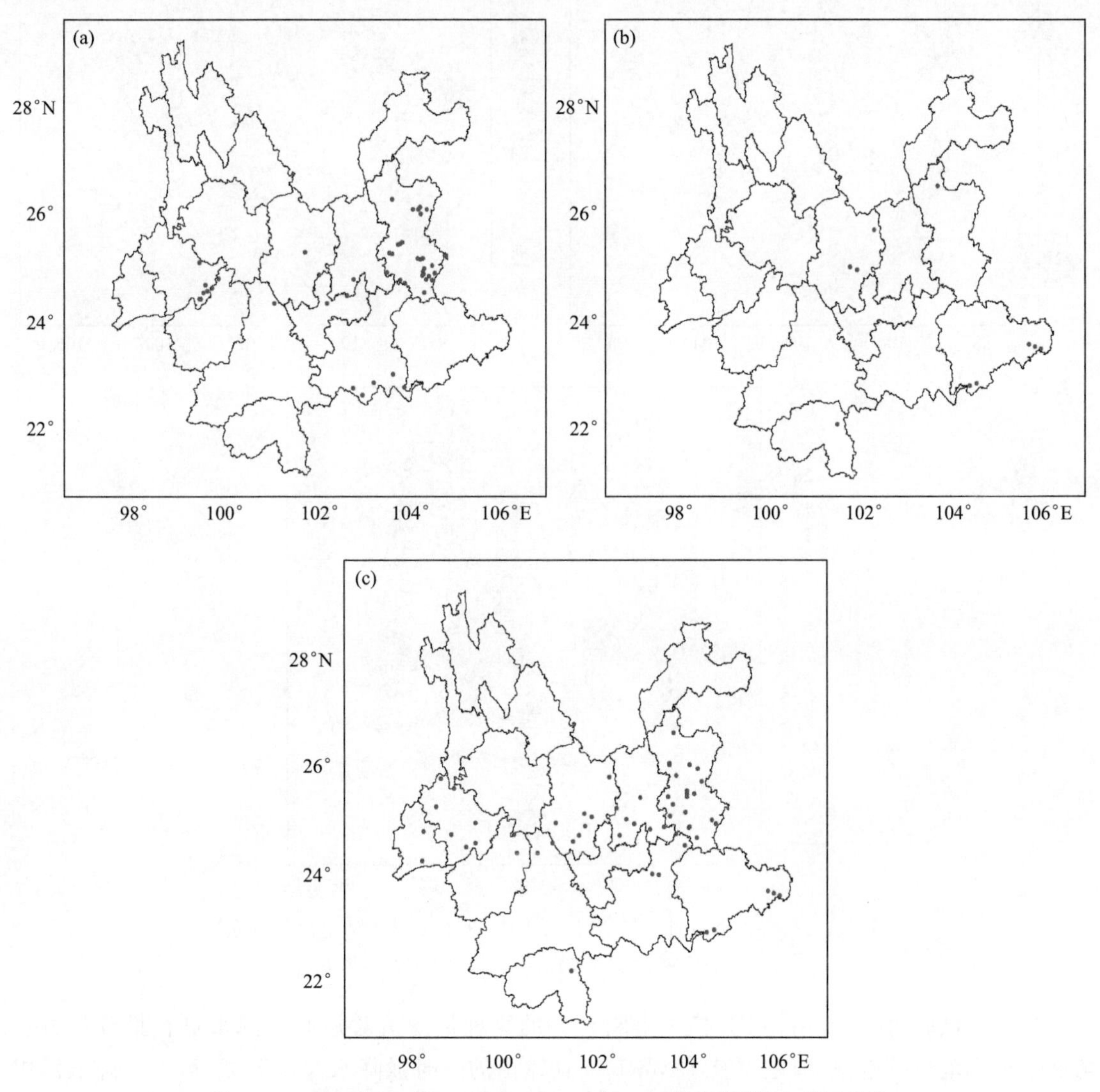

图4.23　2016年6月10日20时—11日08时短时强降水落区分布

(a)实况；(b)WRF模式模拟；(c)基于物理量指标模拟

图4.24给出了2016年7月5日20时—6日08时发生的短时强降水过程实况、WRF模式模拟及基于物理量指标模拟的结果。此次过程中短时强降水主要出现在云南东北部、中部及西南地区东部，自北向南的带状分布特征比较明显(图4.24a)。WRF模式在云南中部以西地区模拟出了部分短时强降水天气，其空间分布与实况基本一致，但是未模拟出云南中部偏东地区及东北部的短时强降水(图4.24b)。使用物理量指标方法得出的短时强降水区弥补了WRF模式在云南中部、东部地区的漏报，相对于WRF模式的直接输出结果有明显的改善，当

然也存在一定的不足，那就是在西部地区出现了个别点的空报（图 4.24c）。

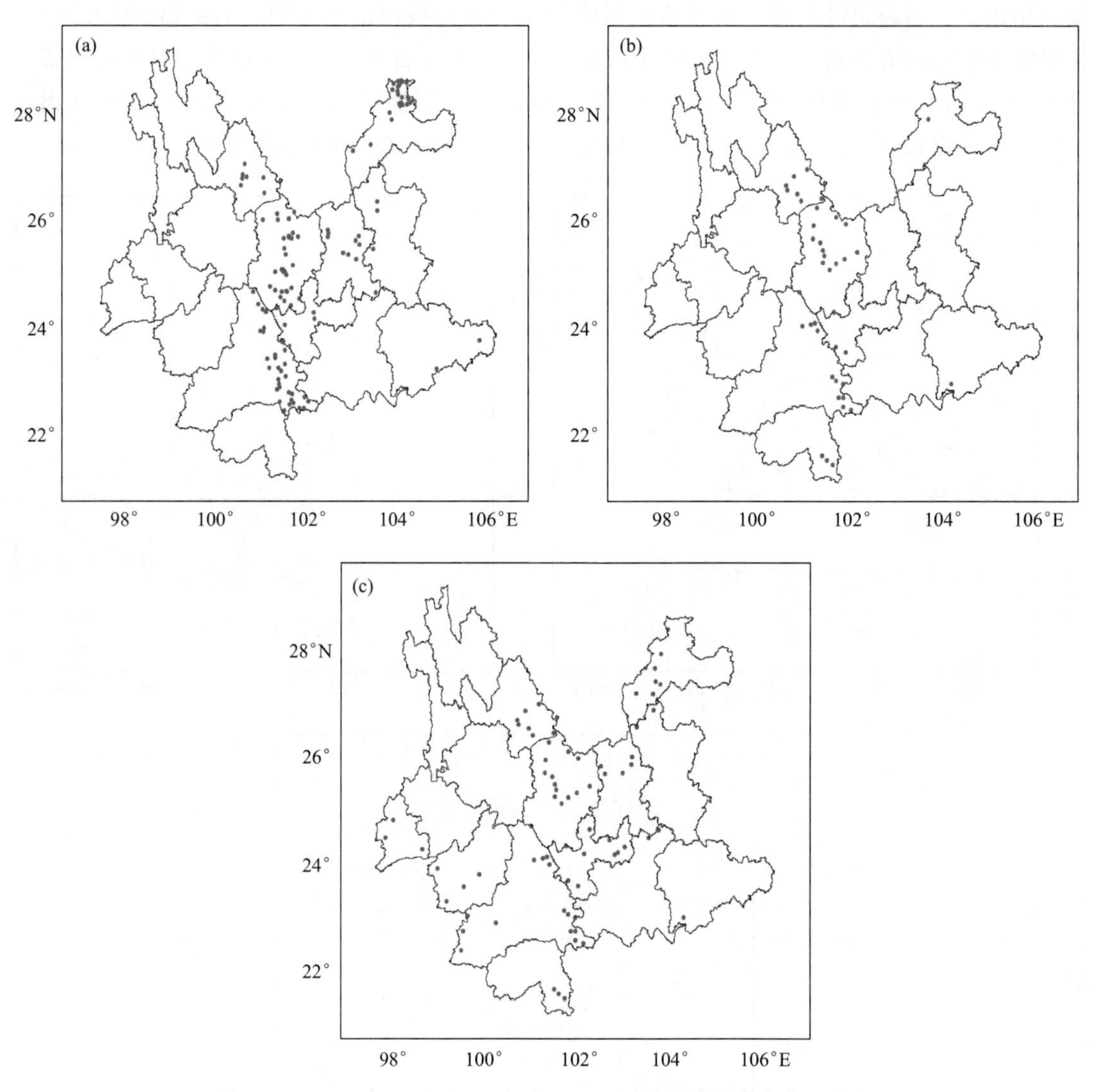

图 4.24　2016 年 7 月 5 日 20 时—6 日 08 时短时强降水落区分布

（a）实况；（b）WRF 模式模拟；（c）基于物理量指标模拟

从反算试验可见，使用 WRF 模式资料计算的物理量阈值对短时强降水进行推算的方法虽然出现小范围的空报，但是填补了 WRF 模式输出的短时强降水漏报区域，可大大降低漏报率，并且短时强降水落区与实况对应较好，相对于云南本地化 WRF 模式直接输出的短时强降水预报有明显的改进作用。

4.2.3　预报指标研究结论

本研究中的短时强降水预报技术是基于业务中使用的区域高分辨率数值模式产品建立的数值释用方法。其主要原理是针对区域高分辨率数值模式对中低层物理量有较好的预报能力，但对地面层短时强降水天气预报误差较大这样一个现状，开展短时强降水天气与各物理量的相关性研究，统计关联度较高的物理量并确定其阈值，最终建立预报模型，并在预报业务中应用。本节研究结果表明：

(1)水汽类物理量样本数据值分布均较为集中，短时强降水发生前 1 h 整层可降水量(PW)、700 hPa 水汽通量散度(VADIV)、700 hPa 比湿(Q)和 700 hPa 相对湿度(RH)中位数和平均值的绝对值均达最大，其中 PW 和 RH 前 1 h 中位数值增加幅度最大，VADIV 在短时强降水发生前 1 h 约 85%左右的样本个例值小于零，VADIV 阈值下限的绝对值在短时强降水发生之前 1 h 达到最大，表明中低层基本为水汽辐合，且辐合强度在前 1 h 达最强。

(2)动力类物理量 6 km 垂直风切变(SHEAR)中位数值及平均值随时间变化很小，短时强降水发生之前 1～6 h 平均值在 5～7 $m \cdot s^{-1}$ 之间，阈值在短时强降水前 3～1 h 持续增加，至前 1 h 增加至最大，所有时次的 6 km 垂直风切变阈值均低于 12 $m \cdot s^{-1}$，为弱垂直风切变。

(3)不稳定条件类中对流有效位能 CAPE 值各时次的离散程度都较大，无法对其进行阈值判断；抬升指数 LI 样本数据较为集中，离散程度小，随着短时强降水的临近，LI 中位数值及平均值都小幅增加，各时次 LI 阈值下限均小于－3 ℃，增减不连续，LI 阈值上限均大于 0 ℃，气层对流不稳定及稳定状况均有可能发生短时强降水；K 指数样本数据离散度小，中位数值、平均值及阈值的上下限在短时强降水发生前 1 h 有显著增大的特征，且数据集中度达到最高，表明大的 K 指数对短时强降水有较好的指示作用；700 hPa 假相当位温样本个例离散度较小，但各时次样本中位数值及平均值变化不明显，各时次阈值的上限均在 315 K 左右，下限均在 318 K 左右。

(4)在所分析的物理量中，随着短时强降水的临近变化最明显的物理量有整层可降水量(PW)、700 hPa 水汽通量散度(VADIV)、700 hPa 比湿(Q)、700 hPa 相对湿度(RH)和 K 指数。

(5)使用 WRF 模式资料计算的物理量阈值对短时强降水进行推算的方法可弥补 WRF 模式输出的短时强降水漏报区域，对云南本地化 WRF 模式短时强降水的预报性能有较大的改进作用。当然，该研究方法还需进行大量个例的试验和对比检验。

4.3　预报模型开发

4.3.1　模型设计思路

设计云南省短时强降水预报模型的目的在于通过对关键物理量的综合判别，改进数值模式预报对短时强降水预报能力的不足，并形成一套稳定的客观业务产品，强化预报业务技术支撑；而且通过业务运行中对预报产品的实时检验，可以帮助预报员不断深化对云南山地复杂地形背景下短时强降水发生规律、维持机制的认识。因此，通过对前期预报指标研究成果(表 4.1)的程序实现，得出稳定的短时强降水客观预报产品，是本系统的最终需求。图 4.25 给出了云南短时强降水预报模型结构示意图，系统将引入 4 种模式预报产品，由于各产品数据源对应的区域范围、时效、分辨率以及投影方式有所不同，系统需要分别建立解码流程进行数据预处理，最后形成以 WRF 模式为主，其他数据源作为补充的基础数据环境。系统的主要功能如下：基于实时预报数据，使用研究得出 8 种相关性较好的物理量指标进行短时强降水落区的判别和预报，系统还需要较为通用的计算模块实现这些模式预报不能直接提供的物理参量再计算，然后分别进行物理量判别形成短时强降水预报产品；通过短时强降水实况产品模块检索实况数据库实时生成实况产品；预报检验模块输入预报产品和实况产品完成检验；所有的产品，包括各时次的预报、实况及检验结果形成短时强降水产品数据库，融合生成最终预报产品等待应用;最终产品则兼容 MICAPS 系统和 Wfois 等本地预报业务系统调用与显示。

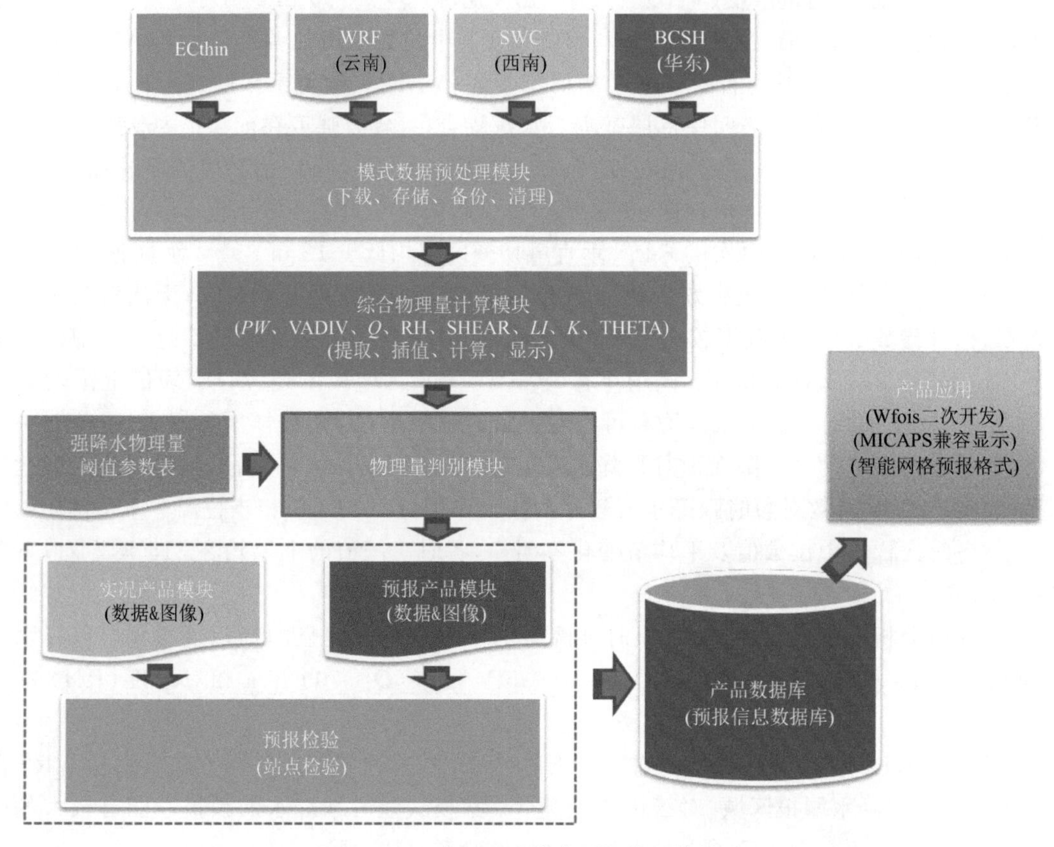

图 4.25 云南短时强降水预报模型结构图

4.3.2 模型实现过程

该模型主要完成客观预报,四种模式预报格点数据进入系统,通过综合判识最终生成 MICAPS 第 3 类、grib 数据格式的监测、预报产品。在程序实现的过程中,仅对各模式预报范围进行剪裁,尽量保持各格点数据的原有空间、时间分辨率,以最大程度上避免插值操作造成的数据误差。另外,为了最大程度地反映真值,进入系统的实况数据将以原始站点形态做短时强降水过程识别处理,并形成实况产品。评分过程则区分过程产品和最终产品,将原模式预报网格形成的产品用各自原时空分辨率,将最终预报产品用标准智能网格预报时空分辨率,以站点实况形式进行评分,最大程度上减少计算操作过程中的误差导致的评分误判。

图 4.26 给出了云南短时强降水预报模型流程图,系统将以实况和预报产品为核心分别建立流程。实况产品源自于实时录入的云南省气象台预报信息数据库,该数据库提供本系统需要的小时降水实时和历史数据。根据前期统计调查,实时降水数据一般在整点后 10 min 左右可以将云南省县级观测站和乡镇观测站观测数据入库等待应用,可以做到实时数据库查询和强降水识别完成短时强降水实况产品制作。当系统查询到数据可用时,则按要求统计 1 h 降水量超过 20 mm 的站点,识别 1 h、3 h、6 h、12 h、24 h 共 5 个步长控制的短时强降水,并按约定规则仅存储能正确识别出短时强降水的站点,其中同一步长 50 km 半径范围内最少需要有 2 个站点同时达到中雨量级以上才认为提取的强降水站点数据为有效数据,以确保观测误差

产生的错误记录不进入系统。

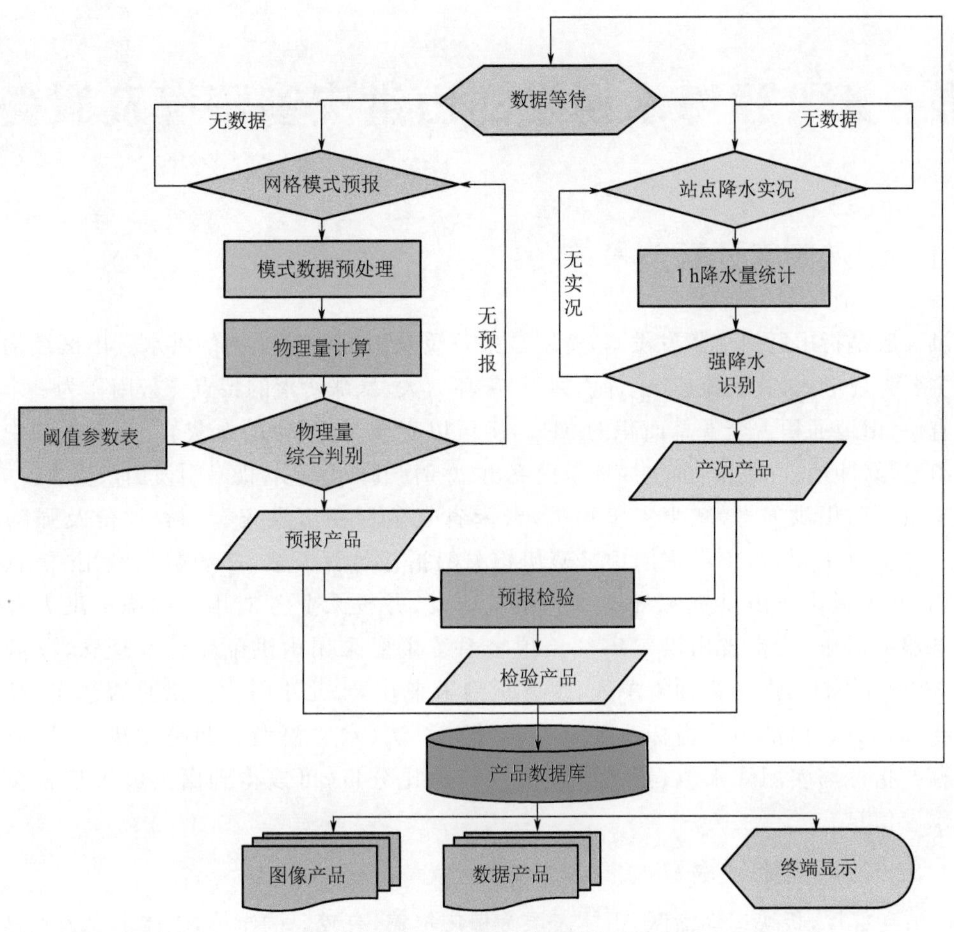

图 4.26　云南短时强降水预报模型流程图

短时强降水预报产品制作模块主要通过模式数据预处理、物理量计算判别等环节，形成客观预报产品并入库。预报产品基于数值模式物理量预报数据，模式预报原始数据为打包压缩的集合产品，一般从 FTP 服务器下载获取，生成和传输到达有一定的时间延迟。每种数据的下载源、数据存储格式、压缩方式、时空分辨率不尽相同，根据业务需要建立细化的预处理流程。约定所有模式预报解码切片后形成同一存储格式的中间产品后，系统即可进行短时强降水计算所需的物理参量计算。然后引入前期研究中物理量阈值表，判别短时强降水预报。所有的模式预报数据包括中间计算过程数据均约定为格点格式，输出文件为单层、单时次、单时效切片数据，并保持原始数据的时空分辨率。为了避免大量的空预报数据产生，系统不存储无预报格点的预报文件，无预报时则写日志并返回等待下一时次模式数据。预报检验环节是在预报时效发生后通过后处理模块实时进行。为最大程度避免检验误差，检验基于站点提取短时强降水实况，在实况发生站点 20 km 半径扫描预报格点，有预报格点则为命中，无预报格点则认为漏报，有预报格点无实况观测则为空报。

第 5 章　强降水诱发的山洪灾害预警及服务

5.1　山洪灾害预警技术

山洪一般是指山区河流骤发洪水，特别是指荒溪及山区小河流中的洪水。山区溪沟洪水作为其主要表现形式，具有流速高、冲刷力强、破坏力大、暴涨暴落的特点。云南作为一个典型的山区省份，山地面积占全省总面积的 94%，山区以变质岩、风化的石灰岩、花岗岩和中生代红层所组成，易冲蚀、产流快，加之局地暴雨突出、短时强降水频发，极易引发山洪灾害。

为有效预防山洪灾害，减少灾害损失，云南省气象台在山洪灾害调查评价及强降水预报研究工作基础上，从与山洪临期预警密切相关的指标计算方法、多源数据利用、信息化建设等方面，开展云南省山洪灾害气象预警系统研发，并投入业务应用。围绕山洪灾害气象预警业务服务需求，云南省山洪灾害气象预警系统主要采用山洪临期预警理念，以流域面积小于 300 km^2 的山洪沟为预警单元，主要预测未来几天、几小时内山洪是否暴发，其核心是预警指标计算。山洪预警指标主要通过统计分析法、水文模型法和类比法求得，业务应用中将预警指标与实测降水值、预测降水值进行对比分析，可以得到山洪灾害是否会很快暴发的示警信息。

5.1.1　山洪沟流域提取

云南山高谷深，板块运动活跃，山体表层为植皮覆盖，有较厚的土体，土体下面为破碎岩石层，当出现强降水事件时，山脊上的雨水除了下渗就只能汇成坡面径流流入山谷。早期为了获取预警目标及其边界信息，根据云南省 1∶25 万地形图建立空间分辨率为 100 m 的栅格 DEM 数字高程模型，依据水流沿斜坡最陡方向流动原理，确定 DEM 中每一个高程数据点水流方向，计算每一个高程数据点的上游集水区，用阈值法确定同一水系的高程数据点。利用地理信息平台中的水文分析模块，经过 DEM 数据预处理、流向分析、汇流分析和流域识别 4 个步骤实现对云南境内 352 条山洪沟流域边界的初步提取。

2016 年随着山洪灾害风险普查工作的有序开展，以及更高分辨率地理信息数据(25 m 的栅格 DEM 数字高程模型)、遥感影像数据等资料的应用，省内更多山洪沟的基础信息被进一步获取。同时结合山洪沟周边气象、水文观测状况，以村镇所在地为重点，沿主河道选择人口超过 50 人且发生过山洪淹没的村镇，或者选择明显的桥梁冲毁、公路淹没、良田冲毁等作为承灾体的建筑设施所在地作为预警点，记录其经纬度、人口、历史洪水淹没时间、高度、范围、损失情况等，重新界定了省内 1020 条山洪沟和对应的预警点，作为云南省山洪地质灾害气象风险预报预警业务的基础支撑数据(图 5.1)。

5.1.2　山洪灾害预警指标确定

山洪灾害的最主要诱因是强降水，根据中国气象局《暴雨诱发的山洪风险预警业务技术指

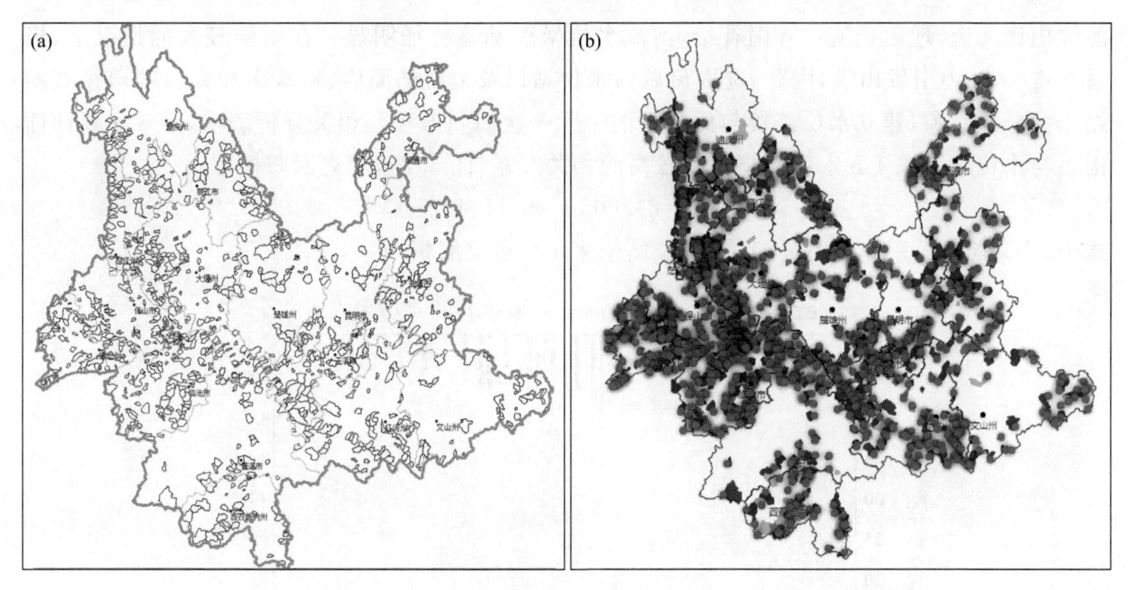

图 5.1　云南省山洪沟流域(a)及预警点(b)位置示意图

南》规定，山洪等级划分主要考虑洪水淹没隐患点的深度，分为四个等级，山洪漫沟为四级、淹没预警点 0.6 m、1.2 m、1.8 m 分别为三级、二级和一级，对应的预警标志为蓝色、黄色、橙色和红色。不同时效内，达到预警点各山洪等级对应的降雨量，为各山洪等级的临界面雨量。根据降水实况和降雨预报，密切跟踪和监视洪水动态，一旦未来某个时效内累计雨量达到或超过临界面雨量值时，及时发布山洪预警消息，进入应急响应状态。

由于云南省地形地貌复杂，雨量观测站点分布零散，因此，主要采用泰森多边形方法计算山洪沟流域面雨量。山洪临界面雨量的确定方法则根据风险普查获得的资料情况，采用统计分析法、水文模型法和类比法相结合的方法来确定。

(1)统计分析法

统计分析法是一种基于历史数据分析的雨量预警指标确定方法，其不关注山洪发生发展过程涉及的物理机制，而是在认为降雨与山洪一定有相关性的前提下，通过对历史数据进行分析推求雨量预警指标，是国内山洪预警实际应用中的主要方法。通过统计多场灾害不同时间段和过程降雨量，将历次灾害中各时间段和过程的最小雨量作为雨量预警指标初值，并与邻近区域进行对比分析确定雨量预警指标。

由于小流域水文资料主要来源于 20 世纪 20—80 年代的纸质记录，受当时观测条件的限制，很多记录不完整，且无匹配的基础地理信息、灾情数据和气象观测资料。因此，在求算临界面雨量时，主要采用山洪沟流域集水面积边界内强降水概率统计的方法确定山洪预警指标，返算近 30 年山洪沟流域集水面积边界内的面雨量极值，通过极值百分比划分临界雨量等级。而对于有较为详细水文观测数据的流域，则利用水位站逐小时最大水位，挑选具有明显水位涨幅(水位上涨≥0.1 m)的个例，分别计算水位涨幅与前 1～24 h 累计雨量或单站雨量的相关系数，构建“降雨量-水位”关系式，确定不同山洪等级对应的临界面雨量。

以云南东部寻甸回族彝族自治县境内的响水河山洪沟为例，流域地处云贵高原向丘陵过渡的斜坡地带，地势北高南低、西高东低，最高点海拔高度 2777 m，最低点海拔高度 1705 m，属珠江流域南盘江水系，全长 17.04 km，流域面积 223.48 km^2，河流落差 269 m。响水河为雨源性山区河流，地表径流由降雨补给，河流水位暴涨暴落特征明显。在雨强较大的情况下，极易在 1～3 h 内引发山洪，因此，选取流域内水位站以及上游的面店、响水街和大海哨雨量观测站作为分析对象，建立水位涨幅与面雨量的一元一次回归方程。相关分析表明，前 3 h 累计面雨量与水位站未来 1 h 水位涨幅具有较高的相关关系（图 5.2），建立回归模型：

$$Y=61.605X+11.412$$

式中，Y 为前 3 h 累计面雨量，X 为水位站未来 1 h 水位涨幅。

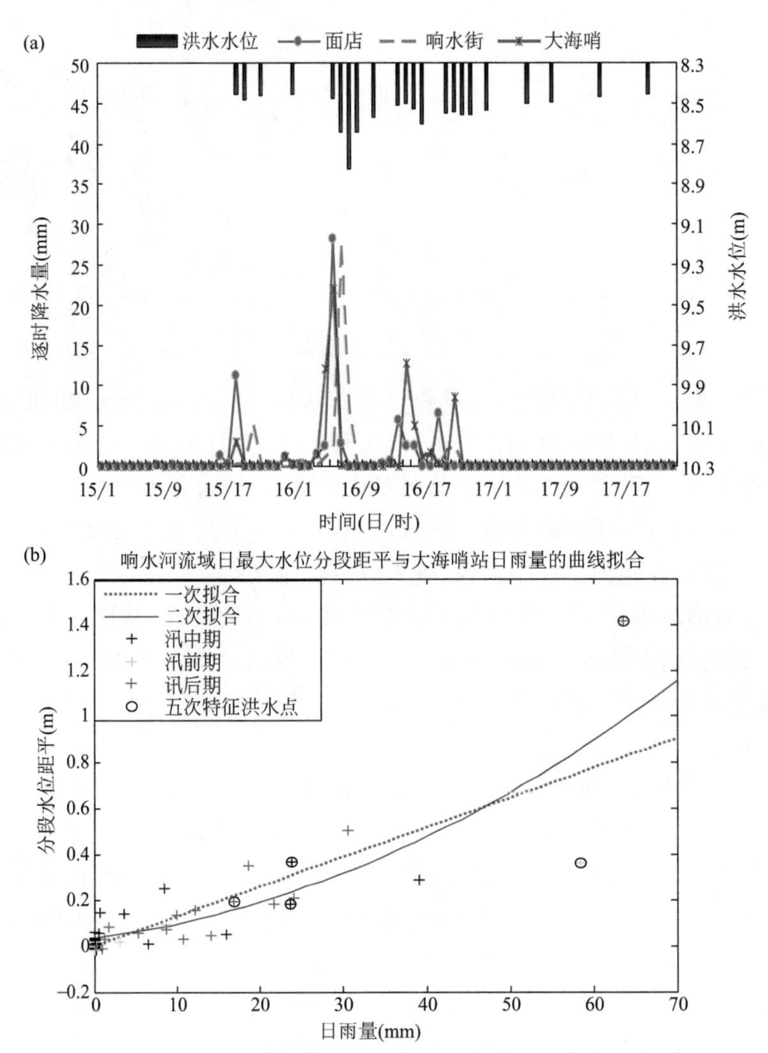

图 5.2 响水河山洪沟降雨量-水位关系统计

(a)逐时降水量-水位关系统计；(b)最大水位分段距平与日雨量拟合

根据回归方程和山洪等级划分标准，确定不同山洪等级对应的山洪临界面雨量，见表 5.1。

表 5.1 响水河 1 h 水位上涨及其对应面雨量

1 h 上涨水位(m)	前 3 h 面雨量(mm)
0.6	48.4
1.2	85.3
1.8	122.3

(2)水文模型法

水文模型是以水文现象的物理概念和一些经验公式为基础构造的水文模型，它将流域的物理基础进行概化(如线性水库、土层划分、蓄水容量曲线等)，再结合水文经验公式(如下渗曲线、汇流单位线、蒸散发公式等)来近似地模拟流域水流过程。云南省部分山洪预警指标的确定主要是基于FloodArea软件模拟洪水过程，并估算出流域不同等级山洪暴发的临界面雨量。基本思路是：历史洪水淹没状况→选择水文模型→基于淹没数据率定和验证模型→得到适用于研究区的最优化模型参数→提取洪水淹没进程数据→建立雨量与水位的定量关系。

以昭通大汶溪为例，大汶溪是金沙江下游的一级支流，发源于云南省绥江县境内罗汉坪，在绥江县城后坝附近汇入金沙江。从源头至杉木溪汇口以上为上游，处高山峡谷之中，海拔高度在1000～1800 m；其下至双河口为中游，海拔高度在600～1000 m，有衫木溪、铜厂河、双河等较大溪流汇入；双河汇口以下至大汶溪河口为下游，海拔高度330～600 m，河道渐宽，浅湾深沱相间。大汶溪地处四川盆地至云南高原的过渡带，流域平均海拔高度1214 m，河长35.7 km，河道坡度2.90%，流域面积327 km^2，多年平均流量11.19 $m^3 \cdot s^{-1}$，最小流量1.95 $m^3 \cdot s^{-1}$，最大流量1300 $m^3 \cdot s^{-1}$(图5.3)。

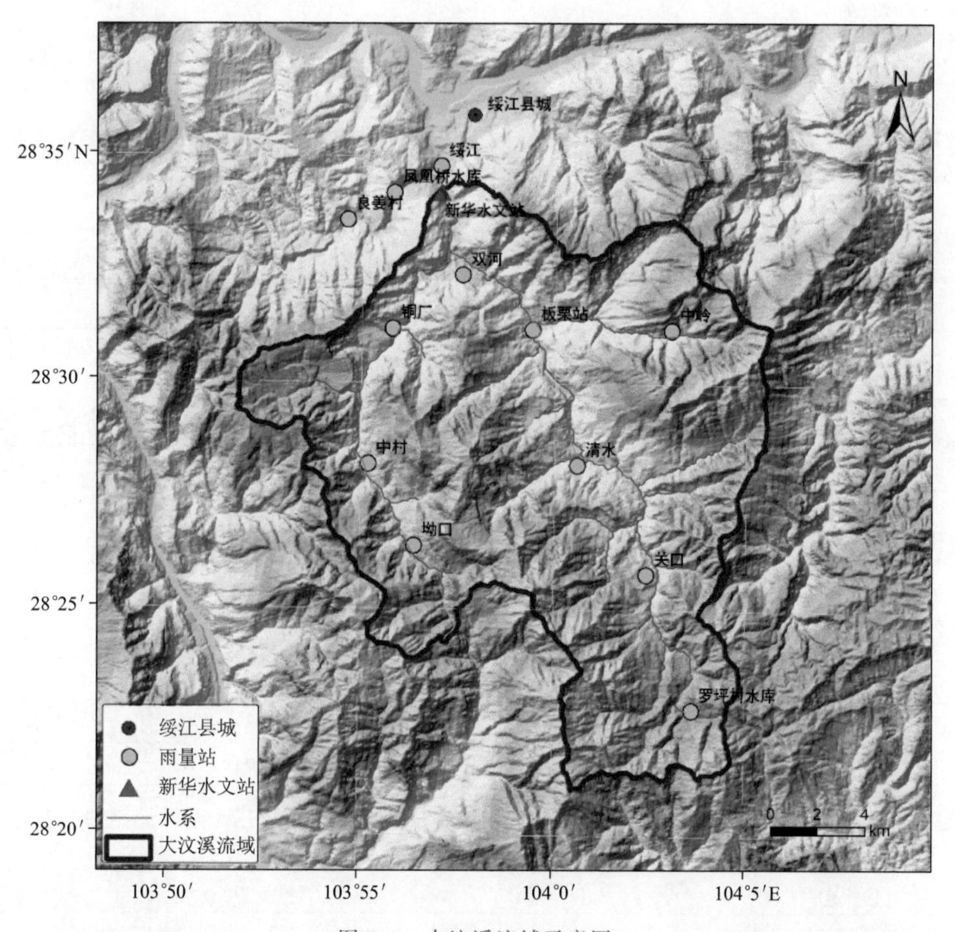

图5.3　大汶溪流域示意图

2016年7月5—6日，昭通市普降大到暴雨，局部特大暴雨，造成伤亡、失踪人数20余人，共造成直接经济损失85502.41万元。大汶溪流域内的田坝镇、板栗乡等地发生多起山洪灾害，造成不同程度的经济损失。

新华水文站为大汶溪干流控制水文站，位于绥江县田坝镇，距离大汶溪与金沙江汇口位置约 2.5 km。通过收集 2016 年 7 月 5—6 日新华水文站观测的逐小时水位数据，并以此水位数据对 FloodArea 模拟水位进行验证。根据对新华水文站水位数据的初步分析，前期基础水位 390.9 m，洪峰出现时刻为 2016 年 7 月 6 日 05 时，洪峰水位为 393.08 m，较洪水前期涨水高度 2.18 m。同时收集大汶溪流域内 10 个雨量站的 2016 年 7 月 5—6 日逐小时降水量。基于雨量站空间分布情况，采用泰森多边形方法计算了各个雨量站在大汶溪流域内的面积权重（表 5.2），之后根据面积权重，计算出逐小时的流域面雨量，如表 5.3 所示。

表 5.2　大汶溪流域内及周边雨量站 2 d(7 月 5—6 日)累计降水量

站名	48 h 累计降水量(mm)	雨量站面积权重
坳口	70.2	0.24
板栗站	93.9	0.07
关口	116.2	0.12
罗坪村水库	140.2	0.12
清水	86.9	0.08
双河	108.2	0.05
绥江	123.3	0.02
铜厂	76.7	0.07
中村	75.9	0.10
中岭	178.2	0.14

表 5.3　大汶溪流域内雨量站逐小时面雨量

时刻(年/月/日 时:分)	面雨量(mm)	时刻(年/月/日 时:分)	面雨量(mm)
2016/7/5 00:00	0.00	2016/7/6 00:00	11.64
2016/7/5 01:00	0.00	2016/7/6 01:00	15.24
2016/7/5 02:00	0.00	2016/7/6 02:00	8.07
2016/7/5 03:00	0.01	2016/7/6 03:00	4.34
2016/7/5 04:00	0.10	2016/7/6 04:00	6.60
2016/7/5 05:00	0.57	2016/7/6 05:00	3.45
2016/7/5 06:00	0.40	2016/7/6 06:00	1.61
2016/7/5 07:00	0.04	2016/7/6 07:00	1.12
2016/7/5 08:00	0.08	2016/7/6 08:00	0.89
2016/7/5 09:00	0.01	2016/7/6 09:00	0.09
2016/7/5 10:00	0.05	2016/7/6 10:00	0.03
2016/7/5 11:00	0.01	2016/7/6 11:00	0.00
2016/7/5 12:00	0.00	2016/7/6 12:00	0.01
2016/7/5 13:00	0.00	2016/7/6 13:00	0.00

续表

时刻(年/月/日 时:分)	面雨量(mm)	时刻(年/月/日 时:分)	面雨量(mm)
2016/7/5 14:00	0.00	2016/7/6 14:00	0.00
2016/7/5 15:00	0.02	2016/7/6 15:00	0.01
2016/7/5 16:00	0.04	2016/7/6 16:00	0.00
2016/7/5 17:00	0.06	2016/7/6 17:00	0.00
2016/7/5 18:00	0.07	2016/7/6 18:00	0.00
2016/7/5 19:00	1.15	2016/7/6 19:00	0.00
2016/7/5 20:00	13.18	2016/7/6 20:00	0.01
2016/7/5 21:00	6.27	2016/7/6 21:00	0.01
2016/7/5 22:00	15.65	2016/7/6 22:00	0.00
2016/7/5 23:00	9.82	2016/7/6 23:00	0.20

根据流域土地利用类型，查询文献资料得到 CN 值，并计算洪水前期日降水量，然后根据产流系数公式计算流域的初始产流系数 K 值。

$$S=\frac{25400}{CN}-254$$

$$Q=\frac{(P-0.2S)^2}{P+0.8S}$$

$$K=\frac{Q}{P}$$

根据文献资料，确定各种地类的糙度 M 值(表 5.4)。

表 5.4　流域径流系数及水力糙度初值

类型	地类代码	CN 值	K 值	M 值
有林地	21	70	0.3209	18
灌木林	22	75	0.4052	18
疏林地	23	75	0.4052	18
其他林地	24	80	0.4995	18
高盖度草地	31	75	0.4052	20
中盖度草地	32	75	0.4052	20
水田-山地	111	80	0.4995	33
旱地-山地	121	60	0.1802	40

通过调整 K 值和 M 值，使模拟洪水过程与新华水文站观测水位变化过程接近，则认为模型可信。最终得到模拟水位洪峰出现时刻与实况观测匹配良好。

如图 5.4 和图 5.5 所示，模拟与观测涨水水位拟合 R^2 达到 0.96，说明模拟洪水过程效果良好，可基于此模拟结果来确定不同水位对应的临界面雨量。

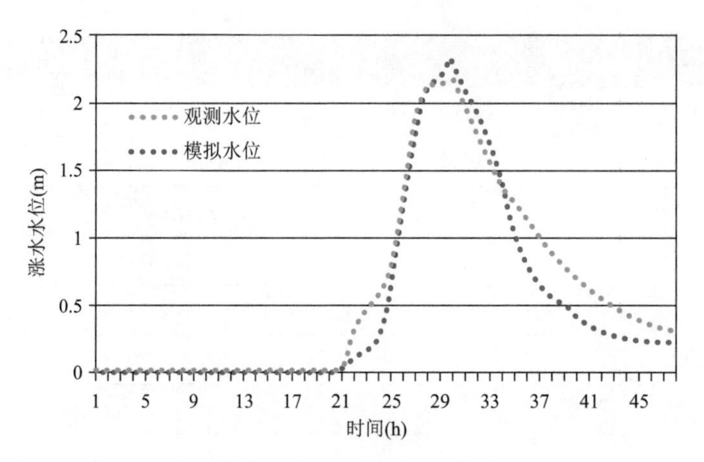

图 5.4 模拟涨水过程与观测涨水过程对比

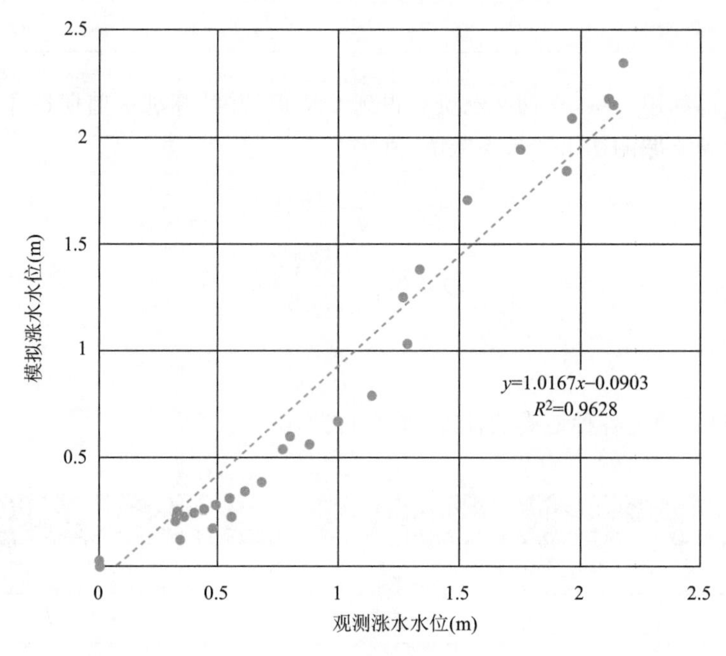

图 5.5 模拟与观测涨水水位关系

统计新华水文站位置模拟水位与不同时间累积面雨量的相关系数(如表 5.5 所示),发现与 11 h 累计面雨量相关性较好(0.9387),因此,可以取 11 h 累积面雨量来确定致灾临界雨量(图 5.6,图 5.7)。

表 5.5 模拟水位与不同时效累积面雨量的相关系数

累计小时数(h)	5	6	7	8	9	10	11	12	13
相关系数	0.6243	0.7120	0.7886	0.8524	0.8965	0.9257	0.9383	0.9377	0.9255

建立水位与 11 h 累计面雨量的回归方程如下:

$$Y = 42.864X + 1.8122$$

式中,X 是水位,单位为 m;Y 为 11 h 累积面雨量,单位为 mm。

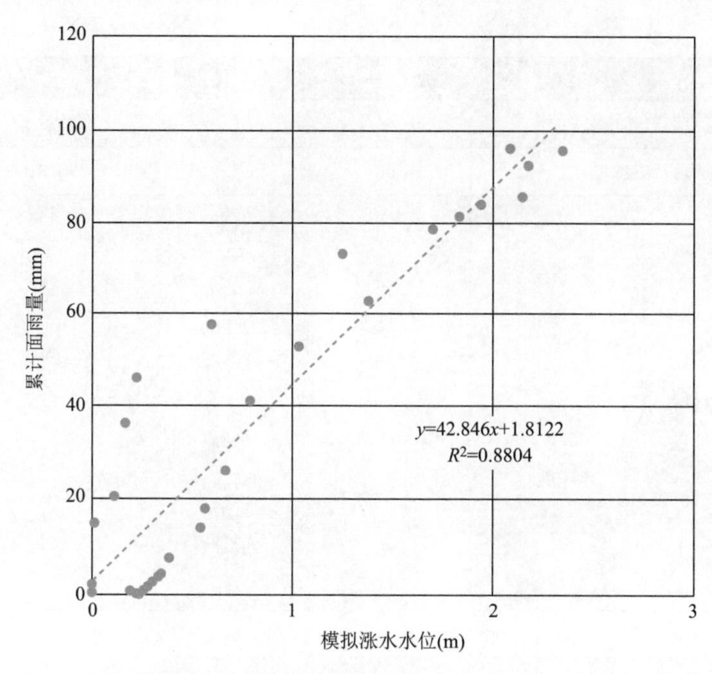

图 5.6　模拟水位与 11 h 累计面雨量关系

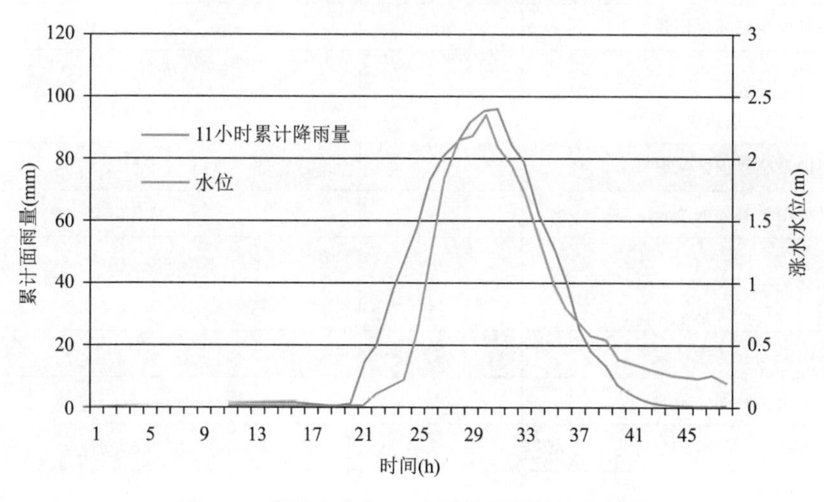

图 5.7　模拟水位与 11 h 累计面雨量演进过程

根据山洪等级标准，以新华水文站前期水位为基准，则对应涨水 0.6 m、1.2 m 和 1.8 m 的临界面雨量，可利用回归方程计算得到，如表 5.6 所示。

表 5.6　大汶溪山洪沟致灾临界(面)雨量

填表名称	单位	填表内容
序号	—	
山洪沟名称	—	大汶溪
山洪沟代码	—	
流域面积	km^2	322
沟口经度	°、′、″	103°57′
沟口纬度	°、′、″	28°34′1.2″

续表

填表名称	单位	填表内容
预警点名称		新华水文站
预警点海拔高度	m	390.9
关联雨量站信息	—	站名　纬度　经度 坳口 板栗站 关口 罗坪村水库 清水 双河 绥江 铜厂 中村 中岭
(一)一级山洪		
一级山洪临界面雨量时效	h	11
一级山洪临界面雨量	mm	78.94
一级山洪临界高度	m	390.9+1.80
(二)二级山洪		
二级山洪临界面雨量时效	h	11
二级山洪临界面雨量	mm	53.23
二级山洪临界高度	m	390.9+1.20
(三)三级山洪		
三级山洪临界面雨量时效	h	11
三级山洪临界面雨量	mm	27.52
三级山洪临界高度	m	390.9+0.60
(四)四级山洪		
四级山洪临界面雨量时效		11
四级山洪临界面雨量		2.47
四级山洪临界高度		390.9

(3)类比法

对于既无水文资料又无山洪案例的山洪沟,采用类比法计算山洪沟临界面雨量。其具体步骤为:通过类比得到与研究流域地形地貌相似的山洪沟→选取相似山洪沟已确定的模型参数→进行山洪情景模拟试验→提取洪水淹没进程→建立水位与降雨量的定量关系。此方法同样需要对河道参数和预警点进行详细调查,利用与其地形地貌相似且率定好模型参数的山洪沟水文模型,模拟该山洪沟的洪水,达到不同山洪等级淹没水深的输入降雨量即对应山洪等级的临界(面)雨量。

通过地形地貌、流域面积、流域主沟长度和主沟纵降比等因子，将云南省1020条山洪沟分成5级(图5.8)，结合土地利用类型资料(图5.9)，参照附近流域的Floodarea模型参数设定进行流量模拟，建立水位-雨量关系，最终建立云南省多时效山洪致灾临界阈值体系。

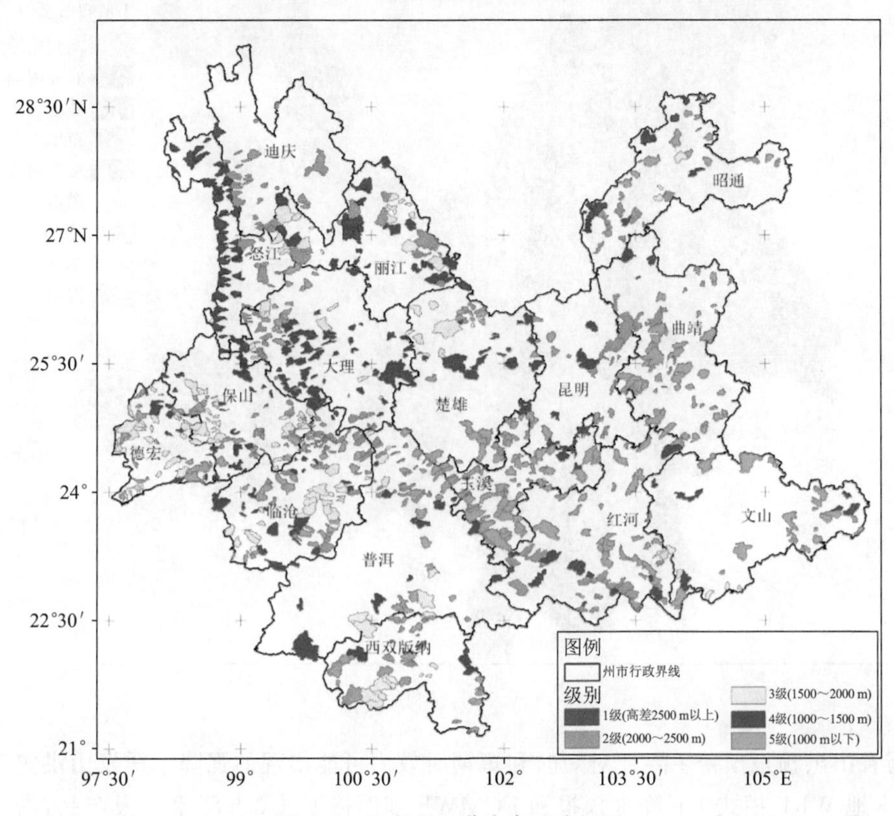

图5.8 云南省山洪沟高差分级图

5.1.3 山洪灾害预警

山洪灾害预警包括基于上游水位和实况降水的监测预警以及基于降雨预报的预报预警。在没有自动水文站条件下，可以利用流域内自动雨量站观测降水、卫星雷达估测降水，得到流域面雨量，与临界面雨量比较，确定山洪灾害风险监测预警等级。再根据降水定量预报，估算流域面雨量，在面雨量超过不同等级的临界致灾阈值时，进行不同等级的山洪灾害预报预警。云南省山洪灾害预警主要基于网格定量降水估测产品(QPE)和定量降水预报产品(QPF)实现。

(1)基于定量降水估测(QPE)的山洪监测预警

云南省山洪监测预警主要针对已经发生的降水实况进行山洪灾害监测和警示，通过对云南省3000多个自动雨量站逐小时降水量进行反距离权重插值，生成空间分辨率为3 km的网格化定量降水实况场，逐小时滚动计算流域1 h面雨量并自动向前累积计算过去1 h、3 h、6 h、12 h和24 h的面雨量。当流域面雨量达到某山洪等级时，发布该等级的山洪预警。2019年，随着分钟级自动站雨量、卫星反演降水和雷达反演降水的三源融合实况定量估测降水产品推广应用，输入云南省山洪灾害监测预警模型中的定量降水估测产品也随之调整，更好地满足业务需求。

(2)基于定量降水预报(QPF)的山洪预报预警

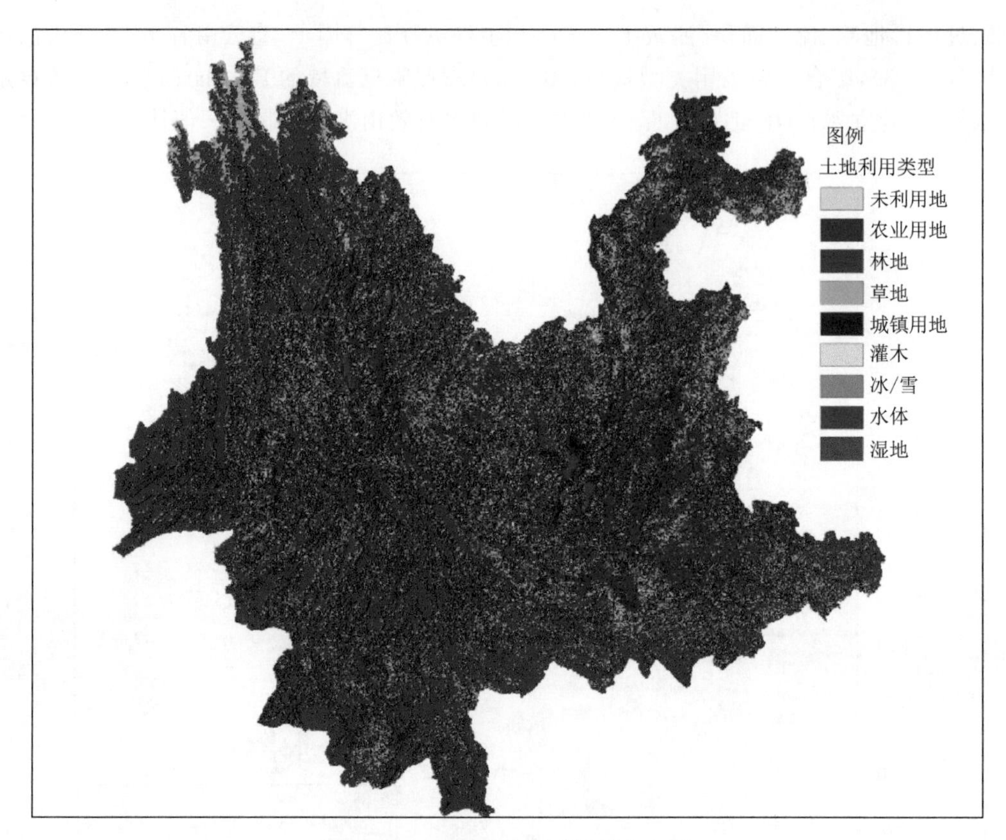

图 5.9 云南省土地利用类型分布图

云南省山洪预报预警主要针对短时和短期时效内可能出现的强降水诱发山洪灾害进行预报，基于本地 WRF 模式 1 h 降水预报和 ECMWF 细网格模式 3 h 降水预报产品，内插生成空间分辨率为 3 km 的网格化定量降水预报场，每日 08 时和 20 时起报未来 3 d 内流域逐 1 h、3 h、6 h、12 h 和 24 h 预报面雨量，并与不同山洪等级的临界面雨量进行判别，随后发布相应等级的山洪预报预警。2019 年，随着智能网格降水预报产品业务应用，输入云南省山洪灾害预报预警模型中的定量降水预报产品也随之调整，以满足最新的业务需求。

综上所述，山洪灾害预警技术流程如图 5.10 所示：

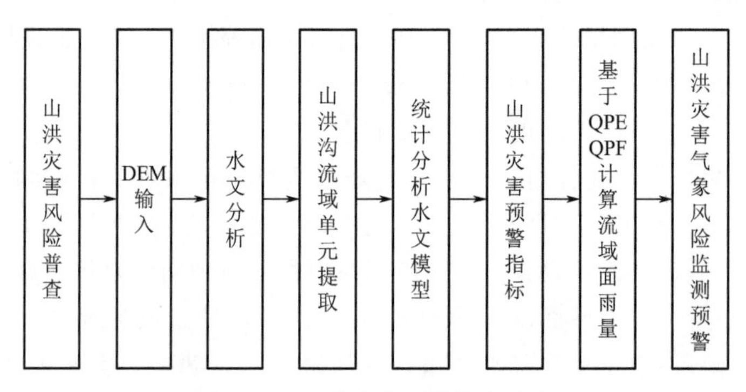

图 5.10 山洪灾害预警技术流程

5.2 山洪灾害预警系统

从集约化管理的角度，云南省山洪灾害预警系统作为云南省暴雨诱发中小河流洪水、山洪和地质灾害气象风险预警业务现代化建设成果的重要组成部分，以模块形式融入云南省山洪地质灾害气象风险预警一体化业务平台。该系统承担着云南省中小河流洪水、山洪和地质灾害气象风险预警产品客观制作、查询显示、订正发布、服务应用等业务功能。系统设计主要采用浏览器和服务器架构模式(B/S架构)，将模型算法和产品输出等核心内容集中到服务器上，前端浏览器则主要实现产品显示、订正、统计及预警发布等功能。本节将从系统设计思路和功能模块两个方面详细地介绍云南省山洪地质灾害气象风险预警系统。

5.2.1 系统设计思路

系统整体框架按照数据库服务器、Web服务器和系统管理功能三大结构划分，如图5.11所示，模型算法和数据存储在数据库服务器和Web服务器上完成，用户则通过PC端浏览器实现系统管理和产品应用。

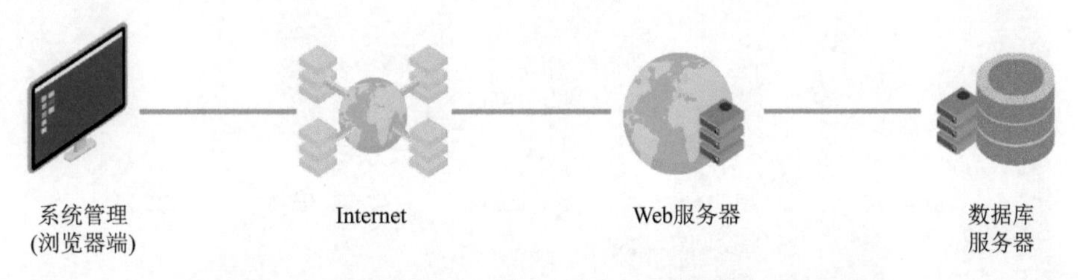

图5.11 云南省山洪地质灾害气象风险预警系统总体架构图

系统具体采用“四层二体系”结构设计(图5.12)。“四层”主要包括基础层、数据层、业务层和展示层。基础层由支撑数据、服务以及应用的基础硬件、网络、操作系统和GIS平台等软硬件设施组成。数据层由GIS数据库、模型数据库、实况数据库、预报数据库、产品图形库和系统管理库构成，负责基础地理信息、流域单元及隐患点、气象实况降水观测、模式降水预报、部门联合预警等数据的采集、入库和监控。其中涉及的气象数据主要从CIMISS数据服务器实时接入。业务层是整个系统的核心区，负责气象风险监测预警产品的制作和输出，包括降水实况的统计、面雨量的监测预报、风险监测预警产品制作、系统支撑管理等功能。展示层为用户提供数据监控、产品显示、人机交互订正、预警消息发布等操作功能，是预报员完成山洪地质灾害气象风险监测预警业务工作的直接操作层。

“二体系”具体代表两个子系统，如图5.13所示，是展示层的直接载体。一个子系统为“云南省山洪地质灾害气象风险预警业务系统”，主要负责风险预警产品客观制作任务的定时运行和监控管理；另一个子系统为“云南省山洪地质灾害气象风险预警服务系统”，主要实现风险预警产品在省—市—县三级气象部门的展示、订正、发布等业务应用。

5.2.2 系统功能模块

(1)云南省山洪地质灾害气象风险预警业务系统

云南省山洪地质灾害气象风险预警业务系统(以下简称“业务系统”)的本质是服务器上的模型算法和数据存储情况在PC端可视化管理工具，实现风险预警产品客观制作任务的定时

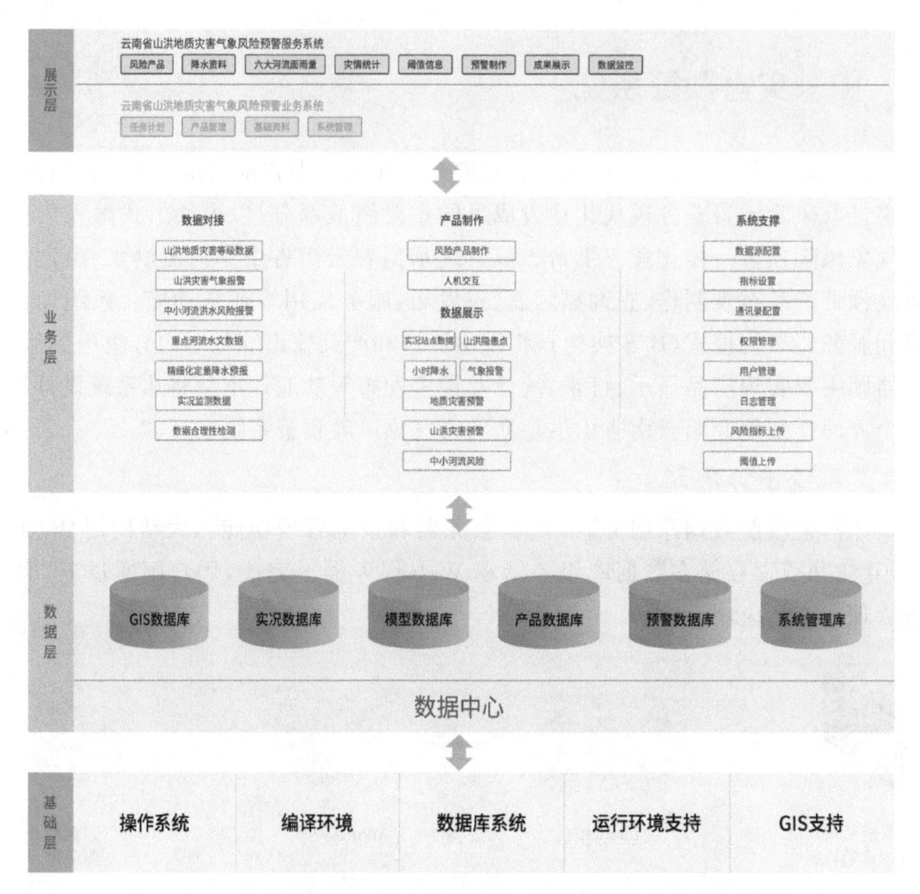

图 5.12　云南省山洪地质灾害气象风险预警系统“四层”结构设计图

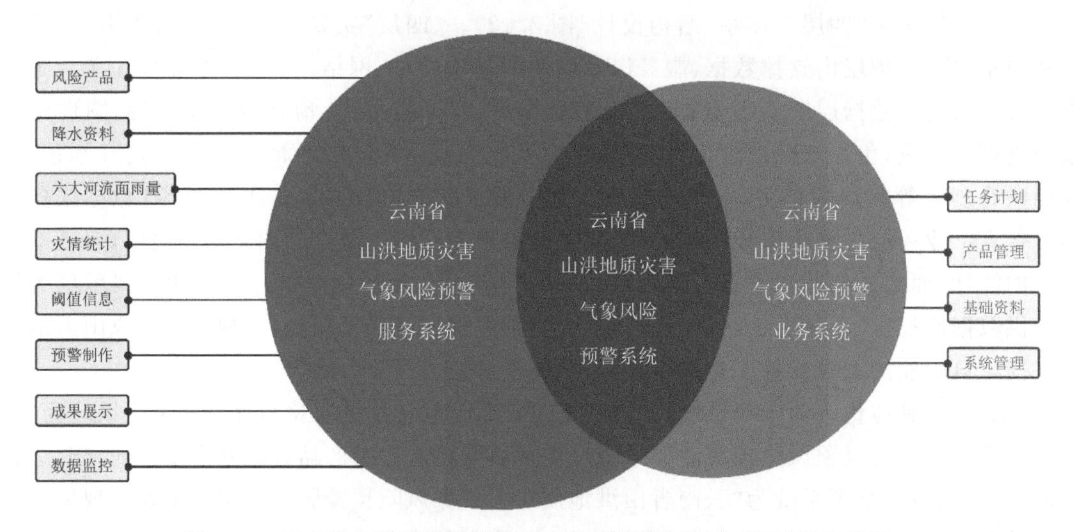

图 5.13　云南省山洪地质灾害气象风险预警系统“二体系”功能设计图

运行和监控管理功能。按照功能属性分为四大模块——“任务计划”“产品管理”“基础资料”“系统管理”。

“任务计划”分为“预报任务”“监测任务”两大支线:“预报任务”支线完成基于定量降水预报产品(QPF)的流域面雨量、中小河流洪水风险、山洪风险和地质灾害风险预报预警产品计算;“监测任务”支线完成基于定量降水估测产品(QPE)的流域面雨量、中小河流洪水风险、山洪风险和地质灾害风险监测预警产品计算。两条支线均设置“起报时间”(每日08时、20时)和“监测/预报时间步长”(1 h、3 h、6 h、12 h、24 h)。

“任务计划”下设“任务监控”“任务管理”两个子模块。

“任务监控”主要通过按钮颜色标识任务执行情况,蓝色为任务执行完成,红色为任务执行失败(图5.14)。当任务执行失败时,可通过点击鼠标右键查看失败原因,再手动执行产品重算。在基础数据输入异常造成大规模任务失败的情况下,可选择“产品全线重算”(重算方式1);若只是个别时效产品任务失败,则点击对应时效的重算按钮解决(重算方式2)。

操作	名称	分组	任务类型	预报步长	时效	预报时间
	山洪预警预报20_1_24	预报	山洪预警预报	1小时	24小时	20时
	山洪预警预报20_3_24	预报	山洪预警预报	3小时	24小时	20时
	山洪预警预报20_6_24	预报	山洪预警预报	6小时	24小时	20时
	山洪预警预报20_12_24	预报	山洪预警预报	12小时	72小时	20时
	山洪预警预报20_24_72	预报	山洪预警预报	24小时	72小时	20时
	山洪沟面雨量监测_1	监测	山洪沟面雨量监测	—	1小时	—
	山洪沟面雨量监测_3	监测	山洪沟面雨量监测	—	3小时	—
	山洪沟面雨量监测_6	监测	山洪沟面雨量监测	—	6小时	—
	山洪沟面雨量监测_12	监测	山洪沟面雨量监测	—	12小时	—
	山洪沟面雨量监测_24	监测	山洪沟面雨量监测	—	24小时	—
	山洪预警监测_1	监测	山洪预警监测	—	1小时	—
	山洪预警监测_3	监测	山洪预警监测	—	3小时	—

图5.14　云南省山洪地质灾害气象风险预警业务系统“任务计划”功能模块

“任务管理”是系统管理员直接设定“产品定时任务”的接口,可以根据业务需求和流程,添加、更改、删除两大支线产品定时制作的任务命令。目前“云南省山洪地质灾害气象风险预警业务系统”共设置了206个定时计算任务。

“产品管理”模块主要负责将监测和预报两条支线产品的输出结果,按照“降水”“面雨量”“风险预警”分类存储管理。数据文件按照中国气象局公共服务产品要求命名,数据格式定义为MICAPS 35类,以txt文本格式存储,用户可直接对任意时次产品进行调取释用(图5.15)。

“基础资料”模块主要是对自动站雨量观测、智能网格降水预报产品等输入数据,以及中小河流流域单元、山洪沟流域单元、地质灾害隐患点等地理信息进行分类管理,为风险预警模型提供支撑数据。该模块设置了人工干预按钮,当后台计算服务器定时从CIMISS服务器调取数据失败时,可通过手动处理获取相应数据,然后进入“产品管理”模块(图5.16)。

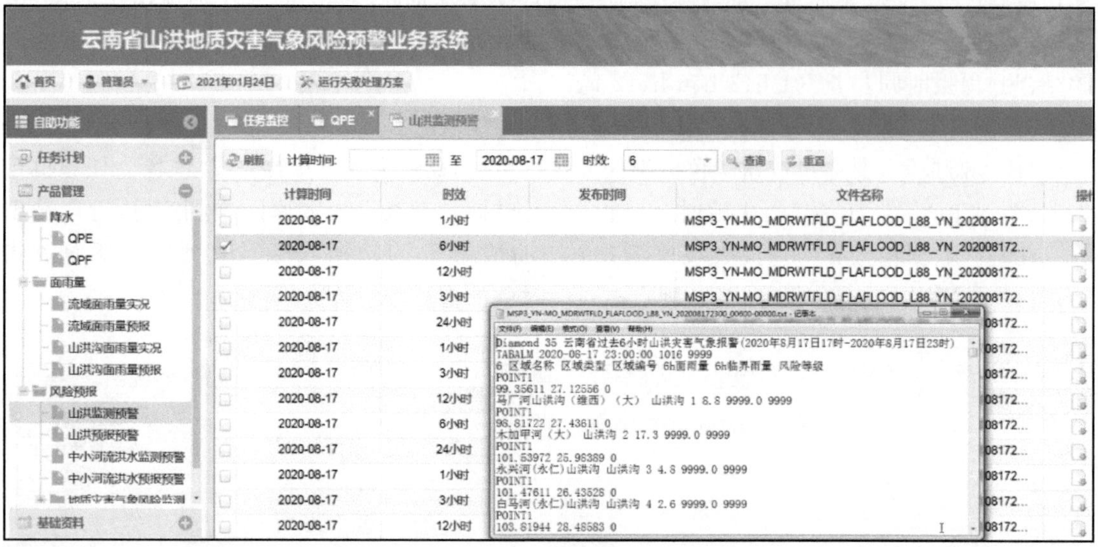

图 5.15 云南省山洪地质灾害气象风险预警业务系统"产品管理"功能模块

图 5.16 云南省山洪地质灾害气象风险预警业务系统"基础资料"功能模块

"系统管理"模块下设"部门管理""权限管理""用户管理""角色管理""操作日志""字典维护"六个子模块，主要是针对系统访问用户进行权限管理和痕迹记录，方便系统的运维管理。根据中国气象局风险预警业务分工，云南省暴雨诱发中小河流洪水、山洪和地质灾害气象风险预警产品的制作主要由云南省气象台负责，因此，"云南省山洪地质灾害气象风险预警业务系统"主要面向云南省气象台预报员(图 5.17)。

(2)云南省山洪地质灾害气象风险预警服务系统

如前所述，"云南省山洪地质灾害气象风险预警业务系统"作为服务器模型计算和数据存储的展示层，其作用是对风险预警产品客观化生成任务的监控管理，当监测预警产品已经生成后，后续业务流程转为服务应用，于是设计开发了"云南省山洪地质灾害气象风险预警服务系

云南省山洪地质灾害气象风险预警业务系统

首页 | 管理员 | 2021年01月24日 | 运行失败处理方案

自助功能：任务计划；产品管理；基础资料；系统管理（部门管理、权限管理、用户管理、角色管理、操作日志、字典维护）

任务监控 | 权限管理 | 用户管理 | 操作日志 | 角色管理

刷新 删除 开始时间: — 操作名称:

操作名称	开始时间	耗时	操作用户	描述	IP	客户端描述	操作参数
logon	2021-01-24	31	管理员		10.208.6...	Mozilla/5.0 (Win...	ActionMappin
logon	2021-01-22	47	管理员		10.208.6...	Mozilla/5.0 (Win...	ActionMappin
logon	2021-01-21	1546	管理员		10.208.6...	Mozilla/5.0 (Win...	ActionMappin
logon	2021-01-12	0			10.208.6...	Mozilla/4.0 (com...	ActionMappin
logon	2021-01-12	47	管理员		10.208.6...	Mozilla/5.0 (Win...	ActionMappin
logon	2021-01-12	47	管理员		10.208.6...	Mozilla/5.0 (Win...	ActionMappin
logon	2021-01-12	15			10.208.6...	Mozilla/5.0 (Win...	ActionMappin
logon	2021-01-09	63	管理员		10.208.4...	Mozilla/5.0 (Win...	ActionMappin
logon	2021-01-07	781	管理员		10.208.6...	Mozilla/5.0 (Win...	ActionMappin

图5.17 云南省山洪地质灾害气象风险预警业务系统“系统管理”功能模块

统”(以下简称“服务系统”)。“服务系统”主要实现暴雨诱发的中小河流洪水、山洪和地质灾害风险监测预警产品在省—市—县三级气象部门的展示、订正、发布等业务功能,为一线防灾减灾业务人员提供决策依据。按照业务需求,系统被设计为“风险产品”“降水资料”“六大流域面雨量”“灾情统计”“阈值信息”“预警制作”“成果展示”“数据监控”“系统管理”“帮助文档”十个功能页面。

登录服务系统,首先会看到系统整体界面,如图5.18所示,界面分成六大功能区域:登录信息、菜单区、产品操作区、地图显示区、功能菜单和时间轴。登录信息区用于显示和切换用户账号,菜单区主要是对系统的十个功能模块进行选择,选定一个功能模块后,可在产品操作区进行具体的产品操作,所选产品将在主窗口上的地图显示区进行展示,时间轴的功能是对同种类、多时次产品进行快速翻看,功能菜单区是改变产品展示形式的辅助按钮。

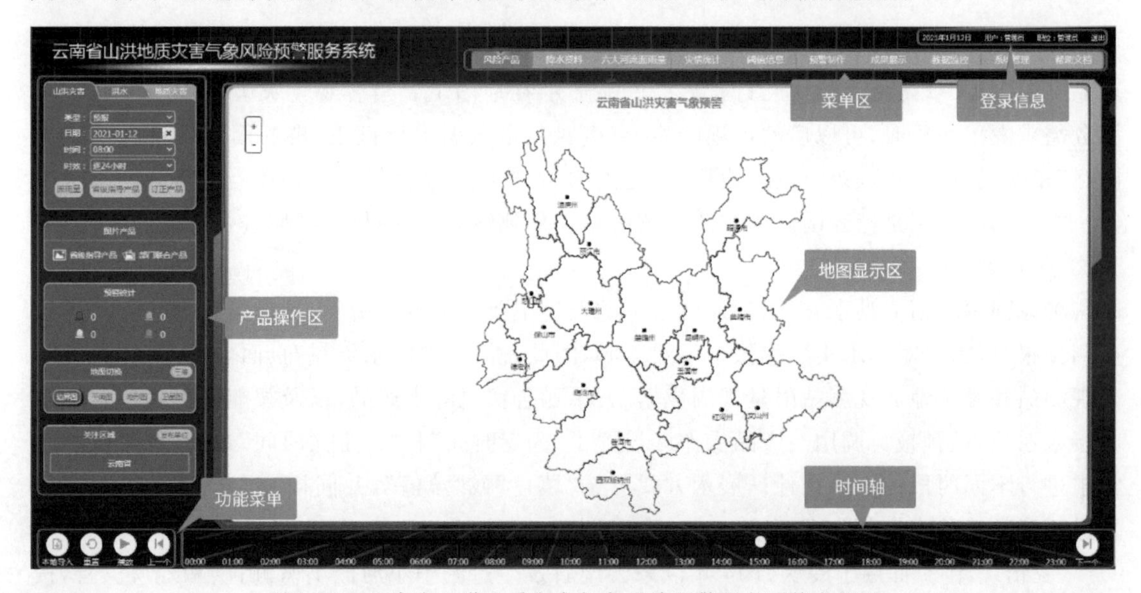

图5.18 云南省山洪地质灾害气象风险预警服务系统主界面

“风险产品”页面是风险预警产品的主要展示页面，在左侧产品操作区可进行产品种类选择，延续“监测”和“预报”两条支线，在地图显示区内以矢量图形式向用户展示相应产品（图5.19）。计算山洪和洪水预警等级的中间产品——面雨量，也可在该页面调取查询。为满足预报会商需求，专门把风险预警产品处理成图片格式，“省级指导产品”是后台服务器客观制作的预警产品，“部门联合产品”则是气象局与水利厅、自然资源厅联合制作的风险预警产品。“预警统计”主要针对各等级预警设置自动报警功能，有“声音提醒”和“闪烁提醒”两种方式，不同颜色的图标是对应等级报警的控制开关。地图展示默认采用行政区划图，特殊需求时可切换成地形图或卫星影像图。

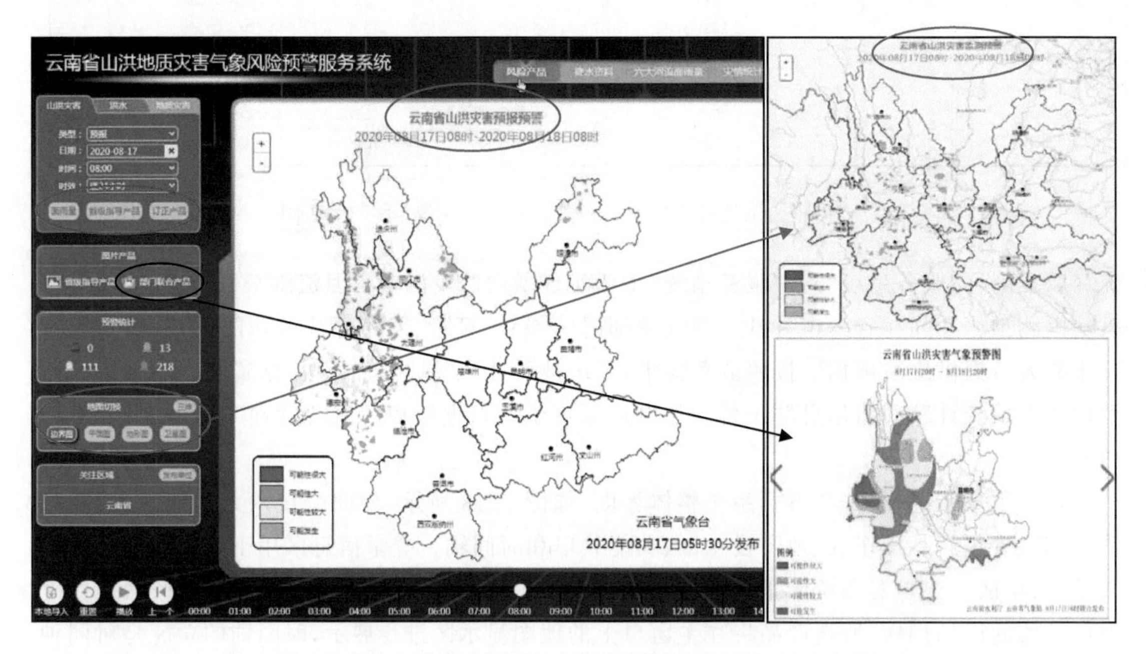

图5.19 云南省山洪地质灾害气象风险预警服务系统“风险产品”页面

在“风险产品”页面还有两个非常重要的功能设计——“订正产品”和“关注区域”。“订正产品”顾名思义就是把人机交互订正后的产品显示在地图上。当客观化灾害风险等级与实际服务需求发生矛盾时，可以启动该项功能，直接对矢量数据进行订正，再利用地理信息系统出图，订正方式可用面选（矩形或多边形）或是点选，直接赋予预警等级或是在当前等级上加减级数。“关注区域”则是把云南全境按照行政区划细化到各县，选择相关区域进行跟踪服务，如图5.20所示。

考虑到中小河流洪水、山洪和地质灾害的发生主要是由降水引发，预报员在进行灾害风险监测预报时，需要对降水实况和预报了然于心，因此，设计了“降水资料”页面，将云南省县级地面观测站和乡镇地面观测站雨量观测数据、三源融合实况降水产品，以及智能网格降水预报产品接入系统，供预报员调用。产品操作区设置了“固定时间”和“自定义时间”选项，可根据实际需求进行不同时段的降水统计。展示方式可选“填色”或“填值”，并同样可以选择不同关注区域进行降水统计查询（图5.21）。

“灾情统计”页面用于展示2014年以来云南省发生过的中小河流洪水、山洪和地质灾害，按照灾害类型、发生时间、发生地点进行统计分类，结果可以地图或是列表方式展示。灾情按照时

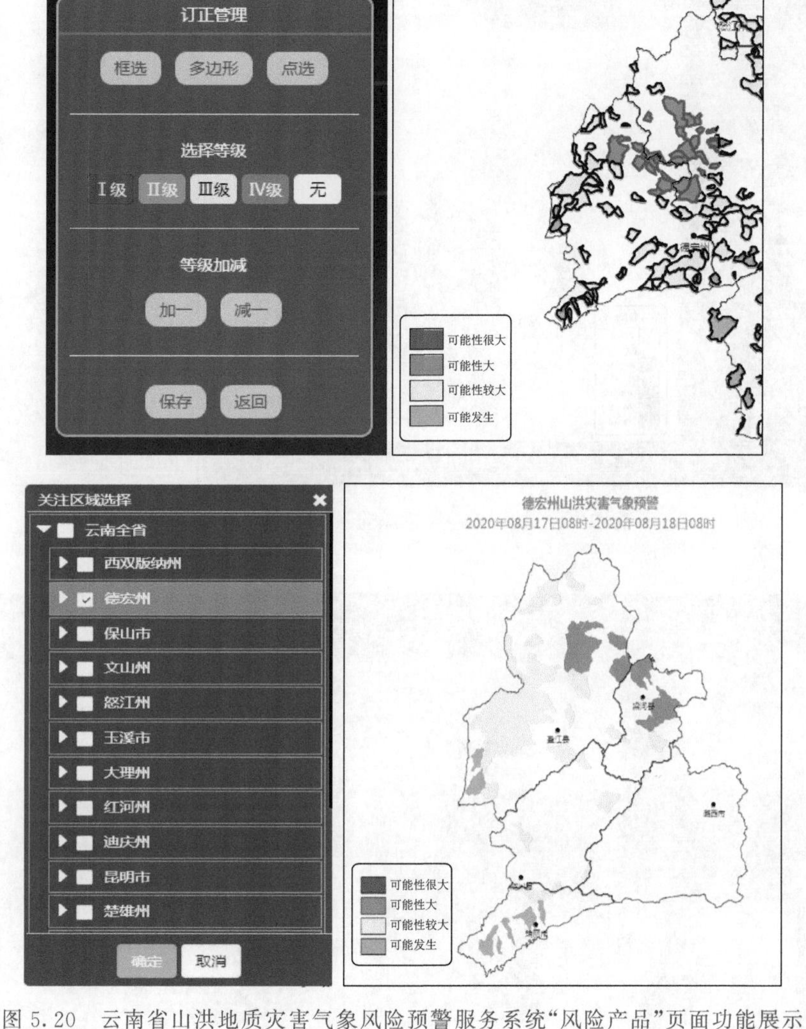

图5.20　云南省山洪地质灾害气象风险预警服务系统“风险产品”页面功能展示

效性分为“历史灾情”和“直报灾情”,“历史灾情”用excel文件导入,“直报灾情”则是从灾情直报系统中实时导入过去1周内出现的灾情,并在图5.22所示的“灾情滚动提示区”内滚动播放。

“预警制作”页面主要承担风险预警发布任务,可在地图区使用闭合线标画出需要发布山洪地质灾害风险预警的区域,系统会把相应县区的名字自动关联到预警信息模板中,预报员也可以直接打开预警信息模板进行编辑,直接输入预警区域。预警信息编辑完成后,保存上传云南省突发事件预警信息发布平台,完成后续发布流程。

“成果展示”“阈值信息”“数据监控”“系统管理”“帮助文档”等页面主要作为辅助展示模块(图5.23)。“成果展示”主要将近些年云南省气象台在中小河流洪水、山洪和地质灾害风险预警技术研究成果和典型个例分析报告进行展示,旨在加强预报员之间的经验技术交流;“阈值信息”主要展示云南省中小河流和山洪沟流域的致灾临界面雨量,各级预报员在使用风险预警产品的过程中,可对当地流域单元的临界面雨量有所把握,对不合理的阈值提出修改建议;“数据监控”主要是对系统展示的所有数据进行监控追踪,预报员通过该页面能够快速了解当日所有产品数据的到位情况;“系统管理”主要是对系统使用人员进行权限管理;“帮助文档”则是将整个系统的操作使用手册进行网页化显示,帮助预报员更便捷的使用该系统。

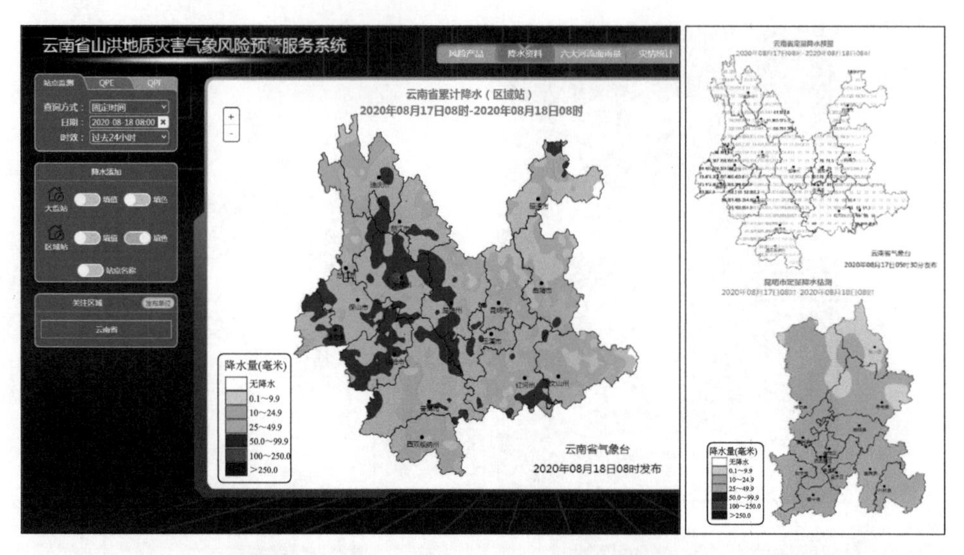

图 5.21　云南省山洪地质灾害气象风险预警服务系统“降水资料”页面

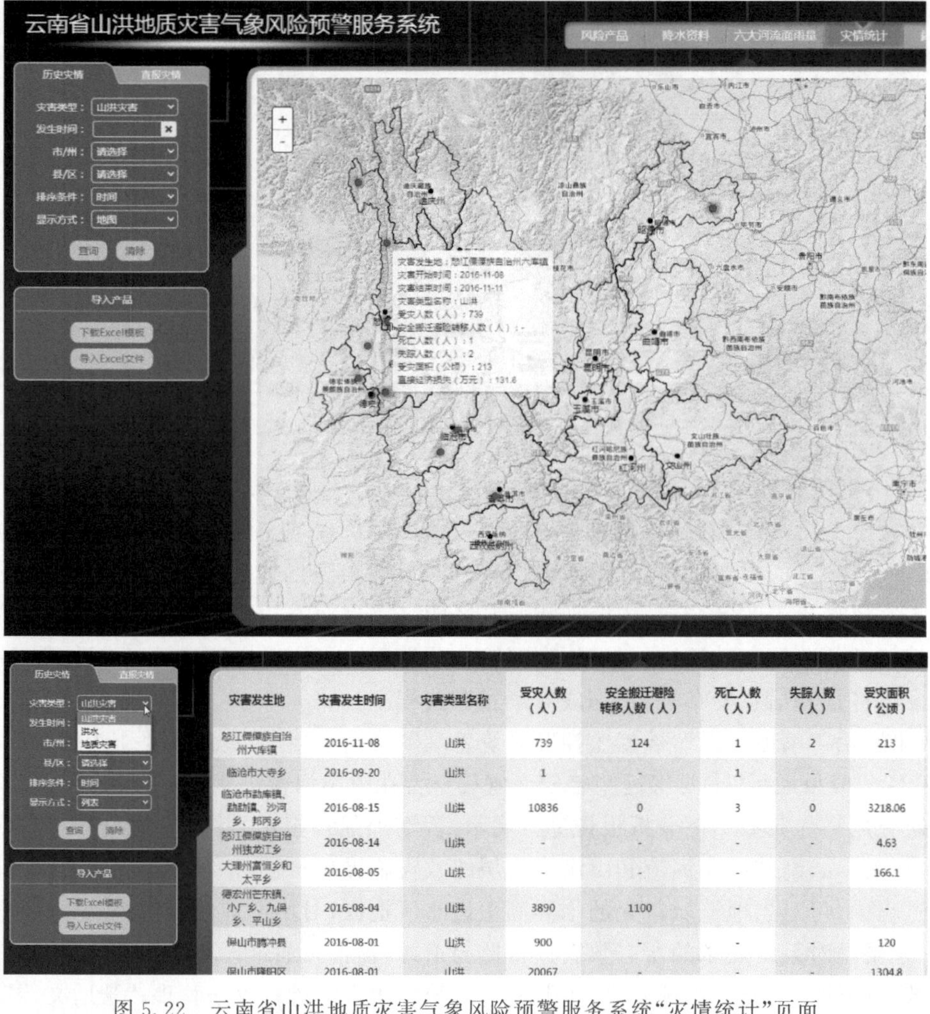

灾害发生地	灾害发生时间	灾害类型名称	受灾人数（人）	安全搬迁避险转移人数（人）	死亡人数（人）	失踪人数（人）	受灾面积（公顷）
怒江傈僳族自治州六库镇	2016-11-08	山洪	739	124	1	2	213
临沧市大寺乡	2016-09-20	山洪	1	-	1	-	-
临沧市勐库镇、勐勐镇、沙河乡、邦丙乡	2016-08-15	山洪	10836	0	3	0	3218.06
怒江傈僳族自治州独龙江乡	2016-08-14	山洪	-	-	-	-	4.63
大理州富恒乡和太平乡	2016-08-05	山洪	-	-	-	-	166.1
德宏州芒东镇、小厂乡、九保乡、平山乡	2016-08-04	山洪	3890	1100	-	-	-
保山市腾冲县	2016-08-01	山洪	900	-	-	-	120
保山市隆阳区	2016-08-01	山洪	20067	-	-	-	1304.8

图 5.22　云南省山洪地质灾害气象风险预警服务系统“灾情统计”页面

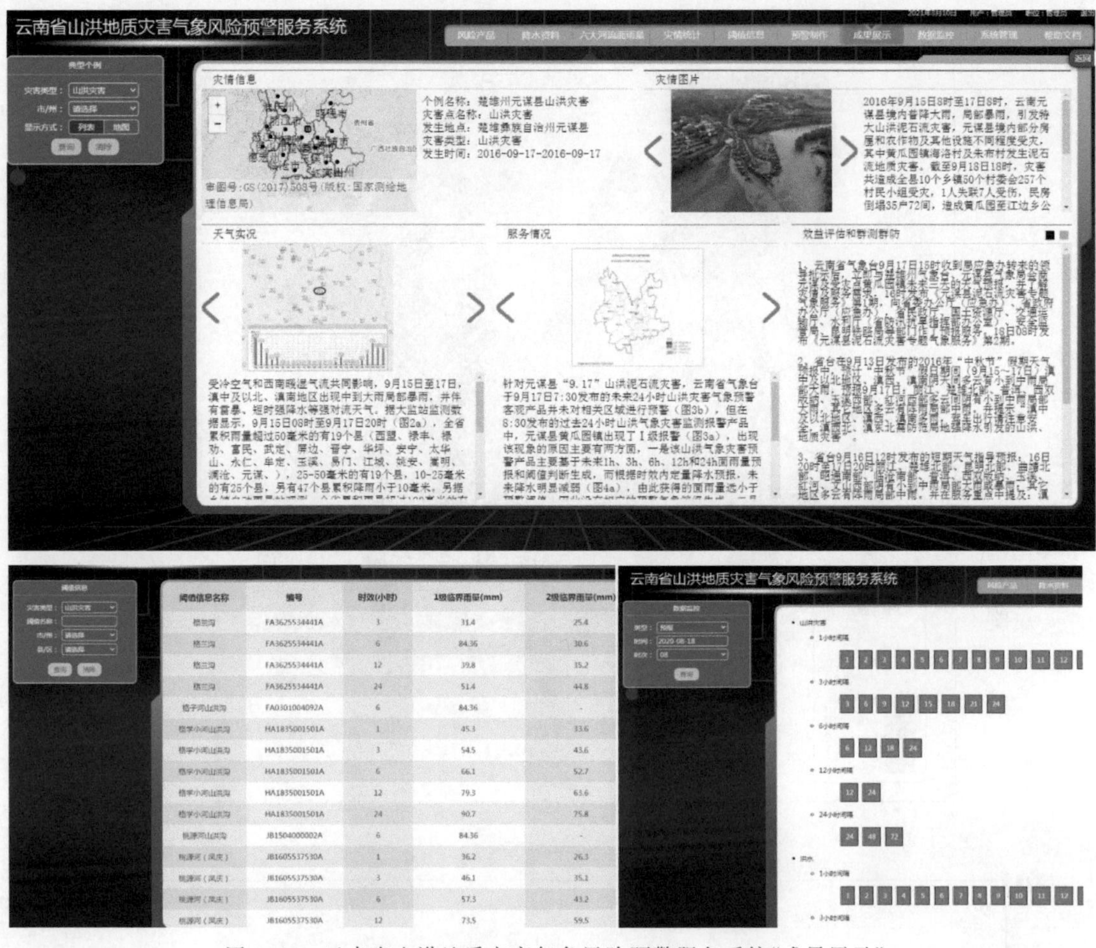

图 5.23　云南省山洪地质灾害气象风险预警服务系统"成果展示""阈值信息"和"数据监控"页面

5.3　山洪灾害监测预警服务个例分析

5.3.1　2016 年 9 月 17 日元谋县山洪泥石流灾害

(1)灾害概况

2016 年 9 月 15—17 日，云南省楚雄州元谋县境内普降大到暴雨，强降水导致黄瓜园镇海洛村及朱布村发生特大山洪泥石流(简称元谋县"9・17"山洪泥石流灾害)。灾害共造成全县 10 个乡镇 50 个村委会 257 个村民小组受灾，1 人死亡、7 人受伤，民房倒塌 35 户 72 间，黄瓜园至江边乡公路和铁路(成昆铁路黄瓜园段)中断，受损公路 76 条共计 86 余千米。黄瓜园镇朱布村与龙川江交界处形成堰塞湖，堵塞物约 126 万 m^3 土石方量；海洛村与龙川江交界处形成堰塞湖，堵塞物约 32 万 m^3 土石方量。灾害共造成当地直接经济损失 41410.59 万元(不含成昆铁路损失)。

(2)强降水成因分析

2016 年 9 月 15—17 日，云南中北部和南部边缘地区出现中到大雨局部暴雨(图 5.24a)。

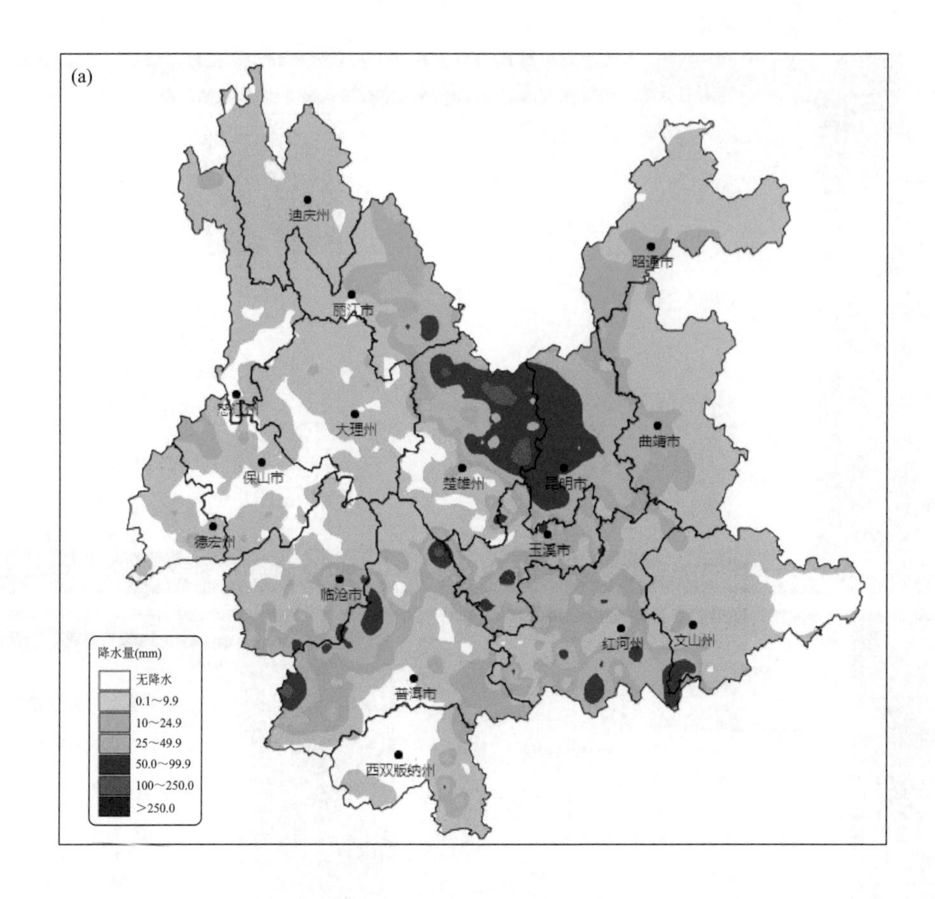

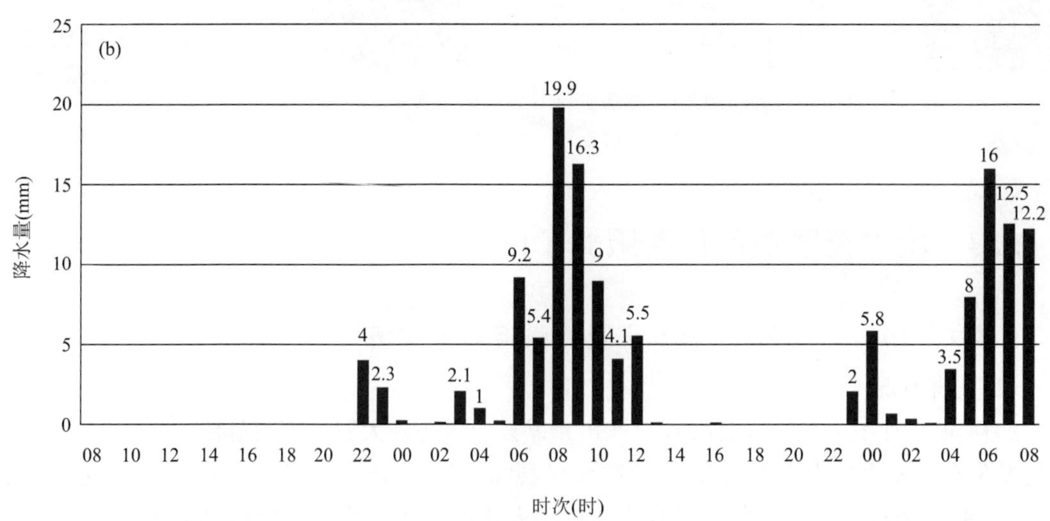

图 5.24　云南省 2016 年 09 月 15 日 08 时—17 日 08 时

(a)全省累计降水量分布图;(b)黄瓜园镇逐小时降水量(单位:mm)

据区域自动站降水监测,15 日 08 时—17 日 08 时,全省累计降水量超过 100 mm 的有 26 站,50～100 mm 的有 271 站,25～50 mm 的有 363 站,10～25 mm 的有 492 站,灾害点黄瓜园镇累计雨量达 140.5 mm。

从黄瓜园镇逐小时降水量图上看(图 5.24b),灾害临期黄瓜园镇共出现两次集中降雨,第一次出现在16日05—12时，累计降水量为79.9 mm，最大小时雨强19.9 mm，连续两个时次出现>12 mm的短时较强降水；第二次集中降水出现17日03—08时，累计降水量为52.2 mm，最大小时雨强16 mm，连续三个时次出现>12 mm的短时较强降水。

从降水实况看，短期时段内两次降雨峰值集中出现、降雨量极大是造成此次突发性山洪泥石流灾害的直接诱因。

从中高层影响系统分析可以看出，2016年9月15日03时，台风“莫兰蒂”在福建厦门登陆，由于西太平洋副热带高压位置偏东，在其外围偏南气流的西风槽前西南气流的引导下，台风低压北上，并逐步汇入西风槽。云南上空受滇缅高压控制，500 hPa槽后冷空气活动范围受阻，集中在滇中以北地区(图5.25a、5.25b)。700 hPa上，在云南北部，特别是丽江、楚雄一带，有切变线长时间维持，冷暖空气交汇，大气斜压性强，动力辐合条件好。随着台风低压北上并入西风槽，云南省大部转为西南气流控制，水汽输送在17日出现明显增强，比湿从9 $g \cdot kg^{-1}$增加到11 $g \cdot kg^{-1}$，为强降水天气提供了充足的水汽(图5.25c、图5.25d)。而9月15—17日，云南省上空天气系统稳定少动，这为灾害点出现长时间连续性降水提供了大尺度环流背景。

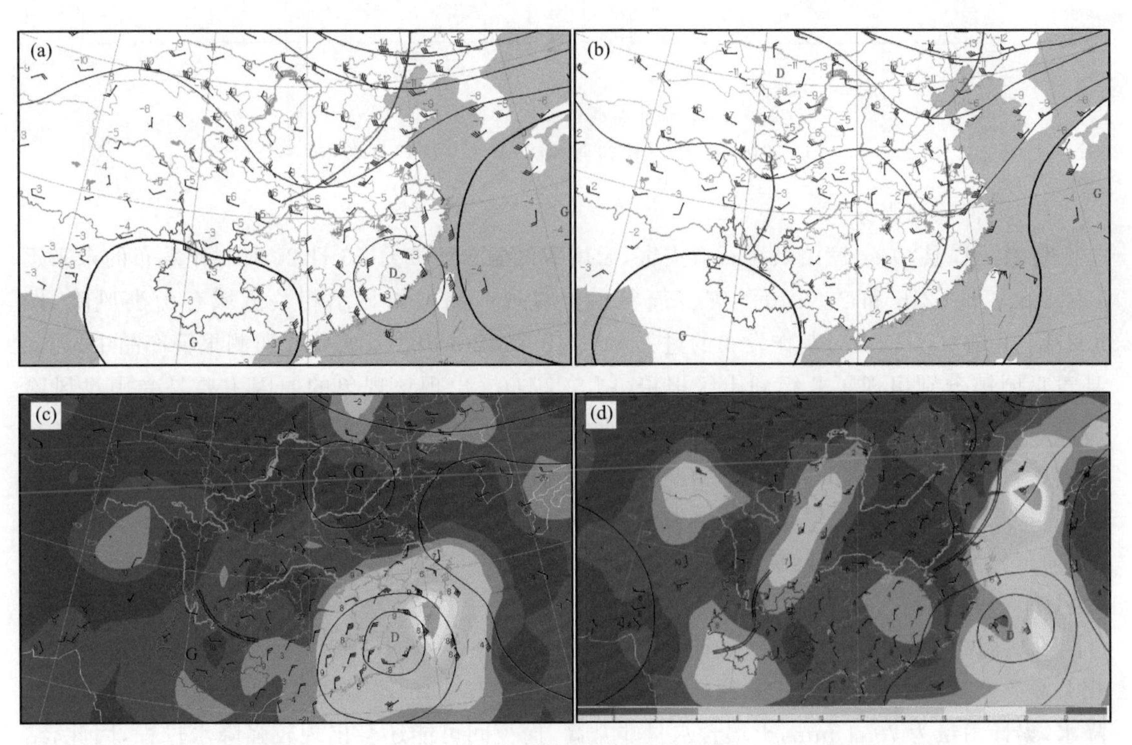

图5.25 过程期间的高空环流形势

(a)9月15日08时500 hPa风场；(b)9月17日08时500 hPa风场；(c)9月15日08时700 hPa风场叠加比湿场；(d)9月17日08时700 hPa风场叠加比湿场(阴影，单位：$g \cdot kg^{-1}$)

前述此次突发性山洪灾害的直接诱因除了短期降雨累计量大以外，还受到两次峰值降水中短时较强降水的影响，16—17日出现过5次小时雨量超过12 mm的较强降水，且分别出现在两日清晨。分析灾害点附近的丽江站探空曲线(图5.26)，发现15日20时和16日20时测站上空高层大气干冷，低层大气暖湿，整层大气均处于对流不稳定状态。大气对流有效位能大

(15 日 1084.7 J·kg^{-1},16 日 592.1 J·kg^{-1}),形状细长,0～6 km 垂直风切变较小,有利于对流云团发展维持。另外,从 700 hPa 到 500 hPa 之间均为湿层,抬升凝结高度到 0 ℃层的距离约为 3 km,暖云层厚度大,降水增效显著。16 日清晨出现过短时强降水天气,之后日照增强,地面增温快,加上低层风场转为西南气流,水汽输送加强,因此,在 16 日夜间再次形成对流不稳定层结,于 17 日清晨引发第二轮短时强降水。

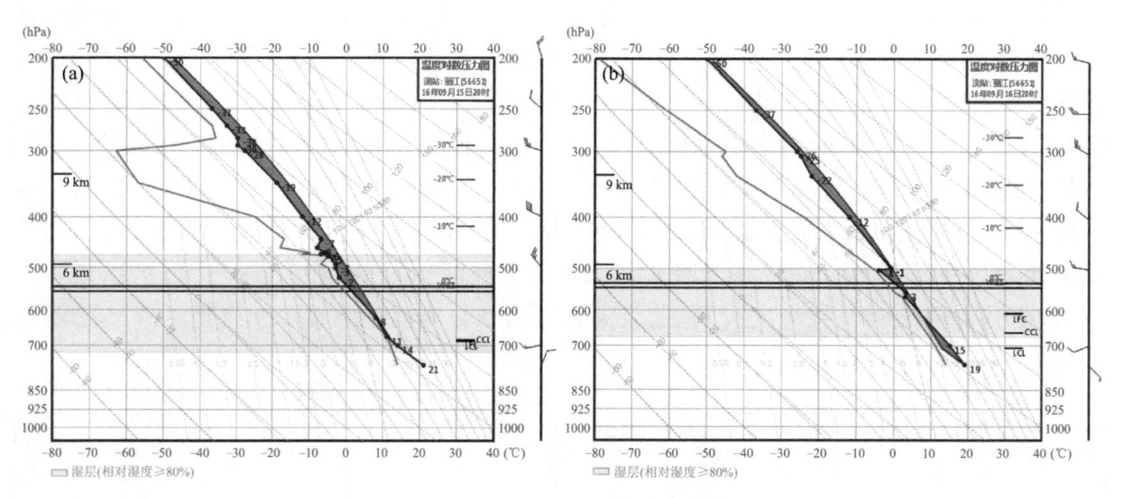

图 5.26　丽江站温度对数压力图

(a)2016 年 9 月 15 日 20 时;(b)2016 年 9 月 16 日 20 时

(3)灾害预警服务

针对元谋县"9·17"山洪泥石流灾害,云南省气象台于 9 月 16 日 20 时制作发布的未来逐 1 h、3 h、6 h、12 h 和 24 h 山洪灾害气象预警客观产品均未显示相关流域有山洪风险(图 5.27b),但在 17 日 08 时制作发布的过去 3 h、6 h 和 12 h 山洪灾害气象监测报警产品中,元谋县黄瓜园镇分别出现了Ⅱ级和Ⅰ级报警(图 5.27a)。出现该现象的原因主要是受山洪风险监测预警技术固有的局限性所致,目前山洪灾害监测预警技术主要采用致灾临界面雨量判定方法,而根据当时预报的未来 1 h、3 h、6 h、12 h 和 24 h 定量降水客观产品,降水趋势明显减弱(图 5.27c),由此计算的面雨量远小于临界阈值,因此,没有输出山洪风险等级预报产品;而根据实况雨量计算的流域面雨量已超过临界阈值,山洪风险监测产品就出现了对应的风险等级。

在实际山洪预警工作中,云南省气象台预报员于 9 月 16 日 16 时与云南省水文水资源局相关业务人员进行会商时,考虑到楚雄北部 15 日 08 时—16 日 15 时已经出现了持续性较强降水,累计雨量为 79.4 mm,土壤含水量非常高,而夜间可能还会出现较强降水过程,因此,结合降水实况、主观降水预报和山洪风险预判经验,双方协商对楚雄北部的山洪预警等级做了主观调整,元谋县山洪灾害气象预警等级为Ⅳ级(可能发生)(图 5.27d)。另外,根据气象部门和自然资源部门针对地质灾害气象风险预警联合发布工作的相关规定,云南省气象台与省地质环境监测院也对当天的地质灾害气象风险预警进行了联合会商,并通过电话、电视、网络、短信等渠道对外发布相关预警信息。

近些年,随着山洪地质灾害科普宣传以及部门合作群测群防工作的深入开展,老百姓对山洪地质灾害的安全防范意识大幅度提高。以此次元谋县特大山洪泥石流灾害为例,云南省气

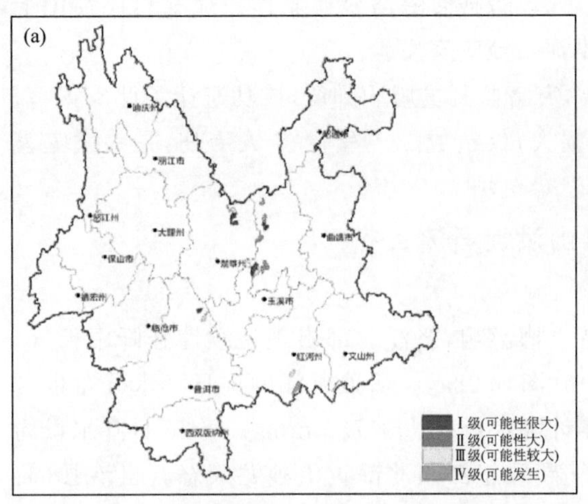

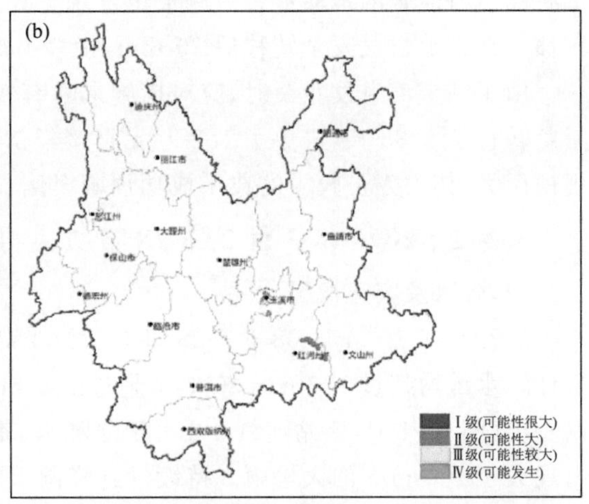

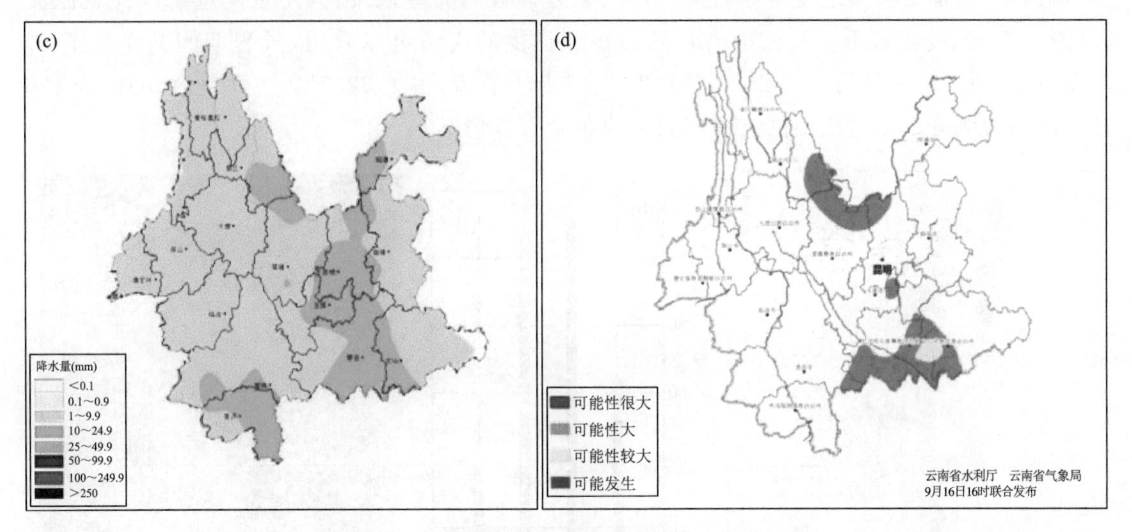

图 5.27　云南省山洪灾害气象预警服务产品

(a)2016 年 9 月 16 日 08 时—17 日 08 时山洪灾害气象监测预警；(b)9 月 16 日 08 时—17 日 08 时山洪灾害气象预报预警；(c)9 月 16 日 08 时—17 日 08 时定量降水预报；(d)9 月 16 日 20 时—17 日 20 时部门联合山洪灾害气象预警

象部门在 9 月 13 日发布的“中秋假期天气预报”中就指出，9 月 15—17 日丽江、楚雄州北部、普洱、西双版纳傣族自治州（简称“西双版纳”）、玉溪西部、红河州西部多云间阴有小到中雨局部大雨，特别提示“滇西北、滇东北地区需防范局地强降水引发的山洪、地质灾害”。9 月 16 日 12 时发布的每日天气指导预报指出，16 日 20 时—17 日 20 时丽江、楚雄州北部、昆明北部、曲靖北部、昭通南部、临沧南部、普洱、西双版纳、玉溪、红河州、文山州西部阴有小到中雨局部大雨或暴雨，并在服务重点中提及滇中以北及滇南局部强降水可能引发山洪及地质灾害。

而从 9 月 15 日开始，元谋县黄瓜园镇及周边区域已连续出现较强降水，引起了地质灾害监测员和当地群众的高度警觉，沟谷附近的朱布村和海洛村均加强了地质灾害动态巡查，安排专人在沟谷旁实行 24 h 应急值守。9 月 17 日 08 时 10 分，当地地质灾害监测员及村民小组长在开展动态巡查时，发现坝塘里的水即将溢出，沟谷的水流速度较平时加快，在发现异常和感觉到危险后，迅速赶回朱布村通知村民撤离，并向下游海洛村发出预警信息。同时，在朱布村下游海洛村巡查的地质灾害监测员也发现了异常，立即赶回海洛村挨家挨户通知村民往山上转移。在当地村民安全转移后 20 min，特大山洪泥石流灾害发生。

由于预警信息发布及时，应对措施果断有效，灾害监测员履职到位，成功避让了此次灾害，紧急转移了 1336 人，避免了 182 万元直接经济损失，仅造成 1 人死亡、7 人受伤，是一次灾害规模巨大，伤亡人员较少的典型成功预警案例。

5.3.2 2020 年 5 月 24—28 日贡山县山洪泥石流灾害

(1)降水及灾害概况

2020 年 5 月 24 日 08 时—28 日 08 时，受高原槽影响，怒江北部出现持续性强降雨天气，累计降水量均超过 100 mm，有 6 站超过 200 mm(图 5.28a)。从独龙江的逐日降水分布也可以看出(图 5.28b)，该站连续 3 d 出现强降水，累计降水量高达 317.2 mm，25—26 日降水量均出现大于 100 mm 的大暴雨。持续性强降雨天气导致怒江州北部贡山独龙族怒族自治县(简称“贡山县”)、福贡县多地发生泥石流、滑坡、塌方等自然灾害，贡山县发生严重山洪泥石流灾害(图 5.28c)，受灾最重。从云南省自然资源厅提供的灾情可以看出，过程期间共发生了 57 起泥石流，而降水最强的 25—26 日就发生了 47 起泥石流，占了 82.5%，下面就以 5 月 25—26 日的产品为例分析该过程山洪灾害气象风险预警服务情况。

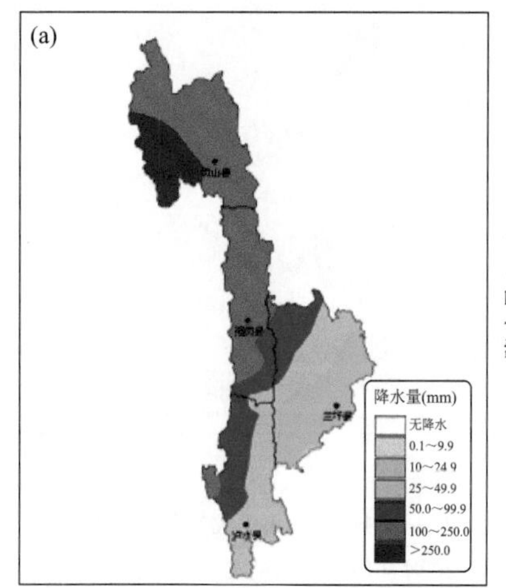

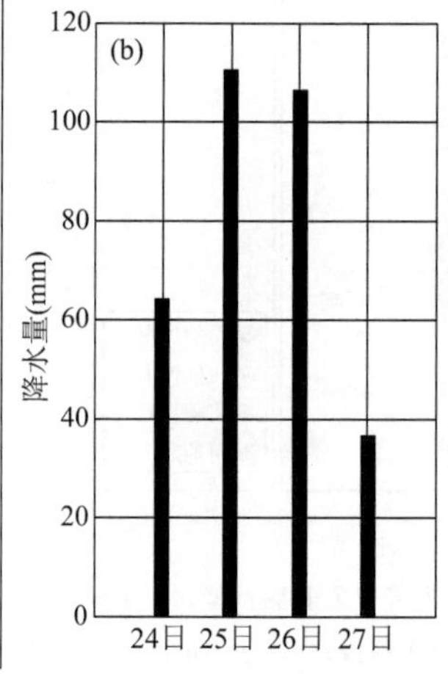

图 5.28 5 月 24 日 08 时—28 日 08 时(a)怒江州累计降水量和(b)独龙江逐日降水量；(c)26 日贡山县丹珠村遭遇山洪泥石流灾害

(2)山洪灾害气象预警情况

从 5 月 25 日 08 时起报的未来逐 1 h、3 h、6 h、12 h 和 24 h 怒江州山洪灾害气象风险预报等级情况来看(图 5.29)，怒江北部相关流域有发生山洪的可能性，由于不同时效、不同间隔的定量降水预报有所不同，山洪灾害气象预警等级和范围均有差异。逐 1 h 滚动预报 26 日 07—08 时(图 5.29a)贡山县北部可能会发生山洪(Ⅳ级)，西部发生山洪的可能性较大(Ⅲ级)；逐 3 h 滚动预报 26 日 02—05 时(图 5.29b)贡山县北部山洪灾害气象风险等级为Ⅳ—Ⅲ级；逐 6 h 滚动预报 26 日 02—08 时(图 5.29c)贡山县大部可能会发生山洪，特别是其东北部山洪灾害气象风险等级更高，为Ⅱ级；考虑到这次过程是以持续性强降水为主，逐 12 h 和 24 h 滚动预报的山洪灾害等级和范围都进一步扩大，25 日 20 时—26 日 08 时贡山县发生山洪的可能性大，福贡县北部也可能发生山洪(图 5.29d)，25 日 08 时—26 日 08 时，贡山县大部发生山洪的可能性很大，这期间预警等级也出现少见的Ⅰ级，福贡县发生山洪灾害气象风险等级也有所提高(图5.29e)。从26日18时的山洪灾害气象风险监测等级(图5.29f)也可以看出，25日18时—26日18时贡山县相关流域发生山洪的可能性较大，福贡县北部也可能会发生山洪，需要密切关注。

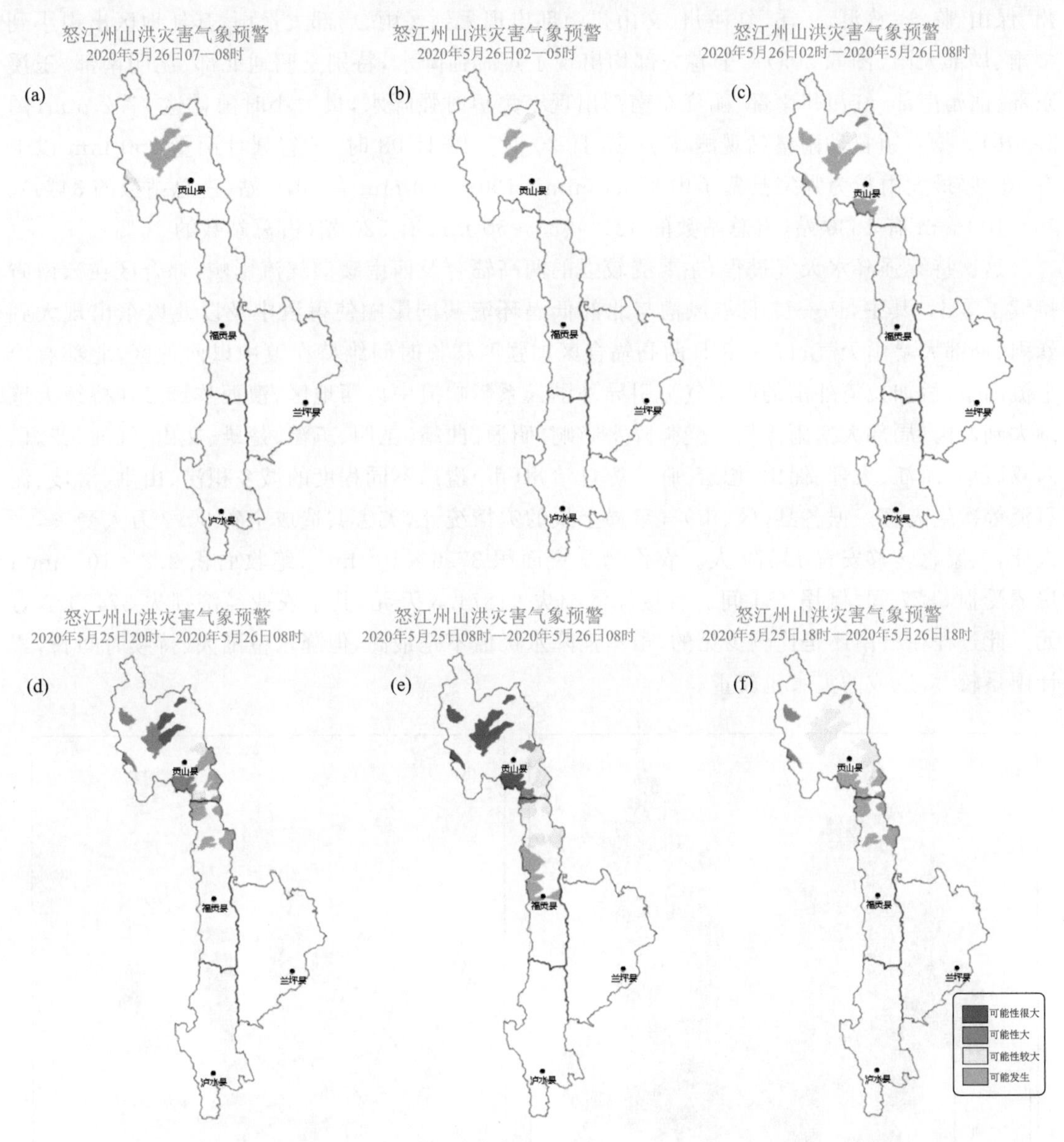

图5.29　怒江州25日08时起报的未来逐1 h(a)、3 h(b)、6 h(c)、12 h(d)和24 h(e)山洪灾害气象预报及26日18时过去24 h山洪灾害气象监测(f)产品

针对这次过程，省、州、县三级气象部门联动，提前6 d准确预报此次强降水过程，滚动预报预警，联合自然资源、水利部门发布山洪地质灾害气象风险预警，及时启动山洪地质灾害应急气象保障服务，为各级政府和各相关部门指挥调度防灾减灾救灾以及空中应急调查、救援工作提供了支撑。云南省政府主要领导在2020年6月8日和6月22日两次省政府常务会上对"贡山5·25山洪地质灾害"气象服务给予充分肯定。

5.3.3 2020年8月16—18日云南全省强降水过程

(1)降水及灾害概况

2020年8月15日20时—19日08时云南省自东向西出现大到暴雨、局部大暴雨天气过程。过程期间,昭通北部、曲靖南部、昆明、楚雄州、迪庆藏族自治州南部、丽江、大理州、德宏州、保山、临沧、普洱、玉溪、红河州、文山州南部出现大到暴雨、局部大暴雨,其他地区出现小到中雨、局部大雨(图5.30a)。全省大部均出现了短时强降水,特别是昭通北部、昆明南部、玉溪东部、曲靖南部、红河州南部、丽江东南部出现密集短时强降水,最大小时雨量达77.2 mm(图5.30b)。据乡镇自动雨量站观测,8月15日20时—19日08时,全省累计雨量250 mm以上有10站(最大雨量为师宗县菌子山373.8 mm)、100~250 mm有1070站(占总站数的34%)、50~100 mm有1330站(占总站数的42%)、25~50 mm有520站(占总站数的16%)。

这次持续强降水天气过程,主要受较强的两高辐合及西南暖湿气流影响,辐合区在云南省持续了3 d。其中,16—17日季风槽与北部低涡环流共同影响使得滇中及以北以东出现大到暴雨、局部大暴雨天气;17—18日两高辐合区加强西移长时间维持在滇中以西地区,北部有冷平流南下,孟加拉湾外围的西南气流引导外围云系影响滇中以西地区,滇西连续2 d持续大范围大到暴雨、局部大暴雨天气。受强降水影响,昭通、曲靖、昆明、玉溪、楚雄、文山、红河、普洱、西双版纳、丽江、大理、保山、德宏、临沧等自治州(市)遭遇不同程度的城乡积涝、山洪、滑坡、泥石流等次生灾害。据各县(区、市)气象局上报的灾情统计,灾害共造成全省30.2万人受灾,13人死亡、紧急转移安置11579人。农作物受灾面积37.6×10^3 hm^2、绝收面积2.2×10^3 hm^2;房屋受损5877间、倒塌154间。直接经济损失91874.6万元,其中农业经济损失37489.2万元。此过程在云南还是比较少见的,虽然强降水极值不是最高,但降水范围大、持续时间长,累计雨量较大,造成的灾害也较重。

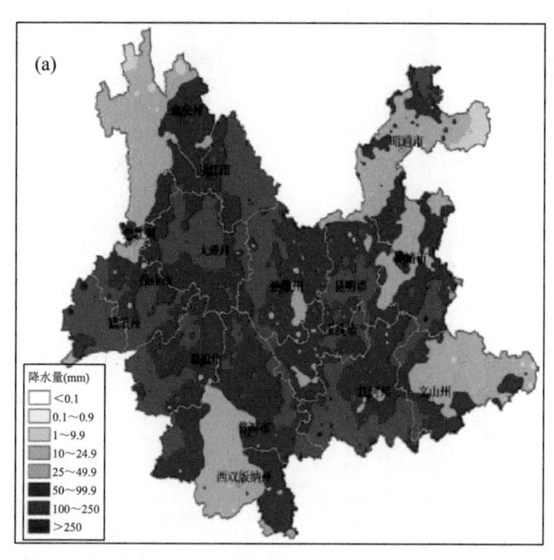

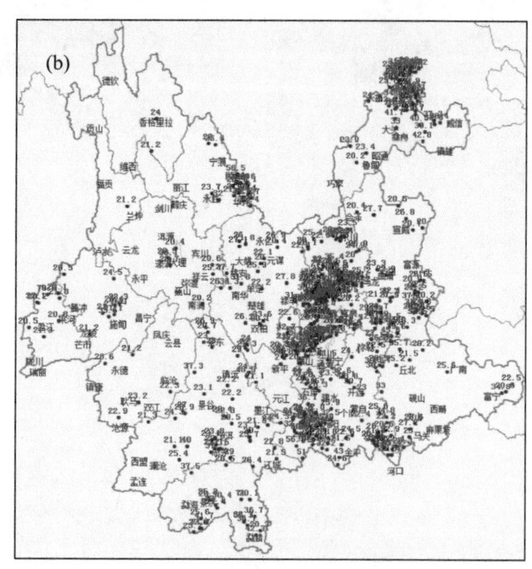

图5.30 云南省区域站(a)8月15日20时—19日08时降水量和(b)短时强降水实况分布

(2)灾害预警服务

从云南省国土资源厅提供的灾情来看,过程期间共收集到滑坡、泥石流灾害64起,18—19日就有56起,占比87.5%,由于山洪灾害往往与泥石流、滑坡等相伴发生,且灾情痕迹多被泥石流、滑坡灾害掩盖。所以主要针对18—19日的山洪灾害气象风险预报和监测产品进行预警可靠性分析。从8月18日08时起预报的未来逐1 h、3 h、6 h、12 h和24 h全省山洪灾害气象风险预报等级情况来看(图5.31),滇东北、滇西和滇南边缘地区预报了发生山洪的风险。逐1 h滚动预报(图5.31a)显示,18日08—09时保山西部和德宏州东北部可能会发生山洪(Ⅳ级);逐3 h滚动预报18日08—11时(图5.31b)昭通北部和保山西北部山洪灾害气象风险等级为Ⅳ级,可能会发生山洪;逐6 h滚动预报18日08—14时(图5.31c)保山西部和德宏州北部可能会发生山洪(Ⅳ级),19日02—08时德宏州西部为Ⅳ级(图略);受强降水影响,逐12 h滚动预报18日08时—20时云南发生山洪的区域更大,丽江、大理州、怒江州南部、保山、德宏州和临沧北部都会发生山洪,其中大理州西北部、保山西部、德宏州为Ⅲ—Ⅱ级,发生山洪的可能性更大(图5.31d);18日08时—19日08时(图5.31e),怒江州南部、大理州西部、保山、德宏州、临沧西北部、普洱北部、玉溪西部、红河州南部发生山洪灾害气象风险等级为Ⅳ级,其中保山西北部和德宏州北部预报Ⅰ级(可能性很大)。从18日11时的过去12 h山洪灾害气象风险监测等级(图5.31f)也可以看出,昭通北部、保山、德宏州、临沧、红河州南部均出现山洪。由此说明降水预报与实况较接近,且山洪灾害风险预警产品能很好地反映出各区域的风险变化情况。

针对这次强降水过程,云南省气象局8月14日早上联合省自然资源厅、水利厅和省应急管理厅等多部门会商,详细分析了强降水定量预报落区及其影响下洪水、山洪和地质灾害气象风险较高的地区,特别强调18—19日由于近期累积降水量大,土壤含水量高,再叠加此次强降水过程,昭通北部、丽江、保山、德宏州、临沧北部等地出现山洪泥石流的可能性较大。云南省气象台作为具体承担山洪预警的业务单位与省水利厅对口业务部门联合制作发布云南省山洪灾害气象预警5期,其中山洪灾害气象风险比较高的时段为17—19日,预报伊洛瓦底江流域德宏州、保山,金沙江流域丽江、大理州北部,珠江流域昆明中南部、玉溪东北部,金沙江流域昭通北部部分地区发生山洪灾害等级为Ⅱ—Ⅰ级(可能性大)。从云南省自然资源厅收集情况来看,8月15—19日成功预报地质灾害13起,紧急转移193人,避免经济损失491.36万元。

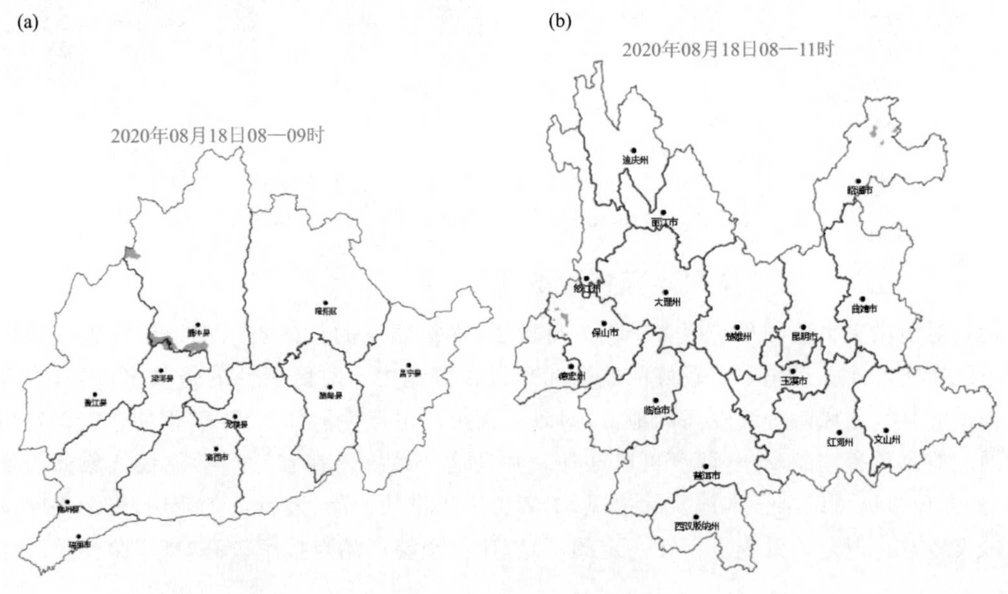

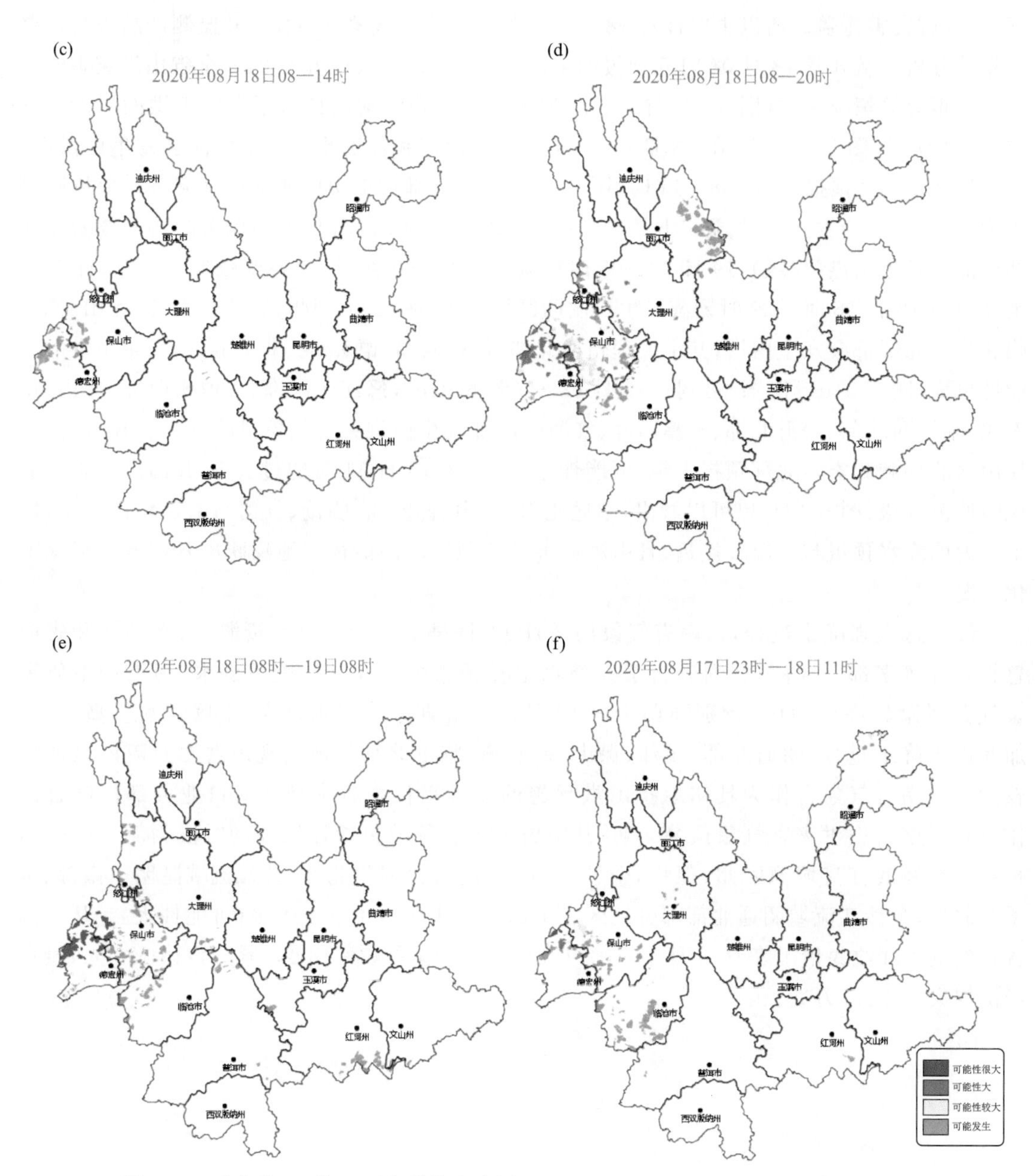

图 5.31 云南省 18 日 08 时起报的未来逐 1 h(a)、3 h(b)、6 h(c)、12 h(d)和 24 h(e)山洪灾害气象预警及 18 日 11 时过去 12h 山洪灾害气象监测(f)产品

5.3.4 山洪灾害气象风险预警业务探讨

通过对山洪灾害监测预警服务个例分析发现，本章建立的云南省山洪地质灾害气象风险预警系统在实际业务运用中有较好的监测和预报预警能力。对区域性的强降水过程，能够预报出山洪灾害气象风险等级较高的地方；对难以预报的单点性强降水天气，也能在灾害发生时及时通过监测预警产品反映，两者可以互补。并且这个系统已在省、州、县三级气象部门推广使用，地方预报员可以结合本地实际情况，参考省级提供的产品，进行订正使用，最大程度发挥防灾减灾效益。但是该系统也存在一定的不足，比如预警产品空报率较高，高风险预警区域偏

大。究其原因主要有以下几点:第一,由于这是一项刚刚起步的新业务,专业人员和技术力量还比较薄弱,系统中所用的普查数据比较粗糙,对下垫面分析不足,山洪预警指标仍需要不断地改进和完善;第二,数值天气预报对复杂山地背景下的局地强降水预报能力明显不足,单点性、突发性等局地强降水精细化预报能力仍需要提高;第三,由于山洪灾害信息和水文数据收集困难,一定程度制约了对致灾临界面雨量、预警产品准确率的定量评估和检验。

参考文献

陈小华,李华宏,何钰,等,2017.2015 年 9 月 15—16 日华坪及昌宁大暴雨中尺度特征分析[J].云南大学学报(自然科学版),39(2):225-234.

陈元昭,俞小鼎,陈训来,2016.珠江三角洲地区重大短时强降水的基本流型与环境参量特征[J].气象,42(2):144-155.

段鹤,严华生,王晓君,等,2011.滇南中小尺度灾害天气的多普勒统计特征及识别研究[J].气象,37(10):1216-1227.

段旭,段玮,2015.孟加拉湾风暴对高原地区降水的影响[J].高原气象,34(1):1-10.

段旭,陶云,寸灿琼,等,2009.孟加拉湾风暴时空分布和活动规律统计特征[J].高原气象,28(3):634-640.

段旭,王曼,陈新梅,等,2011.中尺度 WRF 数值模式系统本地化业务试验[J].气象,37(1):39-47.

段旭,王曼,林志强,等,2014.孟加拉湾风暴对高原地区的影响[M].北京:气象出版社.

符娇兰,林祥,钱维宏,2008.中国夏季分级雨日的时空特征[J].热带气象学报,24(4):367-373.

郭健,冯建华,叶红飞,2012.一种基于累积分布函数的抖动测量方法[J].北京大学学报(自然科学版),48(3):381-385.

郭荣芬,鲁亚斌,李华宏,2018.盛夏昆明两次致灾大暴雨对比分析[J].灾害学,33(4):122-128.

郭荣芬,肖子牛,李英,2010.西行热带气旋影响云南降水的统计特征[J].热带气象学报,26(6):680-686.

郭荣芬,肖子牛,鲁亚斌,2013.登陆热带气旋引发云南强降水的环境场特征[J].气象,39(4):418-426.

李华宏,陈小华,许迎杰,2018.云南白水江流域一次暴雨洪水过程成因分析[J].云南地理环境研究,30(2):72-77.

李华宏,胡娟,闵颖,等,2017.云南短时强降水时空分布特征分析[J].灾害学,32(3):57-62.

李华宏,胡娟,许迎杰,等,2016.云南省地质灾害气象风险精细化预警技术研究及应用[M].北京:气象出版社.

李华宏,王曼,闵颖,等,2019.昆明市雨季短时强降水特征分析及预报研究[J].云南大学学报(自然科学版),41(3):518-525.

李华宏,许彦艳,王曼,等,2020.低纬高原一次短时强降水过程的综合分析[J].云南大学学报(自然科学版),42(3):515-524.

李建,宇如聪,王建捷,2008.北京市夏季降水时日变化特征[J].科学通报,53(7):829-832.

梁红丽,程正泉,2017.2014 年两次相似路径影响云南台风降水差异成因分析[J].气象,43(11):1339-1353.

梁红丽,段旭,符睿,等,2012.影响云南的西南低涡统计特征[J].高原气象,31(4):1066-1073.

梁红丽,许美玲,吕爱民,等,2014.孟加拉湾风暴引发云南初夏强降水初探[J].高原气象,33(5):1240-1250.

鲁亚斌,李华宏,闵颖,等,2018.一次云南强对流暴雨的中尺度特征分析[J].气象,44(5):645-654.

鲁亚斌,张腾飞,徐八林,等,2006.一次孟加拉湾风暴和冷空气影响下滇西大暴雨中尺度分析[J].应用气象学报,17(2):201-205.

彭芳,吴古会,杜小玲,2012.贵州省汛期短时降水时空特征分析[J].气象,38(3):307-313.

彭贵芬,刘瑜,2009.云南各量级雨日的气候特征及变化[J].高原气象,28(1):214-219.

秦剑,解明恩,刘瑜,等,2000.云南气象灾害总论[M].北京:气象出版社.

沈澄,孙燕,魏晓奕,等,2016.基于物理量参数的江苏短时强降水预报模型的研究[J].气象,42(5):557-566.

孙继松,2017.短时强降水和暴雨的区别与联系[J].暴雨灾害,36(6):498-506.

孙继松,戴建华,何立富,等,2014.强对流天气预报的基本原理与技术方法[M].北京:气象出版社.

唐红玉,顾建峰,张焕,等,2011.西南地区降水日变化特征分析[J].高原气象,30(2):376-384.

田付友,郑永光,张涛,等,2015.短时强降水诊断物理量敏感性的点对面检验[J].应用气象学报,26(4):385-396.

田付友,郑永光,张涛,等,2017.我国中东部不同级别短时强降水天气的环境物理量分布特征[J].暴雨灾害,36(6):518-526.

王夫常,宇如聪,陈昊明,等,2011.我国西南部降水日变化特征分析[J].暴雨灾害,30(2):117-121.

王团团,黄振,邹善勇,等,2016.大连地区短时强降水天气特征及预报指标研究[J].气象与环境学报,32(4):32-38.

王曼,段旭,李华宏,等,2015.青藏高原东侧常规观测资料对 WRF 模式预报误差的贡献分析[J].大气科学学报,38(3):379-387.

王曼,李华宏, 段旭, 等,2011,WRF 模式三维变分中背景误差协方差估计.应用气象学报, 22(4) :482-492.

魏晓雯,梁萍,何金海,2016.上海地区不同类型短时强降水的大尺度环境背景特征分析[J].气象与环境科学,39(2):69-75.

解明恩, 程建刚, 范波,2004.云南气象灾害的时空分布规律[J].自然灾害学报, 13(5):40-47.

许东蓓,苟尚,肖玮,等,2018.两种类型短时强降水形成机理对比分析——以甘肃两次短时强降水过程为例[J].高原气象,37(2):524-534.

许美玲,段旭,杞明辉, 等,2011.云南省天气预报员手册[M].北京:气象出版社.

许美玲,梁红丽,段旭,等,2014. 秋季孟加拉湾风暴影响云南降水差异的对比分析[J].高原气象,33(5):1229-1239.

许美玲,尹丽云,金少华,等,2013.云南突发性特大暴雨过程成因分析[J].高原气象,32(4):1062-1073.

肖薇薇,许晶晶,2016.基于累积分布函数的统计降尺度模型校验方法适用性研究[J].江西农业学报,28(1):74-78.

熊俊,陆国俊,王勇,等,2016.基于地电波幅值经验累积分布特性的高压开关柜状态判断及运维策略[J].南方电网技术,10(2):38-43.

杨波,孙继松,毛旭,等,2016.北京地区短时强降水过程的多尺度环流特征[J].气象学报,74(6):919-934.

杨贵明,宗志平,马学款,2005."方框-端须图"及其应用实例[J].气象,31(3):53-55.

杨舒楠,路屺雄,于超,2017.一次梅雨锋暴雨的中尺度对流系统及低层风场影响分析[J].气象,43(1):21-33.

喻谦花,郑士林,吴蓁,等,2016.局部大暴雨形成的机理和中尺度分析[J].气象,42(6):686-695.

曾明剑,王桂臣,吴海英,等,2015.基于中尺度数值模式的分类强对流天气预报方法研究[J].气象学报,73(5):868-882.

张腾飞,段旭,张杰,2006.初夏孟湾风暴造成云南连续性强降水的中尺度分析[J].热带气象学报,22(1):67-73.

朱莉,王曼,李华宏,等,2019.基于 WRF 模式的短时强降水物理量特征[J].大气科学学报,42(5):755-768.

朱莉,王治国,李华宏,等,2020.西行台风背景下云南一次短时强降水过程的成因分析[J].热带气象学报,36(6):744-758.

朱莉,张腾飞,李华宏,等,2018.云南一次短时强降水过程的中尺度特征及成因分析[J].成都信息工程大学学报,33(3):335-343.

庄作钦,2003.BOXPLOT:描述统计的一个简便工具[J].统计教育,52(1):34-35.

周泓,杨若文,钟爱华,等,2015.云南省一次切变冷锋型暴雨过程的中尺度对流系统分析[J].气象,41(8):953-963.

CHEN C S,CHEN Y L,LIU C L,et al,2007.Statistics of heavy rainfall occurrences in Taiwan[J].Wea Forecasting,22:981-1002.

BROOKS H E,STENSRUD D J,2000. Climatology of heavy rain events in the United States from hourly precipitation observation[J]. Mon Wea Rev,128(4):1194-1201.

YU R C,XU Y P, ZHOU T J,et al,2007a. Relation between rainfall duration and diurnal variation in the warm season precipitation over cental eastern China[J]. Geophys Rea Lett,34(13):L13703.

YU R C, ZHOU T J,XIONG A Y,et al,2007b. Diurnal variations of summer precipitation over contiguous China[J]. Geophys Rea Lett,34(1):L01704.